U0262405

引黄灌区多水源滴灌高效调控
关键技术设备与应用

于 健 杨金忠 杨培岭 屈忠义 徐 冰 著

科学出版社

北 京

内 容 简 介

本书针对我国引黄灌区灌水轮次间隔时间长、泥沙含量高、蒸发量大、对滴灌发展产生水源保障程度低、泥沙过滤难度大、易形成地表盐分积累等制约性难题，以内蒙古河套灌区为例，从规模化滴灌发展多水源特征、区域滴灌布局以及节水潜力、多水源水质处理与滴灌系统抗堵、多尺度条件下田间滴灌水盐平衡、节水增效技术集成以及保障机制等方面进行系统研究，构建大幅度提高进入滴灌带泥沙含量标准以及浅过滤—重滴头排出—辅助冲洗新技术模式，研发出过滤与抗堵关键技术和设备；通过揭示多尺度条件下滴灌水盐平衡运移规律与机理，建立多元数值模拟模型，对引黄灌区滴灌规模化发展后土壤水盐变化趋势做出预测，形成引黄灌区滴灌田间与区域不同尺度水盐平衡调控策略与技术；建立 9 处示范区，形成具有引黄灌区特点的滴灌综合技术模式，为我国引黄灌区滴灌规模化发展提供样板与技术参考。

本书可供水资源开发、灌区管理、工程设计专业的研究人员及高等院校师生科研、教学参考。

图书在版编目（CIP）数据

引黄灌区多水源滴灌高效调控关键技术设备与应用 / 于健等著. —北京：科学出版社，2020.6

ISBN 978-7-03-063974-5

Ⅰ. ①引…　Ⅱ.①于…　Ⅲ. ①黄河-灌区-滴灌-用水管理-研究　Ⅳ. ① S275.6

中国版本图书馆 CIP 数据核字（2019）第 299308 号

责任编辑：丁传标　赵　晶 / 责任校对：樊雅琼

责任印制：吴兆东 / 封面设计：图阅盛世

科 学 出 版 社 出版

北京东黄城根北街 16 号

邮政编码：100717

http://www.sciencep.com

北京虎彩文化传播有限公司 印刷

科学出版社发行　各地新华书店经销

*

2020 年 6 月第 一 版　开本：720×1000　B5
2020 年 6 月第一次印刷　印张：18
字数：340 000

定价：189.00 元

（如有印装质量问题，我社负责调换）

《引黄灌区多水源滴灌高效调控关键技术设备与应用》编写组

学术顾问：于　健

编写组：于　健　　杨金忠　　杨培岭　　屈忠义

　　　　徐　冰　　刘永河　　史吉刚　　朱　焱

　　　　黄权中　　李云开　　卢金锁　　马　鑫

　　　　张瑞喜　　田德龙　　李　玮　　高晓瑜

　　　　张晓红　　侯　利　　李风云　　王荣莲

序

　　黄河是中华民族的母亲河。黄河流域在我国经济社会发展和生态安全方面具有十分重要的地位。黄河流域总土地面积 11.9 亿亩（1 亩≈666.7m²），占国土面积的 8.3%，有大中型灌区 700 多处，有效灌溉面积 1.2 亿亩，是我国重要的产粮区。黄河流域大部分地区干旱少雨，农业生产主要依赖灌溉，农田灌溉水量占流域总用水量的 70%以上；但流域内地表水资源量较少，农业灌溉用水效率偏低，供需水之间的矛盾日趋加剧，节水的重点在农业。开展引黄灌区多水源滴灌高效节水关键技术研究与示范，破解制约引黄灌区滴灌发展关键技术难题，可以为沿黄灌区大面积发展滴灌提供科技支撑，对于保障黄河流域粮食安全生产、生态安全屏障建设，推动黄河流域高质量发展都具有重要的指导意义。

　　河套灌区位于黄河上中游内蒙古段北岸的冲积平原，引黄控制面积 1743 万亩，是亚洲最大的一首制灌区和全国三个特大型灌区之一，也是我国重要的商品粮、油生产基地。河套灌区地处我国干旱的西北高原，降水量少、蒸发量大，属于没有引水灌溉便没有农业的地区，河套灌区年引黄水量约 50 亿 m³，占黄河过境水量的 1/7。针对我国引黄灌区开展滴灌受水源保障程度低、泥沙过滤难度大、易形成盐分积累等制约的重大难题，内蒙古自治区水利科学研究院牵头，与国内高等院校和科研院所强强联合，协作攻关，以黄河流域灌溉面积最大的内蒙古河套灌区为研究基地，开展了引黄灌区多水源滴灌高效节水关键技术研究与示范，通过 6 年深入系统的研究，在滴灌多水源调控理论、关键技术、产品与装备、集成技术模式等方面取得了一批创新性成果，这些成果在多个地方得到推广应用，借此编写完成系列专著，希望有更多同仁了解项目研究成果，从中受益。

2019 年 11 月 22 日于北京

前　　言

　　黄河发源于巴颜喀拉山脉，流经青海、四川、甘肃、宁夏、内蒙古、陕西、山西、河南以及山东9个省（自治区），全长5464 km，是中国第二长河，仅次于长江，也是世界第五长河流。黄河流域是中华文明的发祥地，孕育了五千年华夏文明。黄河流域面积约占我国国土面积的8.3%，涉及内蒙古河套灌区、宁夏引黄灌区、山西汾河灌区等全国七大灌区，农田有效灌溉面积1.2亿亩，粮食总产量占全国的13%左右，黄河流域及其相关地区是我国农业经济开发的重点地区，流域内140个县列为全国产粮大县的主产县，也是我国主要的畜牧业基地。黄河流域能源资源非常丰富，国家规划建设的五大重点能源基地中，有3个位于黄河流域，其能源、原材料供应在全国占有主导地位。同时，黄河流域为我国西北、华北地区重要的生态安全保护屏障，流域内有国家重点生态功能区12个，在国家"两屏三带"生态安全战略布局中，青藏高原生态屏障、黄土高原-川滇生态屏障、北方防沙带等均位于或穿越黄河流域。根据《内蒙古统计年鉴》（2018），内蒙古黄河流域GDP约占全自治区的50%，工业总产值占全自治区的51%，人口约占全自治区的42%，农业总产值占31%，粮食产量占28%，大小牲畜占全自治区总头数的31%，内蒙古黄河流域含煤面积约占全国的1/6。因此，黄河灌区在我国经济社会发展中占有不可替代的战略地位与作用。然而，黄河流域大部分地区处于干旱、半干旱区，水资源匮乏，多年平均河川径流量仅580亿 m^3。农业用水效率低、工农业生态用水矛盾日趋加剧等问题尤为突出，严重制约黄河流域经济社会发展。黄河流域农业灌溉主要面临如下严峻挑战：①如何解决黄河灌区供水保证率低的突出难题。受引水量减少以及轮灌影响，来水间隔时间普遍比较长，造成作物生育期持续缺水，特别在需水高峰时期缺水更为严重，农民用水得不到保证，导致灌区灌水效率较低，农作物减产与品质下降，农民收益低而不稳；黄灌区内除黄河外大多数河流为季节性河流，经常干枯断流。丰枯年份水量相差悬殊，年际变化大。这种时间分布特点与城镇工业和生活的均衡需水以及农业的时节需水产生极大矛盾。②如何保证种植结构调整，促进农业供给侧结构改革。由于黄河灌区供水保证率低，种植结构单一化趋势明显，大多黄灌区以种植向日葵以及玉米为主，有些地区两种作物种植比例，高达80%，而优势作物以及经济作物种植比例明显偏低。由于种植结构单一，受作物价格不稳定影响，农民增产不增收现象突出，实现节水提质增效是促进农业供给侧结构改革的重要途径；种植结构不合理，高耗水粮食作物占耕地面积的大部分，不仅消耗了大量灌溉用水，而且经济效益较低，制约着节水灌溉发展。③如何大幅降低化肥用量，降低农业面源污染。黄灌区化肥用量普遍较大，氮肥利用率只有30%左右，每年有大量氮肥进入地下水或随退水进入灌区内湖泊，造成水质富营养化，同时过量施用化肥，造成土壤质量与作物品质下降，有效减少施肥量以及农药用量、转变生产方式、降低农资成本是新时期农业发展至关重要的任务。④如何解决土壤入渗率低，制约田间水分效率的问题。由于引黄灌区普遍存在土壤盐碱化问题，土壤有机质含量普遍较低、pH比较高、钠离子含量大，加上化肥用量不断加大，使引黄灌区土壤结构变差，大水漫灌后的土壤容易板结，土壤入渗率与透气性明显降低，土壤表层温度下降，作物生长速度减缓，田间水分利用率降低，近些年土壤结构变差趋势进一步明显。

面对上述诸多挑战，引黄灌区必须大力发展高效节水技术，显著提高水肥利用率，大幅度节约农业灌溉用水与化肥用量，有效缓解水资源供需矛盾与改善农业生态环境，促进农业种植结构调整。为此，内蒙古自治区财政厅、内蒙古自治区水利厅和内蒙古自治区科学技术厅联合投资2500万元，设立内蒙古水利科技重大专项"引黄灌区多水源滴灌高效节水关键技术研究与示范"。由内蒙古自治区水利科学研究院、武汉大学、中国农业大学、水利部牧区水利科学研究所、内蒙古农业大学、内蒙古河套灌区管理总局等全国十多家科研院校和企业组成联合攻关队伍，以内蒙古河套灌区为典型研究区，开展了引黄灌区多水源滴灌高效调控关键技术设备与应用，破解制约黄灌区滴灌发展关键技术难题，为沿黄灌区大面积发展滴灌提供科技支撑。

该项目立足我国黄河灌区高效农业发展需求，对制约滴灌技术在引黄灌区规模化推广应用中的问题进行研究，并提出以下主要目标：在制约引黄灌区滴灌发展的"滤—输—排—冲"等关键技术与设备方面取得重要突破；提出规模化滴灌发展的多水源利用与保障方案；研发引黄滴灌成套适宜性技术，形成适应不同水源条件的节水增效综合技术模式；对引黄灌区滴灌规模化发展后土壤水盐碱变化趋势做出预测，提出田间与区域不同尺度水盐平衡调控技术；将综合技术模式进行示范，为全国引黄灌区滴灌规模化发展提供样板与技术参考。该项目共分6个课题，课题一：河套灌区淖尔水资源开发与可持续利用技术研究示范。包含6项任务：①引黄灌区淖尔水资源开发潜力与分区布局研究；②引黄灌区淖尔黄河凌汛及黄灌弃水补给研究；③淖尔渗漏规律及地下水补排关系研究；④引黄灌区淖尔水质状况与过滤净化技术研究示范；⑤沙漠绿洲作物滴灌新技术与水肥一体化模式研究；⑥淖尔水源条件下的滴灌综合节水模式集成研究。课题二：井渠结合膜下滴灌节水潜力与区域水盐调控策略。包含 4 项任务：①井渠结合膜下滴灌的区域分布、灌溉面积和节水潜力；②典型井渠结合膜下滴灌区水盐平衡和调控策略；③河套灌区井渠结合区实施膜下滴灌后的地下水盐变化和调控策略；④井渠结合膜下滴灌的生态效应和评价。课题三：引黄灌区地下水滴灌-引黄补灌关键技术研究与示范。包含 6 项任务：①微咸水膜下滴灌灌溉制度与水盐调控技术；②井渠结合膜下滴灌的秋浇/春汇储水控盐技术；③井渠结合典型区农田水盐循环及水土环境监测与水盐平衡分析；④地下水滴灌-引黄补灌后区域农田水土环境效益评估；⑤引黄灌区滴灌条件下土壤水盐动态过程模拟研究；⑥地下水膜下滴灌-引黄补灌综合技术集成研究与示范。课题四：直接引黄滴灌设备与管网抗堵技术研究与示范。包含 6 项任务：①不同区域直接引黄滴灌潜力分析；②黄河水泥沙特征以及沉淀规律研究；③不同类型过滤设备测试与评估；④不同类型滴灌带对泥沙抗堵塞适应性研究；⑤引黄滴灌系统的抗堵适应性管网设计；⑥直接引黄滴灌综合技术集成与示范。课题五：引黄滴灌系统配套设施与设备研发。包含 4 项任务：①重力式沉沙-过滤复合系统处理黄河泥沙技术及配套设施的优化设计模式；②引黄滴灌系统过滤器性能测试及过滤系统优化组合模式；③引黄滴灌系统灌水器适宜性评价及选择的主要控制指标；④引黄滴灌专用抗堵塞滴灌管（带）新型产品研发及应用。课题六：引黄滴灌运行与管理机制研究与示范。

经过 6 年的研究，该项目取得了引黄滴灌一批重要创新成果：①针对干旱盐渍化引黄灌区受水源单一、土地条件以及生态环境制约的问题，创建了引黄灌区由一元水源变多元水源保障调控理论；②针对高含沙水滴灌过滤标准高、投资大等制约性难题，突破了国内外目前高含沙水滴灌防堵塞技术瓶颈，创建了"浅过滤—重滴头排出—辅助冲洗"的黄河水滴灌新技术模式；③针对单一时间井渠结合模式存在水盐调控与补水效率低等突出问题，构建了以空间为主、时间为辅的井渠结合滴灌的水盐调控技术模式，提出了考虑不同水质和空间-时间井渠结合条件下，作物生育期内控盐和非生育期内洗盐（秋浇/春汇）相结合的控盐制度，改变了传统的滴灌盐分淋洗完全依赖于秋浇或冬灌的模式；④针对引黄灌区制约滴灌效益发挥的投资高、种植结构单一和配套管理体制缺失等制约性问题，突破了以传统滴灌追求节水为主要目标的束缚，构建了以关键技术为核心并具有鲜明特征的多水源滴灌技术模式，围绕三种水源滴灌构建了五个层次的集成技术模块，包括关键技术、配套关键产品与装备、多水源条件下的水肥一体化技术、干播湿出技术、土壤化控调理技术、复种技术、配套农机具以及适应于三种水源滴灌的管理运行体制。

为了更好地向大家介绍该项目的研究成果，项目组编写完成了 6 本系列专著，专著一汇集编写了项目重点成果，专著二至专著六分别依据课题一、课题二、课题三、课题四和课题五的研究成果编写完成。

专著一　《引黄灌区多水源滴灌高效调控关键技术设备与应用》；

专著二　《内蒙古河套灌区淖尔水滴灌关键技术》；

专著三　《河套灌区井渠结合膜下滴灌发展模式与水盐调控》；

专著四　《引黄灌区滴灌田间水盐调控技术与模式》；

专著五　《引黄灌区直接引黄滴灌关键技术设备与应用》；

专著六　《引黄滴灌系统关键装备研发与应用》。

在研究过程中，该项目得到了国内外高校、科研单位、项目区所在单位的专家及同仁们的大力帮助。特别感谢中国农业大学康绍忠院士、中国水利水电科学研究院龚时宏研究员以及中国科学院康跃虎研究员的亲临指导，感谢内蒙古自治区水利厅、财政厅以及科技厅的大力支持。感谢项目团队所有参加人员的努力工作和辛勤劳动。

由于作者水平有限，书中难免有不妥之处，敬请同仁不吝赐教。

作　者

2019 年 12 月于呼和浩特

目　　录

序
前言
第1章　引黄灌区规模化滴灌多水源调控理论与策略 ……………………… 1
　　1.1　沿黄灌区水资源构成特征 ………………………………………… 1
　　1.2　滴灌多水源之间的转化关系 ……………………………………… 3
　　1.3　适宜多水源转化的条件 …………………………………………… 4
　　1.4　水源在时间与空间上调控的协调性 ……………………………… 5
　　1.5　引黄灌区滴灌多水源调控策略 …………………………………… 7
第2章　河套灌区滴灌分区布局和节水潜力 ……………………………… 15
　　2.1　河套灌区水资源构成特征及滴灌适宜性分析 ………………… 15
　　2.2　直引黄河水滴灌适宜区域分析及节水潜力 …………………… 18
　　2.3　井渠结合滴灌适宜区域分布及节水潜力 ……………………… 29
　　2.4　淖尔水源滴灌适宜区域分布及节水潜力 ……………………… 37
　　2.5　河套灌区滴灌适宜区域总体分布及节水潜力 ………………… 49
第3章　引黄灌区多水源滴灌系统关键设备研发 ………………………… 51
　　3.1　重力式沉沙-过滤复合系统设备研发 …………………………… 51
　　3.2　泵前低压过滤器新产品研发 …………………………………… 61
　　3.3　泵后新型高效过滤设备研发 …………………………………… 65
　　3.4　分形流道高效抗堵塞系列灌水器产品研发 …………………… 78
第4章　不同水源滴灌系统灌水器抗堵关键技术 ……………………… 100
　　4.1　灌水器抗堵塞性能评估与产品选择 …………………………… 100
　　4.2　直引黄河水毛管控堵技术及回流管网优化设计 ……………… 109
　　4.3　直引黄河水过滤器运行优化及合理配置模式 ………………… 120
　　4.4　淖尔水与黄河水混配及过滤技术 ……………………………… 127
　　4.5　微咸水滴灌系统灌水器化学堵塞控制技术 …………………… 132
　　4.6　黄河水滴灌抗堵塞"滤—输—排—冲"集成技术模式 ……… 136
第5章　滴灌水肥一体化与农田水盐调控 ……………………………… 142
　　5.1　膜下滴灌水肥一体化技术 ……………………………………… 142

5.2 膜下滴灌水盐分布及作物响应规律 ···································· 158
5.3 长期引黄滴灌水盐动态预测 ··· 174
5.4 膜下滴灌田间水盐调控技术 ··· 185
第6章 河套灌区滴灌实施后水盐动态预测与调控 ····················· 190
6.1 灌区实施井渠结合滴灌后的地下水位变化分析 ······················· 190
6.2 灌区实施滴灌后的水盐平衡分析 ····································· 200
6.3 基于可持续发展的水盐调控技术 ····································· 220
6.4 地下水位变化对生态环境影响分析 ··································· 221
第7章 引黄灌区滴灌配套技术与装备 ································· 227
7.1 滴灌条件下生物炭减排技术 ··· 227
7.2 化控技术 ··· 233
7.3 干种湿出技术 ··· 234
7.4 复种技术 ··· 238
7.5 配套农机具研发 ··· 240
第8章 引黄灌区滴灌技术集成模式 ··································· 243
8.1 黄河直引水关键技术模式 ··· 243
8.2 淖尔滴灌关键技术模式 ··· 245
8.3 井渠结合滴灌关键技术模式 ··· 250
第9章 引黄灌区滴灌管理运行机制及保障制度 ······················· 257
9.1 引黄滴灌管理运行机制 ··· 257
9.2 三种水源滴灌水价构成 ··· 262
9.3 引黄滴灌推广条件分析及其保障制度 ································· 265
第10章 效益评价 ··· 268
10.1 经济效益 ·· 268
10.2 社会效益 ·· 268
10.3 生态效益 ·· 269
参考文献 ··· 270

第1章　引黄灌区规模化滴灌多水源
调控理论与策略

　　滴灌是当今世界最节水和高效的灌水技术之一，但直接用黄河水滴灌受几大因素制约：①滴灌水源保证问题。我国引黄灌区来水间隔时间都比较长，供水保证率普遍比较低，尤其近些年受用水量增加的影响，供水间隔时间加长与时间不确定问题越加突出，为保证滴灌高频次灌溉次数，需修建大量蓄水池进行水量调节，这将出现投资高和大量征用土地两大难题（于健等，2015），目前引黄灌区土地利用率都比较高，很难找到大量空闲土地修建蓄水池，按目前滴灌系统控制规模及过滤与沉淀池占地，其占到首部控制面积的 2%～3%。例如，发展 100 万亩滴灌，需要占地 3 万亩左右来修建蓄水池，其相当于一个中型灌区面积。②泥沙过滤问题。黄河水泥沙含量高且细微粒含量比例大，在黄河中游地区，泥沙含量平均达到 7kg/m³，每年需要花费大量人力与物力清理泥沙（于健等，2018），大量沉淀处理后的泥沙只能就近堆放在沉淀池附近，造成附近农田沙化与环境污染，引发社会矛盾；如果按照现规范规定的滴灌水质标准，以内蒙古河套灌区为例（平均含沙量 2 kg/m³），每年每亩地沉淀泥沙为 0.4t，以发展 100 万亩滴灌规模计，每年沉淀泥沙总量为 40 万 t。③大量蓄水池修建对灌区生态环境造成影响。按一个控制首部 2000 亩计，发展 100 万亩滴灌需要修建 500 个容积在 10 万 m³ 左右的蓄水池，大量修建蓄水池破坏了灌区的自然环境。因此，本书以内蒙古河套灌区为研究背景，研究并提出大面积发展引黄灌区规模化滴灌多水源调控理论与技术，目的是通过多水源调控解决黄河一水源滴灌遇到的几大难题，为引黄灌区大面积推广滴灌等高效节水技术提供理论依据。

1.1　沿黄灌区水资源构成特征

　　按国家 1987 年黄河可供水量分配方案，我国每年总引黄水量在 370 亿 m³ 左右，除去青海与四川引水量较小外，沿黄灌区其余省份大多超过了 30 亿 m³，其中引水量较大的三个省份为山东省、内蒙古自治区及河南省，引水量分别为 70 亿 m³、58.6 亿 m³ 及 55.4 亿 m³；各地引黄水量占到当地农业用水量的 50%～80%（王忠静和郑航，2019）。每年从黄河引入巨大的水量，但只能灌溉作物 4～5 次，个别地区只能灌溉一次，尤其在黄河下游地区，在作物需要用水季节，黄河供不上水，导致引黄灌区供水与农业的时节需水产生很大矛盾（于健等，2018；段鹏等，2014）。由于滴灌灌水次数频繁，大面积发展滴灌会引发更突出的供水矛盾，需进行大范围时空水源调控。引黄灌区大多处于干旱与半干旱地区，降水量比较小，黄河上游段降水量为 100～130 mm，中游段降水量为 150～400 mm。地表水资源量主要来源于大气降水，除黄河外，大多数河流为季节性河流，丰枯年份水量相差悬殊，年际变化大。除黄河过境水外，灌区可利用地表水资源量比较少，尤其在黄河中上游地区这一特征尤为明显，即使在降水量较大的黄河下游河南省，地表水资源量只占到水资源总量的 10%～30%（徐建新等，2007），所以在引黄灌区将地表水作为滴灌调控水源可能性很小。沿黄灌区的排水量有逐年减小的趋势（常晓敏，2019），这与灌区灌水管理的加强和地区水资源形势紧张密切相关，灌区节水意识的增强，不必要的退水减少，水资源重复利用增加，使得灌区排水量减少（翟家齐等，2016）。虽然排水量减少增大了水资源的利用率，但也加大了灌区内盐分积累的风险。

黄灌区浅层地下水资源相对比较丰富，占到当地水资源总量的 40%～70%（杨林，2013），而且受灌区灌溉影响，地下水补水范围比较大，补给途径相对较多，除了部分降雨、灌区庞大的渠系渗漏及黄河侧向补给外，大部分地下水主要由引黄灌溉水补给（王璐瑶，2018）。由于地下水资源具备上述特征，因此地下水可作为多年调节的地下水库，通过年际间补给水量调节，维持地下水位平衡。大部分引黄灌区地下水年内变化特征明显，基本分为两个阶段：第一阶段以补给为主，每年从 5 月初到 10 月，灌溉及降雨可对地下水补给，其补给大于消耗，反映出地下水位不断上升；第二阶段以消耗为主，从每年 11 月到第二年 4 月（苏阅文等，2017），地下水位处于下降期，这一时期处于冬季土壤冻结期，地下水除了在消融期有土壤中水分补给外，无其他补给水源，这种特征反映出地下水控制主要通过第一阶段补水实施，这也为引黄灌区地表水与地下水联合调控奠定了基础；引黄灌区大部分由湖相层积构成，本身母质含盐量高，加之长期灌溉，蒸发量大，排水不畅，造成部分地区地下水矿化度比较高，超过 3 g/L 的灌溉水质标准，有的地区甚至超过 10 g/L，这些地区一般都集中于灌区下游，虽然其地下水资源比较丰富，但难以大面积开采。灌区庞大的输水与配水渠道体系将黄河水分散到灌区农田，均匀补给地下水，构成了引黄灌区地下水人工-自然二元补给系统，增强了地下水位调控安全保障程度（岳卫峰等，2009）。另外，引黄灌区都处于我国北方，我国北方生态环境脆弱，土壤质量低下，生态环境易变且不稳定，对外界干扰比较敏感，所以在灌区发展滴灌、建造大量人工蓄水池会破坏灌区原有的生态环境。

针对引黄灌区水资源受水源单一、土地条件及生态环境制约的问题,本书提出引黄灌区大面积发展滴灌多水源调控理论与技术,并结合研究典型灌区进行详细论述。

1.2　滴灌多水源之间的转化关系

黄河水单一水源向滴灌多水源转化时涉及范围广、制约因素多,使单一水源转化为多水源问题变得复杂,多水源转化调控具体表现在 3 个方面:①单一水源与多水源之间的转化关系;②适宜多水源转化的条件;③水源在时间与空间上调控的协调性。多水源之间转化的关系具体表现在对灌区大尺度条件下滴灌水源调配(闫旖君,2017),要明确黄河水与转化水源之间的关系,如果这种关系不明确,转化可能存在高投资、低效率以及对生态环境产生破坏的风险。大部分引黄灌区黄河水可转化水源有地下水、天然湖泊水或人工设施工程(水库、池塘以及渠道等)调蓄水源,一般浅层地下水与引黄灌溉有着紧密联系,这主要是大部分引黄灌区都会因灌溉引起浅层地下水位升高,但当地下水开采范围与规模较大时,既有空间上的转化也有时间上的转化,使地表水与地下水之间的转化关系变得复杂化。例如,地表水向地下水转化的时间或范围不适宜,会使得转化效率下降,地下水采补平衡失调,对水环境产生负面影响,大范围滴灌水源补给会改变灌区原有的管理体制,对转化关系产生制约。将黄河水转化为天然湖泊水源受多种条件影响,其转化关系会变得更加不确定,这是因为虽然天然湖泊接纳容量比较大,但是蒸发量与渗漏损失也大,特别是对于一些储存水量后水面增加较大的湖泊,其水面蒸发损失剧增,导致滴灌可利用水量减少。另外还涉及大量引黄灌溉水重新调配,其是否会大量增加渗漏以及蒸发量,对周边地下水位产生的影响是否在可控范围内。一般来讲,多年平均水面保持较稳定湖泊应具有较好的转化关系。如果渗漏以及蒸发量很大,转化效率很低,则这种水源转化关系不能成立。黄河水向灌区现有人工设施工程(水库、池塘以及渠道等)蓄水进行水源转化,需要现有水库以及人工池塘具有很好的承接转化能力,一般引黄灌区小池塘比较多,它们大多位于渠道末梢,周边土地条件比较差,规模比较小且分散,而且大部分人工池塘已承包给个人,池塘主要功能为养殖,改变现有水库或人工池塘功能,管理体制需要做调整。引黄灌区大部分水库都为平原水库,除了灌溉以外,兼顾有其他功能,其蓄存水容量有限。引黄灌区大多有着庞大的输水与配水渠系,如内蒙古河套灌区有着七级固定渠道,而且大断面渠道数量较多,有着较大的储水库容,这种转化关系很好地利用了灌区已有的工程条件,其包括两部分内容:一部分为渠道输水期间转化,另一部分为渠道停水期间转化;在渠道输水期间可直接变为滴灌水源，同时仍兼顾着输水功能；在渠道停水期间，由过去动态输水变为静态储水，可直接通过渠道输入并储存变为滴灌水源，这种转化关系看似比较直接，但受空间上以及时间上调控的影响更大，除了受渠道特性影响外（断面尺寸、坡降以及渠道渗漏情况），更大程度上受渠道输水期间用水量制约，特别是对于用水比较紧张的渠道制约性更大。但这种转化关系最明显的特征是水源呈现线性分布，线性分布方便于滴灌首部布设，但储水容量一般比较小。因此，要建设人工设施，改变蓄水条件，充分利用渠道蓄存容量，实现转化水量利用最大化。

1.3　适宜多水源转化的条件

在明确了多水源之间的转化关系后，需要进一步分析转化条件，即转化水量、水质、储蓄条件以及适应管理体制，转化水量包括滴灌水源总用水量以及补给水量，总用水量受时间以及空间制约，在时间上转化水量主要满足滴灌生育期灌溉需要，在空间上转化水量涉及水源补给量；一般来讲，时间上满足滴灌用水量比较容易，如井灌区只要单井出水量能够满足用水要求，就可以保证作物滴灌用水，但是如果保持区域地下水采补平衡就比较困难。因此，转化水源补给条件更加重要，而且补给条件在空间上都存在较大差异。对于多水源转化后的水质条件，要看是否向有利于滴灌方向发展，如果转化后水质变差，可能会增加水质处理成本，或者会使水环境受到负面影响。一般来讲，转化水量决定滴灌发展规模，转化后水质决定滴灌发展成本。例如，河套灌区利用多水源转化为淖尔（天然湖泊）水、地下水以及渠道直接储存水，淖尔水除了具有储蓄功能外，还具有沉淀泥沙的作用，但有可能在储蓄期间增加微生物量或者蒸发量使盐分增高，盐分增高会增加土壤盐碱化风险。大部分引黄灌区地表水与浅层地下水有着较好的水力联系，但储蓄条件主要决定于地下水可开采水量，如果可开采水量不能满足滴灌用水，地下水位可能会在开采期持续下降（陆垂裕等，2014）；渠道转化条件主要为渠道工程条件以及配套管理体制，大断面渠道完成衬砌渠道后，都有着较好的储蓄能力，如果没有实行渠道衬砌，渗漏会很严重，尤其在静态条件下，渗漏可能会导致滴灌水源转化无法实现。河套灌区现存绝大多数淖尔下部就存在一层天然的隔水层，因而进行大规模补水后，可形成很好的滴灌储存水源。淖尔水每年在黄河凌汛期间进行补水，这部分水量有一部分水为生态补水，而且天然淖尔水可保持长时间的蓄水能力，说明具有较好的天然防渗条件，在引黄灌区向地下水水源转化中可能包含空间和时间转化方式，两种转化方式不尽相同，空间转化即滴灌区域地下水由周边引黄灌区地下水补给，而时间转化即同一滴灌区利用漫灌直接补水，从水量上讲，时间转化效率低于空间转化。空间转化应具备的条件为保持周边渠灌面积与滴灌面积比例，使得周边地下水有足够水量流向滴灌开采区，而时间转化条件主要为补给水量以及补给时间，对于规模化补水，补给时间尤为重要，其涉及水源利用效率以及多水源转化管理体制建立。现有引黄灌区灌溉面积大，轮灌时间长，给用户供水就存在较大矛盾，因此需要做出调整。例如，内蒙古河套灌区地下水水源，涉及秋浇大范围向滴灌区地下水补给以及滴灌区域周边有足够黄灌面积；在灌溉期间向淖尔补水，可能会引发争水，如果完全依靠凌汛水补水，可能会出现水量不够的情况。利用渠道转化水源，渠道输水功能变为储水功能，当出现输水停水期，由总干渠向下一级渠道进行输水储水，渠道作为水源呈线性分布，其储水容量一般比较小。但对于大型引黄灌区，庞大的渠系系统呈支状分布，可将水源均匀分流至各滴灌区域，这种渠系输水转换应主要集中在干渠以上大断面渠道，其输水时间比较长。按照国家对大型灌区骨干工程改造的规划，干渠以上级渠道全部要完成衬砌，渠道储水利用系数进一步提高，这种渠道之间的转化关系更直接一些，但与传统上渠道输水发生了很大变化，渠道除具备输水作用外，很大部分是承担水源调控作用，这种转化关系变化会引发引黄灌区地面灌与滴灌水源之间的配水矛盾，特别是在用水矛盾较大的渠道上表现更突出，对于增加蓄存水量后，多水源的转换最主要的条件是时间上引水之间的协调性，大范围引水与调蓄水，时间上可能与地面黄灌产生矛盾，特别是在用水高峰期，矛盾会更突出。因此，只有对灌区体制进行调整才会创造较好的转化条件。天然储蓄或人工工程储蓄，会导致水面面积加大，蒸发量与渗漏损失加大，如果调蓄时间不合适，用水效率会降低。例如，河套灌区在 5 月淖尔水蒸发量最大，如果 5 月其水面面积加大，则会引起蓄水效率下降，如果全部集中在秋浇期补水，则会引起湖泊周边地下水位上升，加大周边土地盐碱化风险。

1.4　水源在时间与空间上调控的协调性

在引黄灌区，滴灌由集中单一水源（黄河水）转化为多水源，使其能够比较均匀地分布在滴灌发展区域，从而大幅度降低滴灌投资以及运行成本。但转化后的水源面临的最大问题是如何保持大范围分布水源空间与时间的协调性，空间协调性包括三个方面：①多水源在空间范围内保持采补平衡；②水源与土地条件相匹配；③滴灌与周边黄灌布局协调。空间上采补平衡又体现在三个方面：第一用水量采补平衡，第二滴灌区域与周边生态环境和谐，第三保持滴灌区域盐分平衡。在大尺度条件下，控制协调性就是保持用水与补水平衡，如果不能够具备这种协调性，就会出现采补不平衡，导致滴灌区域生态环境出现问题。引黄水转化为地下水水源后，其空间协调性比较复杂，主要表现为用水水源比较分散，地下水用水开采难以控制,另外突出的问题是补水与用水管理者不统一,用水户大多为农民或者承包户,而补水要靠灌区管理单位来完成,这两者的利益与目的不统一,而且滴灌区域可能会涉及多个区域,作物种植结构以及种植方式不同,管理单位也不同,采补涉及问题也不一致。对于转化水源为湖泊或人工设施蓄存水源,大多以点源水源形式,由于滴灌区域首部用水管理比较集中,采补容易控制,更多表现出在时间上的控制协调性。时间协调性是指在同一滴灌区域上采补平衡,地下水水源开采是在滴灌方式下进行的,而补给大多采用漫灌的方式进行,表现出时间协调性。时间协调性除了在技术层面外,还涉及与现行用水在体制上协调。例如,河套灌区采用的地下水滴灌有两种发展模式:一种为时间上井渠结合,另一种为空间上井渠结合。时间上井渠结合的具体模式是滴灌同一区域采用两种灌水方式,采用滴灌灌溉作物,再采用传统地面灌溉回补地下水(齐学斌等,2004),两种灌水方式要在时间上保持协调性,从技术层面上讲没有任何问题,但真正实行时有很大难度,如同一滴灌区域采用两种水源(地下水与黄河水)涉及两种水费计量与收取体系,目前大多井灌区没有实行水费计取,只是收取电费,而引黄灌区则是按成本收取水费,所以需对滴灌区域地下水采补体制进行调整。此外,除了考虑用水与补给平衡外,在开采过程中必须保证盐分平衡,保持与滴灌周边生态环境和谐,对于大范围滴灌区域,保持盐分平衡比较复杂,盐分空间变异性影响更大,引黄灌区盐分集聚条件变化都比较大,受土壤、地下水位、种植作物结构、水质以及滴灌灌水制度等多种因素影响,要保持多年实施滴灌后,空间上与时间上都要控制盐分平衡,除了利用秋浇进行集中洗盐外,还要考虑在滴灌制度上进行调整,改变盐分累积模式,控制盐分平衡除了对盐分进行淋洗外,更多的是改善土壤结构,合理调控和降低地下水位。针对区域不同条件,采用综合技术进行系统治理;在滴灌实施过程中,基本做到年内盐分达到平衡,切不可等到若干年后,滴灌区域出现严重盐碱化后再进行盐分淋洗,这样淋洗效率会下降,浪费大量冲洗水,空间协调性要考虑空间变异性影响,特别是大尺度条件下,要保持区域上盐分平衡并非易事。由于地下水含盐量通常要比黄河水含盐量高,所以黄河水转化为地下水水源后,还要保持盐分平衡,转化为湖泊储蓄水源后,其含盐量相对黄河水要高一些,因此要考虑水质影响,相对于黄河水,其积盐速度可能会快一些,发展滴灌时要充分考虑到这一点。转化后水源与土地条件的匹配性:一方面为水源周边土地面积要满足滴灌发展要求;另一方面为土地质量匹配性。如果水源周边土地面积与水源不匹配,可能会导致水源输送距离比较长,滴灌过程能耗增加。一般来讲,引黄灌区土地利用率已很高,可满足水源发展要求,但主要存在匹配性高与低的问题。土地匹配性程度反映在两方面:一方面为转化水源周边的耕地质量;另一方面为土地分布与水源的关系,如果水源周边土地质量比较差，可通过发展滴灌促进土地生产力快速提升。一般转化为地下水水源与土地有较好的匹配性，而对于蓄水水源可能存在匹配程度比较低的情况，由于大部分蓄水湖泊都处在土地条件较差的地区，周边大部分土地已成盐荒地，这种匹配性只能在水源转化过程中，通过滴灌工程布局来弥补或者通过转化布局进行一些调整。例如，对于河套灌区来讲，大多数土地条件比较好，但如果利用转化后的地下水水源，大多都存在不同程度的盐碱化，地下水位都比较高，有些地区已发展成井灌区。转化后有些蓄存水源（如天然海子与湖泊）在地形低洼处，如淖尔主要分布在河套灌区上游区以及部分下游区，而且靠近乌兰布和沙漠东部，这部分地区分布着大量农田，其他地区空间上不具备淖尔匹配性；利用地下水发展井渠结合滴灌，时间上补水主要是集中利用秋浇水，其他时间对地下水补给只是通过调整灌溉制度来进行，其对地下水补给较小，地下水平衡主要表现为空间上的匹配性，引黄灌区井渠结合分布范围比较广，各个灌域都有分布，而且面积比较大，地下水主要通过渠道入渗、田间灌溉水入渗、地下水径流补给，当区域发展滴灌后，由于时间上调控受到很大制约，地下水平衡更多依赖于空间匹配性，如区域土壤入渗条件、渠系分布密度、渠道过水时间、滴灌相邻区域渠灌区面积等；干渠以及分干渠呈支状分布延伸，这种渠系输水转换为调控水源，可将水源均匀分流至各滴灌灌域，渠道作为一级转换水源，井渠结合作为二级转换水源，淖尔作为三级转换水源，补充渠道以及地下水水源控制不到地区，通过多级转换水源，有效保障大规模、高频次滴灌用水，降低投资以及避免对灌区生态环境造成破坏。

1.5　引黄灌区滴灌多水源调控策略

多水源调控策略包括区域滴灌布局与控制规模、水量与水质调控（王浩等，2014）、维持生态平衡调控、多水源滴灌高效利用创新理念等。对于任何一个引黄灌区，滴灌发展必然有规模控制：一方面受水量转换成本控制；另一方面受灌区生态环境平衡制约，很难将现有地面灌溉全部改为滴灌，特别是处于干旱与半干旱地区的引黄灌区，降水量小，地下水补给量小，滴灌蒸发量大，会引起地下水位下降，灌区植被退化。由于水源位置、水量、水质以及水源储蓄条件限制，引黄灌区多水源滴灌发展必然有其适宜的分布范围与区域。

1.5.1　区域滴灌布局与控制规模

滴灌布局主要考虑三方面：转化水源条件、投资成本以及作物种植情况。滴灌总体布局基本受水源范围控制，但在具体实施过程中，根据水源条件、输送距离以及投资成本，可进行二次布局优化。二次布局优化主要考虑投资成本以及作物种植结构。在滴灌发展布局框架下，适宜布局区域应由水源类型、水量与水质以及蓄存条件决定，对于点源水源，发展区域基本围绕在水源周围；如果承接转化水源为渠道，受渠道蓄存水量的影响，发展区域大致分布在渠道水源两旁条状范围内；地下水水源范围一般比较大，受水质以及地下水补给条件控制，控制区域比较大（岳卫峰等，2009），水量调控涉及水源补给制度。多水源滴灌发展范围有时会出现交叉重叠现象，因此要进行综合考虑与分析，确定转化水源中最适合发展范围，下面结合典型区域内蒙古河套灌区具体情况，对多种转化水源滴灌布局与控制规模进行论述。

1. 以淖尔为转换水源的滴灌区域布局与规模控制

以淖尔为转化水源，其蒸发与渗漏为主要排泄途径，并与补给源共同作用，影响淖尔面积、水量和水质的变化。能够持续蓄水、水面面积变化幅度小、具有补水潜力的淖尔才可作为转换水源，需研究春夏两季淖尔的面积变化、水深、分布状况以及数量，以确定淖尔的蓄水调节能力。根据区域水资源总体情况，分析分凌水、分洪水和引黄水可供补给水量以及补给时间，制订多途径规模化补水优化方案；利用黄河分凌水、分洪水对淖尔进行补水，可减轻黄河凌汛压力，同时可降低引黄补给水量，但补给保证率较引黄水量低，为提高保证率，可采用多年调节补给。大多数淖尔矿化度比黄河水高，经补水稀释后其水质基本符合《农田灌溉水质标准》（GB 5084—2005）。淖尔作为转化水源后同时具备生态、渔业及灌溉三种基本功能。因此，要兼顾淖尔各项功能，合理确定调控水量阈值，本书中确定了淖尔最大、最小蓄水量以及适宜蓄水量三个调控阈值，制订了三种补给水源优化调度方案，计算了淖尔调蓄能力，并根据作物灌溉制度、耕地状况、调蓄能力及调蓄方式，确定滴灌适宜发展规模。例如，通过计算可知，内蒙古河套灌区淖尔滴灌适度规模控制在15万亩左右，其布局基本集中于灌区上游与下游地区。

2. 引黄水源滴灌区域布局与规模控制

单纯修建蓄水池进行水量调蓄需要占用大量土地，依据引黄灌区现在土地利用状况，很难找到大量闲置土地来修建蓄水池，但在部分渠道两旁地区可能会有一些荒地，可供修建一定容积的蓄水池。因此，引黄灌区可以有两种方案选择：大断面渠道如干渠以上级渠道，输水时间比较长，停水时间比较短，可完全利用渠道作为储蓄水源；有部分干渠停水时间比较长，储蓄能力不足，可在渠道两旁区域修建一定容积的蓄水池，解决在渠道停水期间部分滴灌用水。对于第一种方案大部分时间在渠道输水过程中可给农田滴灌供水，当渠道出现停水时，可通过渠道各节制闸的控制，将渠道作为停水期间的调蓄水池。

上述两种方案都受到一定条件的制约，对于第一种方案，渠道位置以及蓄存能力决定滴灌的发展区域及规模；对于第二种方案，除了受渠道的蓄存能力影响外，渠道两旁的土地条件也产生制约作用。因此，需要对两种方案条件下的适宜区域进行确定。首先，分析渠道储水容量以及供水保障能力，以确定适宜作为滴灌转化水源的渠道，分析渠道周边的土地利用状况，确定可修建蓄水池的占地条件及蓄水容量；然后，确定两种方案滴灌的发展规模和适宜分布范围。

通过对灌区各渠道停水时间的分析，找到停水时间较短的渠道，并分析渠道两侧兴建调蓄水池的土地条件。对于第一种方案，停水期间各渠段总蓄水量控制滴灌发展规模，两节制闸之间控制段可作为一独立水源。通过调节计算，确定各控制渠段蓄水量，再根据停水期间作物需水量，推算出各渠段滴灌发展规模。在停水期间对各控制段蓄水容量影响最大的因素为渗漏损失量，根据实测渠段水利用系数，采用静水湿周计算方法推求各渠段渗漏损失量。渠道增加节制闸后，各渠段水深发生变化，需重新推求设计水深。由于渗漏损失量随时间与渠道水位逐时变化，需要对各渠段可利用水量进行逐时调节计算，推算渠道蓄水期间不同时段蓄水可利用量，进而推算出滴灌可利用水量。对于第二种方案，确定渠道两岸调蓄水池蓄水规模，根据渠道两岸农田面积及作物停水期内需水量，分析各渠道水源发展滴灌控制面积。例如，分析内蒙古河套灌区适宜作为转化水源的渠道主要集中在总干渠以及干渠二级渠道，适宜区域基本集中在渠道两侧，通过对总干渠、干渠各渠段的停水期蓄水量调节的计算，计算出各渠段控制滴灌规模在 40万亩左右。

3. 转化水源为地下水的滴灌区域布局与规模控制

灌区的井渠结合区是实行地表水和地下水联合运用的区域，仅实行地表水灌溉区域称为渠灌区，仅实行地下水灌溉区域称为井灌区，在井灌区利用地下水滴灌。河套灌区的地下水补给来源以引黄灌溉入渗水量为主，这种地下水补给排泄条件决定了灌区的灌溉方式以引用黄河水灌溉为主、开采地下水灌溉为辅，地下水的开采量应维持采补平衡，并控制地下水的合理埋深（岳卫峰等，2009）。河套灌区发展井渠结合滴灌，要求井灌区与渠灌区相间布置，在井灌区周围规划一定比例的渠灌区，井灌区的地下水开采量主要由周围渠灌区地下水侧向补给，以维持井渠结合区采补平衡。根据井渠结合区的灌溉入渗补给量、降雨补给量、潜水蒸发量和井灌区与渠灌区之间的水量平衡，得到全灌区的平均渠井结合比（渠井结合比为井渠结合区内渠灌区面积与井灌区面积之比）为 1.9～2.9，各灌域渠井结合比不同，越靠近灌区下游，渠井结合比越大。

结合地下水矿化度小于 3 g/L、小于 2.5 g/L 和小于 2 g/L 三类条件下确定的农业灌溉地下水可开采区分布情况，结合沙漠带在不同矿化度条件下不同区域类型区分布情况，可得到灌区井渠结合分布图。地下水矿化度条件小于 3 g/L、2.5 g/L和 2 g/L 的灌区井渠结合控制面积分别为 865 万亩、622 万亩和 511 万亩，分别占灌区控制面积的 53%、38% 和 32%。

根据各灌域的土地利用系数和不同地下水矿化度条件下的井渠结合区控制面积，取渠井结合比为 3，可以得到各灌域的井灌区面积分别为 121 万亩、87 万亩和 71 万亩。

井渠结合控制区分布情况及面积的多少是对灌区水文地质条件、地下水深浅层矿化度、目前土地利用类型现状和农业灌溉用水水质要求综合分析后得出的。井渠结合控制区主要分布在乌兰布和灌域非沙漠带、解放闸灌域和永济灌域南部、义长灌域北部、乌拉特灌域南部（公庙镇、先锋乡、黑柳于乡），还分布在灌区北部沿狼山山前部分区域。研究结果表明，整个灌区控制面积尽管达 1609.91 万亩，但因地下水半咸水和咸水的广泛分布及乌兰布和沙漠带的存在，最终确定的井渠结合区控制面积占整个灌区控制面积的一半左右。

1.5.2 水量与水质调控

多水源转化涉及的两个重要方面是保障滴灌区域用水量与滴灌水质，黄河水泥沙含量以及地下水盐分含量都比较高，即使将人工池塘或者水库作为转化水源，也一般比黄河水中含盐量要高，同时引黄灌区地下水普遍存在空间上咸淡水交错分布的情况。因此，对水量与水质调控除了考虑满足滴灌要求外，还要考虑对土壤与地下水环境的影响。总水量决定于滴灌发展范围以及利用强度，而水质调控决定于滴灌投资以及效益（包括经济以及生态效益），三种转化水源条件下，水量与水质调控涉及问题不尽相同，调控重点与方式差异也比较大，因此分别做如下论述。

1. 直接利用黄河水

直接利用黄河水滴灌面临的最大难题是水质调控。由于引黄灌区很大部分滴灌用来种植大田作物，如果沿用目前国内外滴灌水质过滤标准以及技术方法，过滤成本高，将制约滴灌大面积推广。黄河水滴灌水质控制可采用一种一级机械过滤，二级泥沙排放的新技术模式，即在滴灌系统加压泵前，安装低压旋转网式过滤器进行过滤；在滴水过程中利用滴头排沙以及开放式毛管尾部进行泥沙冲洗。这种低压旋转网式过滤器可过滤颗粒较大的泥沙以及悬浮的细小杂质，同时起到常规网式与砂石过滤器作用。其过滤压力低，能够有效过滤较大颗粒的泥沙以及悬浮的细小杂质，传统网式过滤器一般安装在加压泵后，对细小悬浮杂质难以起到过滤作用，同时要在网式过滤器后设置砂石或碟片式过滤器来过滤杂质，会造成反冲洗次数频繁，能耗与反冲洗水量损失大，这种泵前低压旋转网式过滤器可很好地解决这一问题。通过选择适应性较好的滴头，在滴水过程中将进入毛管内的部分细颗粒泥沙排放出去，剩余的一小部分滞留在毛管中的泥沙可通过冲洗措施直接排放到田间，采用这种新技术模式调控黄河水滴灌的水质可大幅度降低滴灌投资，并充分利用黄河泥沙中有机质，减少滴灌系统管理成本。如果引黄灌区泥沙含量比较高，如超过 3 kg/m³，可采用本书后面章节介绍的多级复合过滤技术模式，即新型重力式沉沙-过滤复合系统，其对泥沙可进行初沉，传统的大尺寸平流式沉沙池可以将黄河水中的细颗粒泥沙沉降下来，但这种沉沙池占地面积大，投资成本高，不适宜在引黄灌区推广使用。本书后面章节介绍了一种沉沙效率高、占地面积小的重力式沉沙-过滤复合系统，首先泥沙进入稳流沉降区内，使大颗粒泥沙沉降到池底，然后水流进入斜管沉降区域内，通过缩短沉降距离及增加沉降面积，使较细小的颗粒能够沉降到斜管管壁及池底，通过滤网过滤掉漂浮杂质，对于直引黄河水水量调控，应尽量将大断面渠道作为转化水源，渠道大部分时间都在输水，可满足滴灌用水要求；在灌溉期渠道停水期间，利用节制闸进行各单元水量储存。因为转化水源渠道都比较长，目前设有一定数量的节制闸满足不了滴灌转化水源条件，所以要增加节制闸数量，以及对渠道进行衬砌，以提高转化水源蓄存能力与效率。此外，要尽量选择在国有管理渠道，便于水量控制与调度管理及对灌区渠道运行调度制度做出相应调整。

2. 淖尔、水库

淖尔以及水库水量调控关键阈值有最小安全蓄水量、正常蓄水量以及最大安全蓄水量，调控依据一般为各阈值所对应的水位。例如，内蒙古河套灌区将淖尔维持正常生态、渔业功能的最小控制水深确定为 0.5 m，最小安全蓄水量为保障生态与渔业功能不受影响的水量控制最低值。当水量（水位）低于该值时应及时补水；可同时维持正常生态、渔业以及旅游功能的蓄水量为正常蓄水量，其对应的水位为正常蓄水位。当水量（水位）低于该值时应停止灌溉；当淖尔蓄水位在正常蓄水位上增加后（内蒙古河套灌区约增加 1 m），达到周边隔水层上边界时，应停止补水，以防淖尔水倒灌入农田，此时蓄水量为最大安全蓄水量。对于每个淖尔以及水库，保障滴灌调蓄水量应控制在正常蓄水量与最大安全蓄水量之间。补水时间要充分考虑蒸发与渗漏损失，最大限度地发挥水源灌溉效率。

以引黄灌区灌排渠系为基础，以湖河连通工程为依托，利用分凌水、引黄灌溉水对淖尔或人工池塘水进行混配稀释，可有效改善水质状况，降低超标物含量。由于蒸发量比较大，天然淖尔以及人工池塘水体中含盐量可能比较高，且随季节变化大，通过控制引水量以及引水时间，可有效稀释盐分。淖尔作为转化水源，经过较长时间沉淀，其泥沙含量一般都比较低，所以相比于直接引用黄河水，其泥沙过滤成本可大幅度降低，但可能会因为水源中产生一些藻类，引起滴头生物堵塞；应根据水质情况，采用适宜的机械过滤装置进行过滤，结合毛管冲洗技术，提高滴灌灌水均匀度。

3. 地下水

总水量调控通常采取时间结合井渠布置模式，即在滴灌区域在不同时间段采用两种灌溉方式，在作物生育期采用滴灌进行灌溉，在作物生育期外，采用黄河水灌溉补充地下水，这种井渠结合模式控制水量靠地面灌补给，需要进行大面积引水，每年进行一次；另一种井渠结合模式为空间上井渠结合，井灌区地面灌区相邻布置，滴灌区内地下水通过相邻黄灌区地下水进行补给，与前一种模式相比，其补水成本大幅度下降，补水效率大幅度提高，无须专门通过大范围调水补充地下水。采用时间和空间相结合的井渠结合膜下滴灌模式，根据对井渠结合比的控制，可以达到井渠结合区内（包括井灌区和渠灌区）地下水利用的采补平衡，可以维持灌区地下水开采的持续利用。但是在井渠结合区的规划设计过程中必须考虑到未来井灌区由于节水措施的实施，地下水补给量可能会减少的因素。在井渠结合膜下滴灌区，将时间与空间相结合，利用非灌溉季节的地下水补给过程，冲洗生育期灌溉期间积累的土壤盐分，达到地下水补给和冲洗土壤盐分的目的，实现土壤根系层盐分均衡；依靠井渠结合渠灌区的地下水的侧向流动，井灌区充分利用渠灌区的地下水补给量，降低渠灌区的地下水位，减少土壤蒸发，达到地下水水量和水质的联合调控，是一种较好的井渠结合模式。

上述理论说明，不同水源滴灌由于矿化度不同，应采取不同的滴灌灌溉制度；对于黄河水，要采用较大的滴灌水量，而对于超过 2 g/L 微咸水滴灌，可采用较小的滴灌水量；确定河套灌区滴灌灌溉制度的原则应为水源矿化度增加时，为满足作物需水，滴灌水量应减少，灌溉控制下限应降低。从不同矿化度条件下的作物产量方面提出不同矿化度条件下的灌溉制度，当灌水下限为 -20 kPa 时，灌溉制度包括不同水质条件下的灌溉制度以及适宜控制下限。不同水质条件下的施肥量相同，施肥次数不同。

1.5.3　维持生态平衡调控

地下水位控制：井渠结合后，井渠结合区的地下水位会出现不同程度的下降，地下水位埋深超过一定范围会造成地下水超采，破坏井渠结合区地下水的采补平衡，导致严重的生态环境问题。在对典型河套灌区的研究中重点分析了渠井结合比为 3 时地下水埋深的变化情况，研究结果表明，地下水埋深为 3 m 时，已经充分发挥了潜水蒸发的利用潜力，而埋深大于 3 m 时地表生态环境显著下降。因此，将地下水适宜埋深的上限定为 3 m，井渠结合后的地下水埋深应小于上限埋深。

1.5.4 多水源滴灌高效利用创新理念

1. 突破国内外过滤标准与过滤模式

目前国内外滴灌过滤标准为每立方米水源中泥沙含量要低于 50 g，通常达到这种标准至少要采用工程+机械四级过滤模式。引黄灌区大多种植大田作物，且使用一次性滴灌带，采用这种模式可大幅度增加水质处理成本，显著降低滴灌投资效益，增加管理与维护费用。针对黄河高含沙水滴灌过滤标准高、投资大等制约性难题，本书创建了"浅过滤—重滴头排出—辅助冲洗"的黄河水滴灌新技术模式与适应引黄灌区的过滤标准，即采用低压网式过滤、滴头排沙以及水汽冲洗模式，这种模式与传统模式理念完全不同，只过滤少部分泥沙（约 25%），很大一部分泥沙是在滴头滴水过程中被排放出去的（50%～70%），剩余在毛管中的一少部分泥沙靠水汽冲洗到田间。这种模式与传统上的滴灌抗堵理念完全不同，传统上滴灌重点在"堵"，黄河水中 99% 的泥沙需要过滤掉，而本书创建的模式重点在"输"，75% 左右的泥沙可进入滴灌系统；如按每立方米黄河水中泥沙含量为 3 kg计，进入滴灌系统的泥沙可由规范中规定的每立方米含量 50 g 增加到 2 kg 左右，这一模式除大幅度降低过滤成本外，与传统过滤模式相比，克服了因泵后设置多级过滤器而造成的反冲洗次数频繁、消耗大量电能与冲洗水量的缺陷，同时很好地利用了泥沙中的肥料（黄河泥沙中有机质含量 0.5%），避免了大量泥沙随处堆放造成环境污染，此外，还减少了过滤设施，降低了维护管理费用。对于泥沙含量超过 3 kg/m³ 的情况，本书研发多级复合过滤系统，对泥沙进行初级过滤，这种重力式沉沙-过滤复合系统将传统平流沉淀池与斜板沉淀池以及网式过滤器进行了集成改进，有效缩短了沉降距离及增加了沉降面积，使较细小的颗粒能够快速沉降；与传统高含沙水滴灌过滤与防堵技术模式（工程+机械四级过滤）相比，该技术模式降低投资 60%，减少过滤与沉淀占地面积 60%，大幅度提高了过滤效率，使黄河水中有机质利用率达 85% 以上，能耗降低 30%，也使管理便捷易于反冲洗。此外，本书还提出了采用相对平均流量作为滴灌系统运行堵塞表征指标以及灌水器抗堵塞性能评估指数法，该方法解决了规模化滴灌在运行过程中难以直观表征堵塞情况以及在优选滴头方面缺少量化性能指标的技术难题。

2. 井渠结合模式

针对单一时间井渠结合模式存在水盐调控与补水效率低等突出问题，创建了以空间为主、时间为辅的井渠结合滴灌的水盐调控技术模式，提出了基于地下水资源与水文特征适宜井渠结合模式以及空间分布，基于时间的滴灌特征下水盐平衡的灌溉制度，提出了考虑不同水质条件下作物生育期内控盐和非生育期内洗盐（秋浇/春汇）相结合的控盐制度，改变了传统的滴灌盐分淋洗完全依赖于秋浇或冬灌的模式。与单一时间井渠结合模式以及传统的滴灌盐分淋洗方式相比，该技术模式补水效率提高一倍，总节水量提高一倍以上，盐分淋洗效率大幅度提高。

3. 构建了以关键技术为核心并具有鲜明特征的多水源滴灌技术模式

针对引黄灌区制约滴灌效益发挥的几大问题（投资高、种植结构单一以及配套管理体制缺失等），本书突破了传统滴灌以节水为主要目标的束缚，构建了以关键技术为核心并具有鲜明特征的多水源滴灌技术模式，围绕三水源滴灌构建了五个层次的集成技术模块，包括关键技术（多水源保障调控技术、黄河水过滤与抗堵技术、水盐平衡调控技术），配套关键产品与装备，具有三水源特征条件下的水肥一体化技术，以及针对减小秋浇水量、降低土壤风蚀、促进优势作物种植比例增加的配套的干播湿出技术，土壤化控调技术、复种技术、配套农机具及适应于三种水源滴灌的管理运行体制。

第 2 章　河套灌区滴灌分区布局和节水潜力

2.1　河套灌区水资源构成特征及滴灌适宜性分析

2.1.1　河套灌区水资源构成特征

典型研究区内蒙古河套灌区地处干旱地区，年均降水量 171 mm，年均水面蒸发量 1152 mm，地表产流少，灌区灌溉主要引用过境黄河水。20 世纪 90 年代前，灌溉面积和引黄水量逐年增加，1990～2000 年平均引黄水量 52 亿 m^3/a，2000 年后平均引黄水量 47 亿 m^3/a，灌溉面积维持在 861 万亩，近年来灌溉面积有不断增加的趋势。引黄水量逐年减少，作物耗水量稍有增加，导致地下水位呈现下降趋势。随着国家水资源"三条红线"管理制度的实施，河套灌区水资源供需矛盾将进一步加剧。根据地区经济的发展和内蒙古引黄水量分配方案的要求，河套灌区的农业灌溉水量还会进一步减少（由目前的 47 亿 m^3 减少到 40 亿 m^3 以下），为保证粮食安全生产以及内蒙古经济与社会可持续发展，灌区必须从开源和节流两方面着手，提高灌溉水利用效率，开发利用灌区的各类水资源。

根据《巴彦淖尔市水资源综合规划》成果和河套灌区现状引水状况，河套灌区主要水资源循环特征如图 2-1 所示，现状条件下灌区来水主要有引黄水量 47 亿 m^3，降水量 18 亿 m^3，山前进入灌区的地表径流量 1.3 亿 m^3，共计 66.3 亿 m^3。以上来水量进入灌区后，通过灌溉系统和地表入渗，有 15 亿～17 亿 m^3 水量补给地下水，通过灌溉退水和地下排水，有 3 亿～5 亿 m^3 水量排入乌梁素海，以维持乌梁素海的生态平衡。山前侧渗和黄河侧渗进入地下水系统的水量小于 2 亿 m^3。从多年的地下水平衡角度来看，地下水的蓄变水量较小，可以忽略不计。由此可得到灌区总蒸散量约为 63 亿 m^3，其中包括了灌区潜水蒸发量 15 亿～17 亿 m^3。河套灌区多年平均地下水资源总量约为 24 亿 m^3，地下水资源十分丰富，目前尚未得到有效开发利用。

受独特的水文地质条件和农业灌溉方式的影响，内蒙古河套灌区形成淖尔富集、湖渠交错的独特景象。大量的引黄灌溉造成区域地下水埋深浅，受地下水侧

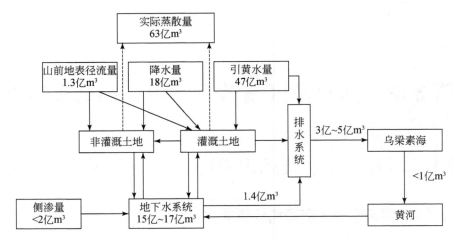

图 2-1 河套灌区主要水资源循环特征

渗补给，同时承接降水、排水、分洪水、分凌水等补水，在低洼处形成湖泊（淖尔），蒸发与渗漏损失构成了淖尔主要的排泄途径，它们与补给共同作用影响淖尔面积和水量的变化。采用遥感和实地调查相结合的方法来确定淖尔面积、数量、蓄水量以及分布范围的年际、年内变化情况。因此，本书根据淖尔滴灌工程的供水保证率要求，结合灌区淖尔形成条件、年际变化，重点对能够持续蓄水、面积大于 50 亩、具有补水潜力的淖尔春季、夏季分布状况、数量、面积等信息进行遥感解译和实地验证，以确定淖尔的蓄水调节能力。

夏季为蒸发及作物用水高峰期，淖尔得到有效的补给少，面积数量最具代表性。根据 2010～2016 年夏季遥感数据，河套灌区单个面积大于 50 亩的淖尔平均数量 401 个（表 2-1），数量较多的年份集中于 2012～2014 年，其中 2013 年数量最多，为 494 个。夏季单个面积大于 50 亩的淖尔水面总面积为 94.22～190.13 km²。磴口县淖尔面积最大、数量最多，平均面积 88.96 km²，平均数量 180 个；五原县排第二，平均面积 13.54 km²，平均数量 79 个；临河区排第三，平均面积 12.12 km²，平均数量 63 个；杭锦后旗 9.52 km²，平均数量 44 个；乌拉特前旗 3.95 km²（不含乌梁素海），平均数量 19 个；乌拉特中旗 2.91 km²（不含牧羊海），平均数量 14 个。根据淖尔面积和水深计算，2008～2016 年河套灌区滴灌淖尔春季（3 月）蓄水量 12118 万～26466 万 m³，夏季（8 月）7341 万～27644 万 m³。2009 年蓄水量最小（干旱），2012 年蓄水量最大（洪涝灾害），均为特殊水文年，河套灌区淖尔春季与夏季调蓄水量空间较大、储存丰富，在保障其生态、渔业、旅游等功能的前提下，具有一定的调节潜力。

表 2-1 2010～2016 年夏季河套灌区淖尔数量与分布区域

地区	2010 年	2011 年	2012 年	2013 年	2014 年	2015 年	2016 年	平均
磴口县	115	105	267	268	165	216	127	180
杭锦后旗	33	43	57	46	44	40	46	44
临河区	60	78	55	62	58	71	60	63
五原县	81	72	74	79	114	66	68	79
乌拉特中旗	11	7	17	17	31	11	7	14
乌拉特前旗	26	16	15	22	25	15	14	19
合计	326	321	485	494	437	419	322	401

注：仅统计单个面积大于 50 亩的淖尔。

2.1.2 滴灌水源适宜性分析

河套灌区共有 7 级固定渠道，包括总干渠、干渠、分干渠、支渠、斗、农以及毛渠，总计有 8.6 万多条，其中总干渠 1 条、干渠 13 条及分干渠 48 条。河套灌区总干渠和各干渠为国管渠道，渠道供水有保障，渠道断面尺寸较大，渗漏损失相对较小，可在停水期充当调蓄水池，在蓄水渠道岸边建设滴灌首部系统，可直接进行引黄滴灌。如果渠道两边有闲置荒地，可兴建一定容积的调蓄水池。据河套灌区 2000～2014 年渠道每年停水时间以及单次最长停水时间统计，在作物生育期内总干渠、乌兰布和灌域干渠停水次数较少，且总停水天数较短，可结合渠道蓄水，建设一部分调蓄水池；规模化经营的农田，适宜采用调蓄水池发展直接引黄滴灌模式，该模式供水保证率高。近年来，河套灌区上游黄河海勃湾水利枢纽的建成，使得进入黄河灌区总干渠泥沙含量明显下降，平均不足 1 kg/m^3，这对直接引黄河水滴灌十分有利，在部分区域可以不修建沉淀池直接过滤滴灌水源，大幅度降低黄河水泥沙过滤成本，其有助于直接引黄滴灌的发展。

河套灌区的地下水埋深较浅（平均为 1.79 m），潜水蒸发量较大，其中很大一部分是无效的水量消耗，导致灌区地表积盐。采取井渠结合滴灌的灌溉模式，可以充分利用地下水资源，减少地下水的无效蒸发消耗，达到开源的目的；采取滴灌的灌溉技术，可以高效利用地下水资源，提高水资源的利用率，达到节流的目的。河套灌区多年平均地下水资源总量约为 24 亿 m^3，丰富的地下水资源为开发利用地下水提供了水量保证；根据灌区的水文地质勘测资料，全灌区中地下水矿化度小于 3 g/L 的区域约占总控制面积的 53.7%，矿化度小于 2.5 g/L 的区域占38.6%，矿化度小于 2 g/L 的区域约占 31.8%，灌区范围内具有较大比例的淡水区，可为开发利用地下水提供水质上的保证。

河套灌区灌排渠系发达，且淖尔多靠近支渠及以上渠道，具备向淖尔补给的基本条件。根据《内蒙古自治区巴彦淖尔市水资源综合规划报告》（2015 年修编）并结合最新调查统计，灌区灌水渠系共设 7 级。河套灌区多年平均引黄水量 45 亿 m³ 左右。支渠及以上渠道开闭口时间为 4 月上旬到 11 月中旬，平均各月引水 1 次，7 月相对较多，10 月后主要用于秋浇。从黄河水的引水量、引水时间及引水频次来分析，将滴灌发展区的引黄灌溉水补给淖尔进行利用，保证率较高。自 2008 年开始，河套灌区开始规模性、系统性的分凌，河套灌区分凌口主要有三处，分别为总干渠取水口、沈乌干渠取水口、奈伦湖取水口。根据《黄河内蒙古分凌应急分洪乌兰布和分洪区工程初步设计报告》《黄河内蒙古防凌应急分洪河套灌区及乌梁素海分洪区工程初步设计报告》，为预防和减轻凌汛灾害，奈伦湖取水口设计蓄水规模 1.17 亿 m³。在每年凌汛期，通过三盛公水利枢纽、总干渠、干渠、分干渠向乌梁素海以及淖尔引蓄水 1.61 亿 m³。根据"黄河网"水事纵览中提供的 2004～2014 年石嘴山、巴彦高勒水文站流量观测数据，2008～2016 年，每年平均分凌水量约占巴彦高勒水文站径流量（3 月）的 10%。根据巴彦高勒水文站 3 月（1952～2015 年）设计径流计算，$P=85\%$ 的多年平均径流量为 11.63 亿 m³，每年可引分凌水量 1.16 亿 m³ 左右。由此可见，应用分凌水对淖尔进行补水的可能性较高。河套灌区全盐量≤2.0 g/L 的淖尔水量占稳定淖尔水量的 53.72%；全盐量>2.0 g/L 的淖尔水量占稳定淖尔水量的 46.29%，其中全盐量 2.0～3.0 g/L 的占 20.27%、全盐量 3.0～5.0 g/L 的占 9.03%、全盐量>5.0 g/L 的占 16.99%。全盐量≤3.0 g/L 的淖尔水量占 73.99%，淖尔经补水稀释后，可基本符合《农田灌溉水质标准》（GB 5084—2005）。因此，采用淖尔水滴灌在水质上也有保证。

总体而言，河套灌区引黄水量占比最大，近年来泥沙含量有减少的趋势，水质较好；地下水资源丰富，地下淡水区分布广，开发利用价值大；同时，灌区淖尔水具有稳定的补给来源，大部分水质适宜作为灌溉水源，可用来发展滴灌。内蒙古河套灌区完全采用黄河水滴灌，供水保证率低。因此，可采用由黄河水单一水源转化为渠道调蓄、淖尔调蓄以及地下水调蓄三种水源发展滴灌。

2.2 直引黄河水滴灌适宜区域分析及节水潜力

直接引用黄河水滴灌受灌区渠道来水时间及现有轮灌制度的影响，作物滴灌期间内，灌区各级渠道均有一定的停水时间。由于滴灌的设计保证率为 85%，为保证在渠道停水期内满足滴灌灌溉用水，通常修建容积较大的蓄水池，河套灌区土地利用率比较高，很难找到大片闲置荒地用于修建蓄水池，如果占用耕地，征地费用很高，也可能会带来社会问题。在河套灌区有两种情况发展黄河直引滴灌：

第一种情况为大断面渠道，如干渠以上级渠道，输水时间比较长，停水时间比较短，可完全利用渠道作为储蓄水源，省去修建蓄水池；第二种情况为有部分干渠停水时间比较长，储蓄能力不足，可在渠道两旁区域修建一定容积的蓄水池，解决在渠道停水期间部分滴灌用水。第一种情况大部分时间可在渠道输水过程中给农田滴灌供水，当渠道出现停水时，可通过水源渠道各节制闸的控制，将渠道作为停水期间的调蓄水池。

鉴于上述两种情况，需要分析各级渠道停水时间、水利要素、运行管理情况后，再确定适宜滴灌水源渠道。分析渠道周边的土地利用情况，确定是否具备修建蓄水池的占地条件；通过分析渠道与调蓄水池的调蓄容量，确定渠道两侧发展引黄滴灌的发展规模和分布范围。

2.2.1　直接引黄水滴灌适宜渠道选择

河套灌区现有 7 级固定渠道，包括总干渠、干渠、分干渠、支渠、斗、农及毛渠，13 条干渠由西向东分别配属 5 个灌域，最东（南）端乌兰布和灌域由沈乌干渠直接供水，不受总干渠控制。一干渠配属乌兰布和灌域，涉及磴口县、杭锦后旗 1 个镇、阿拉善盟 1 个国有农场及鄂尔多斯市杭锦旗巴拉亥镇；乌拉河干渠、杨家河干渠以及黄济干渠配属解放闸灌域，涉及临河区、杭锦后旗、磴口县以及乌拉特中旗地区；永济干渠配属永济灌域，涉及临河区、五原县和乌拉特中旗部分地区；丰济干渠、皂火干渠、沙河干渠、义和干渠以及通济干渠配属义长灌域，涉及五原县、临河区和乌拉特中旗部分地区；长济干渠、塔布干渠、三湖河干渠配属乌拉特灌域，涉及乌拉特前旗、五原县和包头市部分地区。

对河套灌区 15 年各级渠道停水时间进行分析，各级渠道停水时间差别比较大。总体上，灌区下一级渠道停水时间明显长于上一级渠道，而且越靠近下游，渠道停水时间越长；由于支渠以下级渠道过水断面比较小，而且停水时间也较长，因此不做进一步分析。

图 2-2 为河套灌区总干渠、干渠、分干渠以及支渠多年平均停水天数，5～9月各月平均停水时间总干渠为 15 天，干渠为 2～21 天，分干渠为 6～21 天，支渠为 15～26 天。停水发生频率高的月份在 6～8 月，其中停水时间最长的多数是在8 月。根据对 2000～2015 年停水统计分析，干渠、分干渠发生在 6～8 月的停水所占比例分别为 25%、24%、51%，因为灌区下级渠道来水受上级渠道控制，所以各级渠道停水时间最长的月份基本一致，进入 10 月后河套灌区开始实施秋浇，直至 11 月中旬秋浇结束。受秋浇制度影响，在作物生育期灌溉任务结束至秋浇开始之前，普遍出现一次停水。进入 9 月，滴灌作物用水大幅度减少，渠道停水对滴灌用水影响也很小，因此，对进入 9 月渠道停水时间此次不做重点分析。

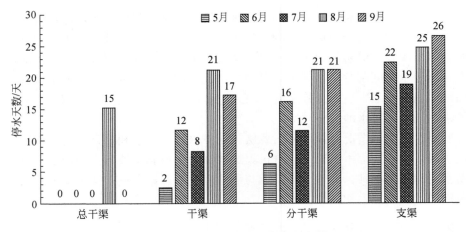

图 2-2 各渠道 5～9 月平均停水天数

对渠道停水时间、发生频率以及发生时间三方面进行分析后得出,河套灌区作物生育期 5～8 月,停水时间最短的渠道为总干渠,而且发生频率也最低,仅在每年 8 月停水一次。乌兰布和灌域由于不受总干渠调节控制,引水比较方便,其灌域内干渠在作物生育期内停水时间也比较短,且次数也比较少。各级渠道在作物生育期的停水时间主要发生在 7～8 月,停水次数也多于灌溉期 5～6 月,同时 7～8 月平均停水天数也多于 5～6 月停水天数。因此,将作物需水关键期 7～8 月停水时间作为渠道水源调控时间参数。由于各灌域渠道分干渠、支渠停水时间长,在作物生育关键期 7～8 月最长停水时间为 48～61 天,而且分干渠、支渠渠道断面面积比较小,蓄水能力有限。因此,考虑渠道停水时间以及停水期间蓄水能力,分干渠、支渠渠道水源保证程度相对比较低,不适合作为滴灌水源。此外,河套灌区干渠以上级渠道为国管渠道,便于在渠道停水期间实施统一调度。综上分析,直接引黄水滴灌第一种情况将考虑渠道作为停水期间的调蓄水源,选择灌区总干渠以及干渠二级渠道作为滴灌水源。

2.2.2 直接引黄水滴灌适宜区域分析

直接引黄水滴灌适宜区域考虑两种情况:第一种情况为大部分时间靠渠道输水给农田滴灌,当渠道出现停水时,通过渠道各节制闸控制,将渠道作为停水期间的调蓄水池,省去修建蓄水池。通过分析渠道各段停水期的蓄水能力来确定直接引黄水滴灌发展规模和分布范围。第二种情况为结合渠道输水,在有荒地的渠道两旁区域修建蓄水池,解决农田在渠道停水期的滴灌灌溉用水。通过分析调蓄水池的规模来确定渠道两侧引黄滴灌发展规模和分布范围。

引黄滴灌发展区域主要分布在总干渠以及干渠二级渠道两边，并且受上面两种情况影响，第一种情况决定于渠道蓄水条件，第二种情况决定于渠道两边土地条件。调蓄水池规模与渠道停水时间的长短有直接关系。渠道停水时间长，会导致调蓄水池规模大，从经济合理性考虑，滴灌适宜区域应该集中在停水时间相对较短的渠道两侧，而且渠道两侧需要具备建设调蓄水池的土地条件。因此，需要对目前河套灌区土地利用状况进行分析。

2.2.3　渠道周边土地利用状况分析

通过遥感解译与实地调查，河套灌区绝大部分土地为农田，有部分荒地集中于总干渠两侧和乌兰布和灌域。采用遥感影像图对总干渠两侧和乌兰布和灌域内土地利用状况进行详细解译。解译分析区域包括总干渠南岸到黄河大堤范围（磴口县、杭锦后旗、临河区、五原县境内），以及乌兰布和灌域（一干渠、一分干渠、二分干渠、东风干渠及团结支渠两岸）。

总干渠南岸土地开发利用程度较高，只有较少的沙地和沼泽地可以开发利用为蓄水池建设用地，面积仅为 254.20 亩，占总土地面积的 0.04%。总干渠南岸未利用土地主要为盐碱地，其分布在总干渠灌域五原县境内，盐碱比较严重，基本为未耕种的荒地。在临河区南郊和总干渠四闸段南岸附近分布有一部分裸地，裸地的主要类型为未耕种的农业用地。

乌兰布和灌域内耕地均匀分布在渠道两岸，区域内沙地、盐碱地、沼泽地和裸土地占区域内总土地面积的 15.29%，基本无人利用，可以被再次开发为蓄水池建设用地。

2.2.4　确定总干渠及干渠停水时间

由前面分析得出，总干渠及干渠可作为直接引黄滴灌调蓄水源，滴灌大部分用水可直接从渠道中取得。当渠道出现停水时，可将渠道作为调蓄水源或在渠道两旁建立一定规模的蓄水池。渠道停水时间内水源调蓄能力决定滴灌发展规模，由于每年停水时间变化比较大，需要对各渠道停水天数的发生频率进行分析，将发生频率 85%对应停水天数作为计算渠道调蓄能力设计天数。由于 2000 年后河套灌区节水改造工程开始规模化实施，因此采用 2000 年后渠道运行情况进行分析更符合实际。由于滴灌的灌溉保证率较高（85%灌溉保证率），为了保证引黄滴灌在作物灌溉期有可靠的水源，总干渠与干渠大多数停水时间发生在 5～8 月。因此，对 5～8 月作物滴灌期间最长一次停水天数进行频率分析，获取出现频率 85%的停水天数并将其作为典型天数。

总干渠及干渠多年最长停水天数出现频率如图 2-3 所示。通过对停水频率进行分析，总干渠、干渠发生频率 85%停水天数见表 2-2。由表 2-2 可以看出，河套灌区各干渠发生频率 85%的停水天数有较大的差异。总干渠在 5～8 月，停水天数为 18 天。在所有干渠中，灌区上游沈乌干渠、一干渠以及东风分干渠停水天数比较短，在 20～22 天，解放闸灌域干渠停水天数在 22～26 天，永济灌域干渠停水天数在 24～26 天；义长灌域在 28～42 天，而乌拉特灌域停水天数在 35～57 天。河套灌区干渠以上级渠道为国管渠道，便于用水期间内实施用水调度，并且渠道断面尺寸较大，能够在停水期内储存较多的水量。由于渠道停水时间不同，蓄水能力不同，发展滴灌规模会有很大的差异，因此需对各级干渠进行逐一分析与计算。

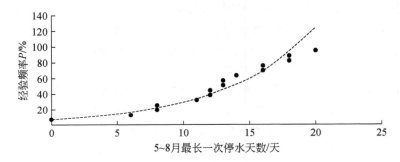

图 2-3　总干渠及各干渠多年最长停水天数出现频率图

表 2-2　河套灌区总干渠、干渠发生频率 85%停水天数表

渠道	典型停水天数/天	渠道	典型停水天数/天
总干渠	18	合济分干渠	24
沈乌干渠	20	南边分干渠	25
一干渠	21	北边分干渠	26
东风分干渠	22	丰济干渠	28
大滩分干渠	26	皂火干渠、沙河干渠	33
乌拉河干渠	23	义和干渠	31
杨家河干渠	24	通济干渠	33
黄济干渠	24	南三支分干渠	42
清惠分干渠	22	长济干渠、塔布干渠	35
黄羊分干渠	26	三湖河干渠	42
永济干渠	24	华惠分干渠	57

2.2.5　直接引黄滴灌发展潜力计算条件与方法

1. 计算条件

将渠道作为停水期的调蓄水池，分三种情况进行分析：第一种为现状（2013年）总干渠及干渠渠道防渗情况；第二种为拟定渠道全部采取防渗，已有节制闸为现状情况；第三种为渠道全部采取防渗，并增设一些节制闸，增加渠道节制闸后，各渠段水深将增加，蓄水能力将提高。

采用渠道输水与调蓄水池相结合的方案。通过对各渠道停水期停水时间的统计分析，找到停水时间较短的渠道，并分析在停水时间较短的渠道两侧兴建调蓄水池的条件，通过调蓄水池的规模确定渠道两侧发展直接引黄滴灌的规模和分布范围。

根据上述三种情况，分析计算渠道停水期内总蓄水量和作物需水量，分别计算三种情况下滴灌发展规模。

2. 计算方法

计算方法分两种情况：第一种情况为将渠道作为停水期的调蓄水池；第二种情况为渠道蓄水与新建蓄水池结合。在第一种情况下，滴灌发展规模受渠道停水期各渠段总蓄水量、停水期渗漏损失、水面蒸发以及渠道停水时间等因素影响。首先，通过渠道停水期节制闸控制的各渠段蓄水调节，计算出各渠段可供水量；然后，根据停水期作物需水量计算出各渠段可满足发展滴灌面积，计算过程中不考虑降水径流补给的影响。对各渠段可供水量影响最大的因素为停水期渗漏损失量，渠道渗漏损失水量采用静水湿周法的计算公式，采用实测渠道水利用系数（2015 年）推算流量损失。各渠段增加渠道节制闸后，重新推求各渠段设计水深。由于渗漏量随时间与渠道水位变化，需要对渠道可利用水量进行逐时调节计算。采用一般水库可利用量调蓄方法，对渠道蓄水量逐时变化量进行计算，推算出渠道蓄水期间不同时段蓄水可利用量，进而推算出滴灌总可利用水量。第二种情况的计算方法如下：根据卫星遥感解译渠道两岸土地利用状况，分析用于修建调蓄水池的土地规模，然后合理确定渠道两岸调蓄水池蓄水规模，根据停水期内作物需水量计算出各渠道发展直接引黄滴灌控制面积。

2.2.6　停水期间各级渠道储水量

1. 总干渠

总干渠渠道断面比较大，而且各节制闸之间渠道水利要素以及水利用情况差别比较大，分析三种情况下渠道蓄水量：一为渠道衬砌现状（2015 年底防渗工程实施情况）；二为以节制闸为现状拟定渠道全部采用防渗；三为拟定渠道全部采用防渗，并在现状节制闸基础上增设一些节制闸；分别对三种情况下，总干渠各渠段之间蓄水量进行计算。总干渠渠道各节制闸之间水利要素以及渠道水利用系数分别见表 2-3 与表 2-4。各渠段随靠近渠道末端距离减小，渠段长度增长，底宽与设计水深减小，边坡系数以及纵坡增加，但四闸至渠尾纵坡反而增大。

表 2-3　总干渠渠道各节制闸之间水利要素表

渠段	设计流量/万 m²	渠道长度/km	底宽/m	设计水深/m	边坡系数	纵坡
渠首至一闸	565	23.9	100～120	4.17～4.64	3.5	1/12000
一闸至二闸	480	22.8	100	3.53～4.64	4.5	1/14000
二闸至三闸	280	40.6	70～100	3.80～3.96	5.5	1/14500
三闸至四闸	152	41.25	40～70	2.62～2.91	6.5	1/14500
四闸至渠尾	65	60.05	20～40	1.9～1.96	7.5	1/8500
总干渠	565	188.6	120		2.5	

表 2-4　河套灌区总干渠渠道水利用系数表

渠段	渠道水利用系数
渠首至一闸	0.9388
一闸至二闸	0.9617
二闸至三闸	0.9998
三闸至四闸	0.9292
四闸至渠尾	0.6434

第一种情况：总蓄水量为 3118.59 万 m³，可供水量为 1321.45 万 m³，占总蓄水量的 42%，蒸发渗漏损失水量也比较大，达到 1797.13 万 m³。在总干渠五个渠段中，只有二闸至三闸全面实施防渗，渠道水利用系数达到 0.9998（表 2-4），停水期蒸发渗漏损失量很小；而在四闸至渠尾，虽然有 23 km 衬砌段，但只占总长度的 1/3，蒸发渗漏损失量依然比较大，渠道水利用系数只有 0.6434，而且渠道比较浅，设计水深只有 2 m，在渠道停水期内，蒸发渗漏损失水量约占到总蓄水量的 58%。因此，在目前未实施渠道衬砌工程的条件下，四闸至渠尾不应作为滴灌水源调蓄。渠首至一闸、一闸至二闸及三闸至四闸，渠道水利用系数分别为 0.9388、0.9617 及 0.9292。从表 2-5 中可以看出，在各渠段中总蓄水量相差较大，渠首至一闸以及二闸至三闸蓄水量比较接近，分别为 971.64 万 m³ 以及 938.17 万 m³，一闸至二闸为 810.48 万 m³，三闸以下蓄水量明显减小，三闸至四闸为 343.17 万 m³，四闸至渠尾长度约 60.05 km，但蓄水量只有 55.13 万 m³；二闸至三闸蒸发渗漏

损失水量很小，可供水量为 933.36 万 m^3，渠首至一闸以及一闸至二闸扣除蒸发渗漏损失后，可供水量分别降到蓄水量 21.8%、19.2%，三闸至四闸以及四闸至渠尾分别降到 5.5%及 0。所以在总干渠现状条件下，重点发展区域应在三闸以上两岸范围。

表 2-5　总干渠现状条件下滴灌可供水量　　（单位：万 m^3）

渠段	总蓄水量	蒸发渗漏损失水量	引黄滴灌可供水量
渠首至一闸	971.64	758.26	213.38
一闸至二闸	810.48	654.49	155.99
二闸至三闸	938.17	4.80	933.36
三闸至四闸	343.17	324.45	18.72
四闸至渠尾	55.13	55.13	0.0
总干渠	3118.59	1797.13	1321.45

第二种情况：各渠段全部采取防渗措施。在防渗后各渠段渠道水利用系数，均采用二闸至三闸现状渠道水利用系数 0.9998，取渠道最大蓄水断面计算蒸发渗漏损失量。总干渠在第二种情况下，各渠段蓄水量与可供水量计算结果见表 2-6。其可供水量为 3093.54 万 m^3，比第一种情况总干渠可供水量增加了 134%（表 2-5），尤其在渠首至二闸，增加幅度最大。

表 2-6　总干渠全部采用防渗条件下滴灌可供水量　　（单位：万 m^3）

渠段	总蓄水量	蒸发渗漏损失水量	引黄滴灌可供水量
渠首至一闸	971.64	6.19	965.45
一闸至二闸	810.48	5.41	805.07
二闸至三闸	938.17	8.07	930.10
三闸至四闸	343.17	2.29	340.25
四闸至渠尾	55.13	2.46	52.67
总干渠	3118.59	24.42	3093.54

第三种情况：渠道防渗并增设节制闸，增设节制闸后总干渠蓄水量大幅度增加，为 4902.09 万 m^3，比第二种情况总蓄水量增加约 60%；可供水量为 4870.49 万 m^3，分别比第一、第二种情况增加 269%及 57.4%（表 2-7）。

表 2-7　总干渠全部采用防渗并增设节制闸滴灌可供水量　（单位：万 m³）

渠段	总蓄水量	蒸发渗漏损失水量	引黄滴灌可供水量
渠首至一闸	1274.04	6.47	1267.54
一闸至二闸	1026.50	5.63	1020.86
二闸至三闸	1491.79	8.71	1483.08
三闸至四闸	706.15	5.84	700.31
四闸至渠尾	403.61	4.91	398.70
总干渠	4902.09	31.56	4870.49

2. 各干渠

各干渠渠道设计流量分布在 3.1～85 m³/s，渠底宽度基本在 6～40 m，设计水深为 1.1～2.7 m，纵坡为 1/11000～1/3000，渠道长度为 49.98～79.60 km。各渠道水利用系数分布在 0.740～0.8965，其中永济灌域内渠道水利用系数最高为 0.90，解放闸灌域内渠道水利用系数为 0.80～0.89，义长灌域与乌拉特灌域内渠道水利用系数约为 0.74。由于各干渠渠道停水时间都比总干渠长，因此各渠道断面以及设计水深比较小，距离比较长。现状（2015 年）在渠道停水期间渗漏损失都在 90%以上。除去渗漏损失后，各干渠滴灌可供水量很小。因此，在现状条件下，干渠一级渠道不适合作为滴灌水源。第二种情况渠道实施衬砌后，干渠总蓄水量为 1733.13 万 m³，可供水量为 1681.11 万 m³。第三种情况各渠道总蓄水量增加到 3156.35 万 m³，可供水量达到 3093.22 万 m³。

引黄滴灌第二种情况，即渠道蓄水与修建的一定容积的蓄水池相结合。由前面分析可知，即使渠道在第三种情况下（渠道全部衬砌，并修建一定数量节制闸），各渠道与渠段可供水量仍相差较大，有些渠道或渠段断面比较小，即使渠道全部衬砌以及修建一定数量节制闸，可供水量仍比较小，如果这些渠道两边有一定面积闲置荒地，可修建蓄水池以补充渠道蓄水不足。

2.2.7　直接引用黄河水滴灌发展潜力

通过计算出总干渠、干渠各渠段可供水量，可推算各渠段引黄滴灌发展规模（表 2-8），总干渠发展规模可按照上述三种情况分别计算。在第一种情况下，停水期间总干渠可供水量支撑发展滴灌面积为 19.72 万亩，全部集中在总干渠渠首至四闸范围内。第二种情况即渠道全部衬砌，总干渠可供水量支撑发展面积为 46.18 万亩。第三种情况即渠道防渗并增设部分节制闸，总干渠可蓄水量保障滴灌发展面积达到 72.70 万亩。在第二种情况下，河套灌区 13 条国管干渠滴灌发展总规模为 15.84 万亩；在第三种情况下，各干渠总可供水量支撑发展滴灌面积 29.61 万亩

（表 2-9）。各灌域中乌兰布和灌域内，一干渠支撑滴灌发展面积最小，第二、第三种情况下支撑发展滴灌面积分别为 0.72 万亩、1.25 万亩。解放闸灌域第二、第三种情况下支撑发展滴灌面积分别为 3.98 万亩、8.41 万亩，增加节制闸后显著提高了支撑面积；义长灌域内有 5 条干渠，干渠距离比较长，具有较大蓄水潜力，且增加节制闸后，支撑面积从 6.31 万亩增加到 12.09 万亩。由于乌兰布和灌域有部分闲置荒地，可结合蓄水池作为补充水源；义长灌域与乌拉特灌域内部分地区地下水矿化度较高，利用淖尔作为水源补给，条件也不具备，义长灌域内干渠渠道比较多，滴灌范围较广。因此，在义长灌域与乌拉特灌域可重点发展直接引黄滴灌。

表 2-8　河套灌区三种情况下总干渠各渠段滴灌发展规模　　　（单位：万亩）

渠段		适用条件		
		第一种情况	第二种情况	第三种情况
总干渠	渠首至一闸	3.18	14.41	18.92
	一闸至二闸	2.33	12.02	15.24
	二闸至三闸	13.93	13.88	22.14
	三闸至四闸	0.28	5.08	10.45
	四闸至渠尾	0.00	0.79	5.95
	合计	19.72	46.18	72.70

表 2-9　河套灌区三种情况下各灌域干渠滴灌发展规模　　　（单位：万亩）

灌域	适用条件		
	第一种情况	第二种情况	第三种情况
乌兰布和灌域	0.00	0.72	1.25
解放闸灌域	0.00	3.98	8.41
永济灌域	0.00	2.37	4.07
义长灌域	0.00	6.31	12.09
乌拉特灌域	0.00	2.46	3.79
合计	0.00	15.84	29.61

近几年，河套灌区干渠以上级渠道分步实施防渗衬砌，以提高渠道水利用系数。因此，采取防渗措施后推算出的滴灌规模更具有现实意义。通过对总干渠、干渠各渠段停水期蓄水量调节计算，得出各渠段蓄水可支撑发展滴灌规模，但总干渠、干渠渠道两岸引黄滴灌范围内有部分与井渠结合区域重叠，为避免与井渠

结合滴灌区域重叠，在地下水矿化度低于 2.5 g/L 的地区应优先发展井渠结合模式。在沙河干渠、通济干渠、长济干渠、塔布干渠末端渠段，由于输水距离长、储蓄水量不足，不宜考虑发展直引黄河水滴灌。综合考虑各种因素，确定河套灌区发展直接引黄滴灌适宜规模为 34.22 万亩，其中总干渠范围内，可发展 24.91 万亩，干渠范围内可发展直接引黄滴灌 9.31 万亩（表 2-10）。

表 2-10　适宜直接引黄滴灌发展规模

渠道名称	直接引黄滴灌发展规模/万亩
总干渠	24.91
干渠	9.31
合计	34.22

在停水期间，滴灌区域农田可从各分段蓄水渠段取水，依靠渠道并在两岸适当位置建设滴灌首部。由于采用渠道充当调蓄水池的作用，因此引黄滴灌农田分布应以首部取水泵站为中心，沿渠道两岸呈条状或块状方式分布。

2.2.8　渠道结合兴建调蓄水池

根据前面土地利用状况分析，总干渠与乌兰布和灌域干渠两旁有一定面积的闲置荒地，在作物生育期内停水时间和停水次数相对固定，且停水时间较短，可以建设一定容积的调蓄水池。总干渠作为滴灌调蓄水源，调蓄能力较强，因此在总干渠两岸兴建调蓄水池的方案不予考虑。乌兰布和灌域干渠不受总干渠引水控制，从黄河引水较为方便，但干渠断面尺寸较小，调蓄容量较低，可兴建调蓄水池，发展一定面积引黄滴灌。乌兰布和灌域地处沙漠地带，土壤保水能力差，蒸发强烈，调蓄水池面积不宜大，否则会降低水源利用效率，这种方案适合发展的区域主要分布在乌兰布和灌域内一干渠、一分干渠、二分干渠、东风分干渠及团结支渠两岸。

由于乌兰布和灌域出现了三种转化水源区域重叠，兴建调蓄水池并结合渠道调蓄方案需要在后续实施过程中详细分析论证，因此该区域目前主要考虑井渠结合、淖尔作为转化水源滴灌情况。

2.2.9　节水潜力分析

根据《巴彦淖尔市水利统计资料汇编 2006～2010》、各灌域 2000～2013 年统计出的各灌域历年夏灌和秋浇等灌溉季的引水量、灌溉面积引水量及灌溉水利用系数，经过反推得到各灌域作物生育期和秋浇期地面灌溉的综合灌溉定额，并由面积加权原理得到综合灌溉定额，作物生育期地面灌溉综合毛灌溉定额（不含秋浇)为 5430 m³/hm²(362 m³/亩),地面灌溉秋浇综合毛灌溉定额为 2415 m³/hm² (161 m³/亩)。

计算节水量时采用当地具有代表性的作物玉米。根据近年来项目试验结果,为增加节水量计算的可靠性,引黄滴灌需水量计算采用河套灌区干旱年份滴灌灌溉定额,净灌溉定额 3300 m³/hm²(220 m³/亩),考虑微灌工程灌溉水利用系数 0.9,引黄滴灌毛灌溉定额 3666.67 m³/hm²(244.45 m³/亩)。根据计算,引黄滴灌灌溉水量 8364.89 万 m³。不考虑春汇、秋浇影响,河套灌区发展直接引黄滴灌可以节约总水量 4022.75 万 m³。

2.3 井渠结合滴灌适宜区域分布及节水潜力

2.3.1 复杂咸淡水分布区井渠结合面积的确定方法及空间分布

本书根据可获取的河套灌区水文地质资料,确定河套灌区井渠结合控制区。首先,根据河套灌区水文地质资料,将河套灌区含水层从上往下依次划分为浅层弱透水层、第一含水组深层含水层和第二含水组含水层(图 2-4);其次,根据内蒙古巴盟河套平原水化学图、咸淡水分布图和 2046 个不同类型井点的含水层组的底板高程和地下水水质数据,利用 ArcGIS 对底板高程数据进行插值分析,提取出隶属于不同含水层的地下水矿化度数据,并绘制相应含水层的矿化度空间分布图,如图 2-5 所示;然后,选择浅层弱透水层和第一含水组深层含水层中地下水矿化度均满足灌溉用水条件的区域,以及浅层弱透水层不满足灌溉用水条件、第一含水组深层含水层中地下水矿化度满足灌溉用水条件且具有较多低矿化度井点的区域作为地下水可开采利用区(何彬等,2016)。

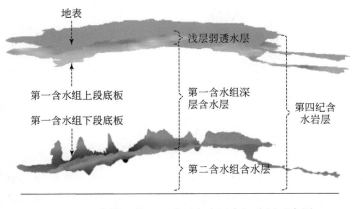

图 2-4 河套灌区第四纪地层含水层空间分层示意图

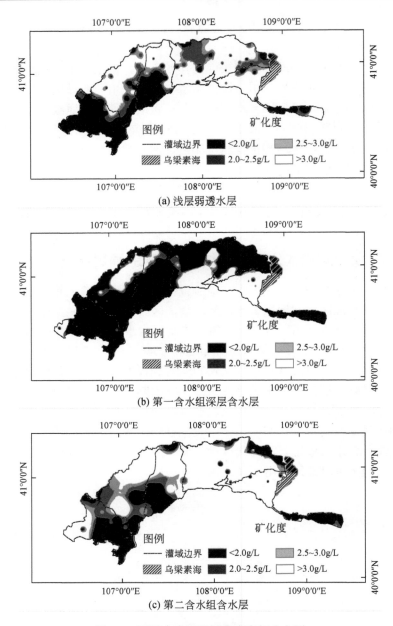

(a) 浅层弱透水层

(b) 第一含水组深层含水层

(c) 第二含水组含水层

图 2-5　不同含水层的矿化度空间分布图

根据农业灌溉用水水质条件，在条件允许的情况下，矿化度 2.0～3.0 g/L 的微咸水可用于农业灌溉。本书选择 3.0 g/L、2.5 g/L 和 2.0 g/L 作为灌溉用水矿化

度条件，按照这三种矿化度条件确定河套灌区井渠结合膜下滴灌区，不同灌溉用
水矿化度条件下井渠结合区灌溉面积及井灌面积见表 2-11。根据各灌域的土地利
用系数和表 2-11 中所给出的井渠结合区灌域控制面积，可以计算各灌域井渠结合
区的灌溉面积。例如，取用渠井结合比值为 3（渠井结合比为井渠结合区内渠灌
区面积与井灌区面积之比），可以得到各灌域井灌面积（表 2-11）。

表 2-11　不同灌溉用水矿化度条件下井渠结合区灌溉面积和井灌面积（单位：万亩）

灌域名称	灌域控制面积	井渠结合膜下滴灌区灌溉面积			井渠结合膜下滴灌区井灌面积		
		3.0 g/L	2.5 g/L	2.0 g/L	3.0 g/L	2.5 g/L	2.0 g/L
乌兰布和	284.42	87.78	87.78	82.27	21.95	21.95	20.57
解放闸	343.04	125.67	89.55	60.87	31.42	22.39	15.22
永济	272.30	131.38	107.11	87.50	32.84	26.78	21.88
义长	490.98	109.58	33.06	22.34	27.39	8.27	5.59
乌拉特	219.17	33.38	31.35	30.30	8.34	7.84	7.57
合计	1609.91	487.79	348.85	283.28	121.94	87.23	70.83

　　井渠结合控制区分布情况及面积的确定是通过对灌区水文地质条件、地下水
深浅层矿化度、目前土地利用类型现状和农业灌溉用水水质要求综合分析后得出。
由图 2-6 可知，井渠结合控制区主要分布在乌兰布和灌域非沙漠带、解放闸灌域
和永济灌域南部、义长灌域北部、乌拉特灌域南部（公庙镇、先锋乡、黑柳于乡），
还分布在灌区北部沿狼山山前部分区域。由表 2-11 结果可知，整个灌区控制面积

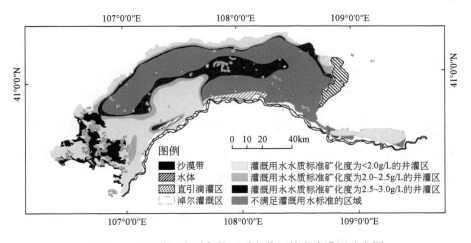

图 2-6　不同灌溉水质条件下适宜井渠结合滴灌区分布图

尽管达 1609.91 万亩，但因地下水半咸水和咸水的广泛分布及乌兰布和沙漠带的存在，最终确定的井渠结合区控制面积约占整个灌区控制面积的 50%。根据不同的灌溉水质控制条件，灌区内可实施井渠结合的控制面积为 511 万～865 万亩，根据各灌域的土地利用系数计算，灌区内可实施井渠结合膜下滴灌的灌溉面积为 283 万～487 万亩；如果取渠井结合比为 3，滴灌井灌区面积为 71 万～122 万亩。

在已确定的井渠结合区的基础上，扣除灌区直引黄河水滴灌的面积和利用淖尔水进行滴灌的面积，并将 3.0 g/L 可开采利用区、2.5 g/L 可开采利用区、2.0 g/L 可开采利用区叠加，得到最终的河套灌区井渠结合控制区，计算井渠结合滴灌区的控制面积及灌溉面积，见表 2-12。相应的灌溉用水水质条件下，扣除直引黄河水和淖尔水滴灌的井渠结合膜下滴灌区控制面积依次为 814.82 万亩、600.48 万亩、490.58 万亩。根据不同灌域的土地利用系数进行折算，得到河套灌区井渠结合膜下滴灌区灌溉面积分别为 463.12 万亩、338.99 万亩和 273.68 万亩，分别接近于灌区灌溉面积的 1/2、1/3 和 1/4。如果取渠井结合比为 3，则井灌区面积相当于灌区灌溉面积的 1/8、1/12 和 1/6。

表 2-12　扣除直引黄河水和淖尔水滴灌的井渠结合滴灌区控制面积和灌溉面积

（单位：万亩）

灌域名称	灌域控制面积	井渠结合膜下滴灌区控制面积			井渠结合膜下滴灌区灌溉面积		
		3.0 g/L	2.5 g/L	2.0 g/L	3.0 g/L	2.5 g/L	2.0 g/L
乌兰布和	284.42	175.08	175.08	163.63	78.55	78.55	73.41
解放闸	343.04	198.84	143.12	97.52	124.11	89.33	60.87
永济	272.30	194.27	163.71	133.83	126.72	106.78	87.30
义长	490.98	186.77	62.23	42.12	100.39	32.94	22.30
乌拉特	219.17	59.86	56.34	53.48	33.35	31.39	29.80
合计	1609.91	814.82	600.48	490.58	463.12	338.99	273.68

2.3.2　时间和空间联合调控的井渠结合利用模式及井渠结合比

根据井渠结合区地下水可开采量与井渠结合井灌区灌溉用水量之间的平衡关系，建立地下水均衡模型（图 2-7），可以确定井渠结合渠灌区和井渠结合井灌区的面积比（以下简称渠井结合比）。地下水垂向补给主要包括渠道输水补给、灌溉补给和降雨补给，主要消耗项为地下水开采量，潜水蒸发通过地下水可开采系数间接反映（王路瑶，2016）。

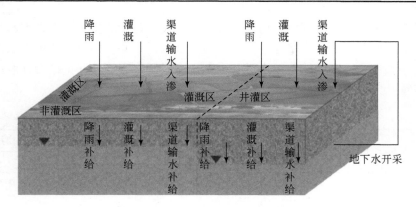

图 2-7 井渠结合区地下水均衡模型示意图

该模型考虑了三种方案、三种矿化度标准、三种秋浇频率和四种渠道输水补给情景，总计 108 种不同的组合情况。根据计算均衡期和井渠结合井灌区秋浇水源的不同选择考虑了三种方案：方案 1 均衡期为生育期，均衡期内，井渠结合渠灌区（引黄河水）渠灌，井渠结合井灌区（抽取地下水）井灌；方案 2 均衡期为生育期加秋浇期，均衡期内，井渠结合渠灌区渠灌，井渠结合井灌区井灌；方案 3 均衡期为生育期加秋浇期，井渠结合渠灌区在均衡期内渠灌，井渠结合井灌区在生育期井灌，秋浇期渠灌。井渠结合区的地下水矿化度上限考虑了 2.0 g/L、2.5 g/L 和 3.0 g/L 三种情况。井渠结合井灌区的秋浇频率考虑一年一次、两年一次和三年一次三种情况。有效补给地下水的渠道输水补给级数考虑四种情景，情景 1 为忽略总干渠渠道输水补给，情景 2 为忽略总干渠、干渠渠道输水补给，情景 3 为忽略总干渠、干渠、分干渠渠道输水补给，情景 4 为忽略支渠及以上渠道输水补给。

灌区（域）的控制面积、灌溉面积数据来源于《内蒙古自治区巴彦淖尔市水资源综合规划报告》。根据灌溉水质标准的不同，分别选择地下水矿化度小于 2.0 g/L、2.5 g/L、3.0 g/L 的区域作为井渠结合区，在此基础上考虑扣除灌区直引黄河水的滴灌面积和利用淖尔储水进行滴灌的面积两种情况。渠灌区、井渠结合渠灌区生育期和秋浇期的净灌溉定额根据灌区 2000～2013 年巴彦淖尔市水利统计资料中的引水量、输水损失量和灌溉面积推求，井渠结合井灌区生育期和秋浇期的净灌溉定额，根据井灌区的作物种类和种植结构确定。灌区降水量数据来源于河套灌区各旗、县、区 2006～2013 年降雨资料。

该模型将渠道输水补给视为面源补给，其用渠道输水损失水量乘以渠道输水补给地下水系数来表示；田间灌溉补给量用田间灌溉量乘以田间灌溉补给地下水系数来表示；降雨补给量用降水量乘以降雨补给地下水系数来表示；地下水可开采量是指在可预见的时期内，通过经济合理、技术可行的措施，在不引起生态环境恶化的条件下允许从含水层中获取的最大水量，用井渠结合区的地下水总补给量乘以井渠结合井灌区的地下水可开采系数来表示，其等于井渠结合井灌区的灌溉用水量，主要参数取值见表 2-13。

表 2-13　全灌区模型参数取值

指标	井灌区秋浇频率	渠灌区/井渠结合渠灌区			井渠结合膜下滴灌井灌区		
		方案 1	方案 2	方案 3	方案 1	方案 2	方案 3
田间灌溉补给地下水系数	一年一次	0.15	0.20	0.20	0.13	0.19	0.19
	两年一次	0.15	0.20	0.20	0.13	0.16	0.17
	三年一次	0.15	0.20	0.20	0.13	0.15	0.16
渠道输水补给地下水系数		0.50	0.50	0.50	0.45	0.45	0.45
降雨补给地下水系数		0.10	0.10	0.10	0.08	0.08	0.08
灌溉水利用系数		0.41	0.41	0.41	0.90	0.90	0.90
渠系水利用系数	一/两/三年一次	0.50	0.50	0.50	—	—	—
田间水利用系数		0.82	0.82	0.82	—	—	—
土地利用系数		0.54	0.54	0.54	0.54	0.54	0.54
地下水可开采系数		—	—	—	0.60	0.60	0.60

将参数代入地下水均衡方程中，求解后得到 108 种组合情况下的渠井结合比，分析可得：①井渠结合区地下水矿化度上限增大，井渠结合区面积增大，渠井结合比不变；②渠井结合比总是方案 1>方案 2>方案 3；③随着井渠结合井灌区年均秋浇水量减少，渠井结合比方案 1 不变，方案 2 减小，方案 3 增大；④考虑的渠道输水补给级数越多，渠井结合比越小。基于渠井结合比计算结果的分析，在 108 种组合中确定两种推荐方案。方案 3 较之方案 1 可以更充分地利用地下水，较之方案 2 可以减少井灌区积盐风险，因此将方案 3 纳入推荐方案。课题组的盐分模拟结果显示，井渠结合区地下水矿化度标准为 2.5 g/L，井灌区两年一秋浇时，可以较好地将灌溉用地根系层盐分控制在较低水平，以满足作物的生长需求，因此将 2.5 g/L 的地下水矿化度标准和两年一秋浇的秋浇频率纳入推荐方案。考虑渠道输水补给级数越多，地下水补给量越大，渠井结合比越小，情景 2 和情景 3 高估或低估渠道输水补给水量风险较小，因此被纳入推荐方案。综上，推荐方案指标为：方案 3 情况下，井渠结合区地下水矿化度标准为 2.5 g/L，井渠结合井灌区两年一秋浇，推荐方案 1 渠道输水补给情景为情景 2，推荐方案 2 渠道输水补给情景为情景 3。两种推荐方案确定的渠井结合比见表 2-14。

表 2-14　推荐方案渠井结合比

推荐方案	渠道输水补给情景	全灌区	乌兰布和灌域	解放闸灌域	永济灌域	义长灌域	乌拉特灌域
1	情景 2	1.9	1.4	1.8	2.2	1.6	2.3
2	情景 3	2.9	2.2	2.9	3.3	2.6	3.3

两种推荐方案确定的全灌区渠井结合比的范围为 1.9~2.9，考虑灌区强蒸发、少降雨的自然气候条件以及土壤盐碱化的防治需要，基于保障灌区生态可持续发展和减少地下水过量开采风险的原则，将全灌区的渠井结合比定为 3。

井渠结合后，井渠结合区的地下水位会出现不同程度的下降，地下水位埋深超过一定范围会造成地下水超采，破坏井渠结合区地下水的采补平衡，导致严重的生态环境问题。为了验证基于水均衡的解析模型计算得到的渠井结合比是否能维持地下水位埋深在合理范围内，利用 MODFLOW 软件构建了灌区地下水动态数值模型，采用 2006~2013 年的资料对模型进行了率定和验证，并在永济灌域设置了典型井渠结合单元进行数值模拟（图 2-8），分析不同渠井结合比条件下井渠结合后的地下水埋深动态变化情况，验证水均衡解析模型求得的渠井结合比的合理性。

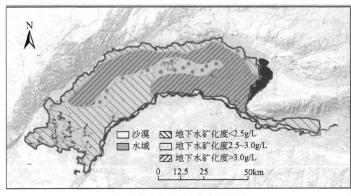

(a) 全灌域地下水矿化度分布图

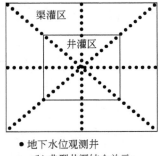

(b) 典型井渠结合单元

图 2-8　河套灌区全灌域地下水矿化度分布图典型井渠结合单元示意图

数值模型一共计算了渠井结合比为 1.8、2.0、2.2、2.5、2.7、3.0、3.3、3.6、3.8 和 4.1 总计 10 种情况下的地下水埋深动态变化情况，并重点分析了渠井结合比为 3.0 时地下水埋深的变化情况。研究表明，地下水埋深为 3 m 时，已经充分发挥了潜水蒸发的利用潜力，而埋深大于 3 m 时地表生态环境显著下降。因此，将地下水适宜埋深的上限定为 3 m，井渠结合后的地下水埋深应小于上限埋深。

以年平均埋深为指标，分析推荐的渠井结合比的合理性可得，渠井结合比为 3.0 时，井渠结合井灌区平均降深为 0.73 m，平均埋深为 2.43 m；井渠结合渠灌区的平均降深为 0.62 m，平均埋深为 2.31 m；井渠结合区的平均降深为 0.65 m，平均埋深为 2.34 m。因此，可以得出以下结论，以年平均埋深为衡量指标，全灌区渠井结合比取 3.0 是合理的。

以生育期、秋浇期埋深变化范围为指标，分析推荐的渠井结合比的合理性可得，井渠结合渠灌区、井渠结合井灌区秋浇期的地下水埋深总小于 3 m，井渠结合井灌区的地下水埋深总是大于井渠结合渠灌区。因此，埋深合理的关键在于井渠结合井灌区生育期的最大埋深小于埋深上限，要求渠井结合比大于等于 2.4（图 2-9），要使得井灌区生育期的最大埋深不因渠井结合比的变化而产生大幅度变动，渠井结合比应大于等于 3.0。渠井结合比为 3.0 时，井渠结合井灌区生育期和秋浇期的埋深变化范围为 1.10～2.78 m；井渠结合渠灌区生育期和秋浇期的埋深变化范围为 1.03～2.51 m；井渠结合区生育期和秋浇期的埋深变化范围为 1.05～2.58 m。因此，可以得出以下结论，以生育期、秋浇期的地下水埋深变化范围为衡量指标，全灌区渠井结合比取 3.0 是合理的。

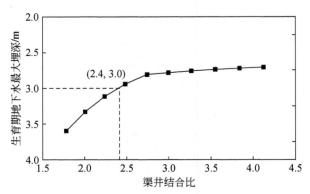

图 2-9　井渠结合井灌区生育期地下水最大埋深

综上，渠井结合比为 3.0 时，既能保证井渠结合渠灌区和井渠结合井灌区生育期和秋浇期的地下水埋深、年平均埋深保持在合理范围内，又可以将埋深对渠井结合比变化的敏感度控制在较低水平内，从而验证全灌区推荐的渠井结合比的合理性。在此基础上，考虑到灌区推广井渠结合的实际需求，结合各灌域渠井结合比推荐方案的计算结果，给出全灌区和各灌域的渠井结合比推荐值，见表 2-15。

表 2-15　全灌区和各灌域渠井结合比推荐值

类别	全灌区	乌兰布和灌域	解放闸灌域	永济灌域	义长灌域	乌拉特灌域
渠井结合比推荐值	3.0	2.5	3.0	3.5	3.0	3.5

2.3.3　井渠结合滴灌节水量分析方法及节水潜力

本书在井渠结合实施后，将减少从黄河引进的水量作为灌区的节水潜力。井渠结合膜下滴灌实施前，整个灌区全部引黄河水进行渠灌，引水量为作物生育期和秋浇期的引水量之和。井渠结合膜下滴灌实施后，根据三种方案分别计算其引水量。方案 1 和方案 3 的引水量为渠灌区、井渠结合渠灌区生育期和秋浇期，井渠结合井灌区秋浇期的引水量之和；方案 2 的引水量为渠灌区、井渠结合渠灌区生育期和秋浇期的引水量之和。求得渠井结合比后可以确定井渠结合渠灌区和井渠结合井灌区的面积，结合灌溉定额可求得灌区（域）实施井渠结合后的引黄水量，从而计算灌区（域）实施井渠结合前后引黄水量的差值，从而得到灌区（域）引黄水减少量。

根据解析模型 108 种方案和情景组合下求得的渠井结合比，计算对应的节水潜力，计算结果表明：①井渠结合区地下水矿化度上限越高，井渠结合区面积越大，节水潜力越大；②对于节水潜力，方案 2＞方案 3＞方案 1，方案 1 最为保守，方案 2 井灌区全年井灌，对地下水利用程度最高，方案 3 介于两者之间；③随着井渠结合井灌区年均秋浇水量减少，节水潜力增大；④考虑的渠道输水补给级数越多，地下水补给量越大，节水潜力越大。

全灌区取推荐渠井结合比 3.0 时，全灌区的节水潜力为 3.4 亿 m^3，井渠结合区面积中扣除直引黄河水和利用淖尔进行滴灌的面积后，全灌区的节水潜力为 3.3 亿 m^3。

2.4　淖尔水源滴灌适宜区域分布及节水潜力

2.4.1　适宜滴灌的淖尔分布特征及其补排关系

1. 滴灌淖尔的选取条件

1）具有黏土隔水层、能够持续蓄水的淖尔

该类淖尔底部和侧部多为黏土隔水层，通过侧部隔水层以上的粉砂土透水层不断承接地下水侧渗补给。该类淖尔多年补排关系稳定，能够持续蓄水，年际变化相对较小。以河套灌区为例，结合当地水文地质特点，该类淖尔共98个，主要集中于磴口县（50个）、五原县（25个），在其他旗县零散分布。

2）夏季与春季面积变化小于20%的淖尔

滴灌淖尔夏季与春季面积变化小于20%时补给排泄关系及数量稳定，多年春季到夏季水深变化差异较小，对河套灌区98个滴灌淖尔变化特征及补排关系进行研究，均表现出以上变化规律；补给方案调节计算时，淖尔补水发展滴灌后面积和水深变化仍表现出原有的规律，其对淖尔补排关系影响不大。

3）靠近支渠及以上渠道的淖尔

根据遥感及实际调查，滴灌淖尔多靠近支渠及以上渠道，渠道开口时间长、补配水距离短、输水过程损失（蒸发渗漏）较小，且支渠及以上渠道流量大，淖尔在短时间内可得到有效的补给。

4）水面面积大于50亩的淖尔

据调查，面积小于50亩的淖尔补水渠道多处于支渠以下渠道附近，其位置偏远、输水渠道级别较多、输水距离长，导致补水过程蒸发渗漏等损失较大；另外，面积小于50亩的淖尔水深较浅（均在0.7 m以下），在灌溉期间（4～8月），特别是作物需水量处于高峰期时，地下水位相对较低，淖尔得到有效补给较少，在此期间春夏季面积变化远大于20%，春季到夏季间水深变化超过50 cm，导致淖尔蓄水量小、水体盐分浓度升高，发展滴灌后需要较多的水用于补给、调节水质，且补水过程蒸发渗漏损失较大，补水利用率较低，故50亩以下淖尔不可作为滴灌转化水源。

5）淖尔周边有充足的耕地

除上述选择条件外，滴灌淖尔周边还应具备充足的耕地。

2. 滴灌淖尔的分布特征

适宜发展滴灌的淖尔共98个，其中磴口县50个、五原县25个、杭锦后旗11个、乌拉特前旗6个、临河区4个、乌拉特中旗2个。滴灌淖尔呈现两个分布特征：第一，主要富集于河套灌区上游（磴口）和中游（五原、临河）地区，磴口县和五原县的滴灌淖尔面积和数量最大，分别占灌区滴灌淖尔的92%和77%，其他地带呈散点状分布。第二，集中靠近支渠及以上渠道附近。支渠以上渠道开口时间、引水频次、输水能力及较短的输水距离（蒸发渗漏损失小）能够满足滴灌淖尔补水需求。

春季淖尔融化、蒸发量最小，是水量最为充沛的时期；夏季蒸发量较高、作物需水量较大、地下水位较低、对淖尔测渗补给较少，是淖尔水量与面积最小的时期，因此本书对春季、夏季淖尔分布特征进行分析。对河套灌区淖尔遥感解译并经实地验证后得出，适宜发展滴灌的淖尔共 98 个，占淖尔总数的 24%（淖尔总数 401 个），其主要集中分布于输水能力较大的支渠（含）以上渠道附近，这些渠道具备对淖尔方便补水的路径。从区域上看，磴口县和五原县的滴灌淖尔面积和数量最大，该区域是河套灌区发展淖尔水滴灌的重点区域。磴口县处于灌区上游，引黄水量和地下水资源相对丰富，过境的黄河水也能对区域地下水进行补给，因此造成该地区淖尔富集。在五原县、临河区、杭锦后旗境内，淖尔多分布于黄河变迁前主河道或废弃河床，这些地区地势低洼且多与地下水连通，灌溉水、渠系渗漏水、灌溉排水直接补给或通过地下水间接补给，导致淖尔较广泛分布。乌拉特前旗地处灌区下游，乌梁素海承接了大部分灌区排水，补给源的缺少导致该地区淖尔分布较少。乌拉特中旗仅少量地区处于引黄灌区内，缺少形成淖尔的地质和水文条件，因此淖尔分布最少。

根据实地调查，滴灌淖尔水面面积为 333.3～466.7 hm² 的淖尔平均水深约 2.1 m；水面面积为 133.3～333.3 hm² 的淖尔平均水深 1.6 m；水面面积为 66.67～133.3 hm² 的淖尔平均水深约 1.4 m；水面面积为 3.33～66.67 hm² 的淖尔平均水深 0.7～1.5 m。对 2008～2016 年滴灌淖尔面积变差特征进行分析后可知，除 2012 年（发生洪涝灾害，淖尔进行分洪补给）外，适宜滴灌淖尔春季面积普遍高于夏季，作物灌溉期间（4～8 月），作物需水量较大，地下水位相对较低，淖尔得到的有效补给较少，且其间蒸发损失较大，发展滴灌后采取措施减少淖尔的蒸发损失，提高淖尔水源利用率，见表 2-16～表 2-18。

表 2-16　2008～2016 年春季河套灌区适宜滴灌淖尔面积　（单位：km²）

地区	2008 年	2009 年	2010 年	2011 年	2012 年	2013 年	2014 年	2015 年	2016 年
磴口县	61.56	64.26	66.36	67.59	71.99	101.32	87.10	85.85	80.32
杭锦后旗	6.55	4.61	8.24	4.77	2.96	5.41	4.76	5.39	4.72
临河区	1.63	1.62	1.12	1.61	1.23	2.41	2.36	2.81	2.72
五原县	13.28	10.86	9.81	13.11	9.00	11.07	8.87	8.65	8.10
乌拉特中旗	2.29	1.89	1.49	1.53	1.04	1.58	1.77	1.35	1.94
乌拉特前旗	3.02	3.21	1.95	3.55	2.78	3.66	3.11	2.01	3.44
合计	88.33	86.45	88.97	92.16	89.00	125.45	107.97	106.06	101.24

表 2-17　2008～2016 年夏季河套灌区适宜滴灌淖尔面积　（单位：km²）

地区	2008 年	2009 年	2010 年	2011 年	2012 年	2013 年	2014 年	2015 年	2016 年
磴口县	55.11	52.88	54.79	57.91	91.69	82.37	79.17	76.65	72.53
杭锦后旗	4.72	3.79	5.82	3.44	4.17	4.22	3.90	4.15	3.83

续表

地区	2008 年	2009 年	2010 年	2011 年	2012 年	2013 年	2014 年	2015 年	2016 年
临河区	1.19	1.43	0.84	1.17	2.28	1.76	1.79	2.27	2.04
五原县	11.83	9.55	8.63	9.21	11.10	7.63	7.88	6.23	5.56
乌拉特中旗	1.99	1.52	1.20	1.33	1.30	1.30	1.36	1.08	1.58
乌拉特前旗	2.23	2.62	1.47	2.62	5.27	2.79	2.49	1.53	2.69
合计	77.07	71.79	72.75	75.68	115.81	100.07	96.59	91.91	88.23

表 2-18 2008～2016 年滴灌淖尔春夏季面积变差特征表 （单位：km^2）

地区	2008 年	2009 年	2010 年	2011 年	2012 年	2013 年	2014 年	2015 年	2016 年
磴口县	6.45	52.88	11.57	9.68	-19.7	18.95	7.93	9.2	7.79
杭锦后旗	1.83	3.79	2.42	1.33	-1.21	1.19	0.86	1.24	0.89
临河区	0.44	1.43	0.28	0.44	-1.05	0.65	0.57	0.54	0.68
五原县	1.45	9.55	1.18	3.9	-2.1	3.44	0.99	2.42	2.54
乌拉特中旗	0.3	1.52	0.29	0.2	-0.26	0.28	0.41	0.27	0.36
乌拉特前旗	0.79	2.62	0.48	0.93	-2.49	0.87	0.62	0.48	0.75
合计	11.26	71.79	16.22	16.48	-26.81	25.38	11.38	14.15	13.01

3. 补排特征分析

1）排泄特征

淖尔排泄途径为蒸发与渗漏。根据区域水文地质资料及对典型淖尔实地勘测，通过水量平衡原理计算滴灌淖尔补给排泄数量。其中，滴灌淖尔水面蒸发损失量占淖尔排泄总量的 85%～94%，灌水期间（4～8 月）蒸发量占全年蒸发量的 60%～71%，其他时期（9 月至次年 3 月）占 29%～40%。水面蒸发是淖尔水损失的主要途径，蒸发与淖尔水面面积成正比关系，淖尔水面面积越大蒸发损失越大，淖尔当月蓄水量占比越大，可考虑在不破坏淖尔隔水层的情况下，适当增加淖尔蓄水深度，缩小水面面积，降低无效蒸发损失。

渗漏损失占淖尔排泄总量（蒸发、渗漏损失之和）的 6%～15%。对地下水位及淖尔水位监测数据计算分析后可知，淖尔 4～9 月淖尔水面高于周边地下水位，存在一定量的渗漏，其他月份周边地下水位高于淖尔水面，渗漏较小，月渗漏量占当月淖尔平均水量的 0.5%，淖尔的渗漏损失量与当月平均蓄水量成正比。

2）补给特征

根据区域水文地质资料及对典型淖尔实地勘测可知，淖尔主要补给途径为降水、径流、侧渗补给、分洪水、分凌水、引黄灌溉水。其中，分凌水、引黄灌溉水为可利用的主要补给途径。

降水补给量占淖尔补给总量的 7%~28%，灌溉期补给占全年的 60%~88%，非灌溉期占 12%~40%。灌溉期补给占全年径流补给量的 95%~96%，非灌溉期占 4%~5%，占淖尔补给总量的 0.2%~1%，降水、径流是维持淖尔现状水分循环的途径之一，正常年份其补给量偏小，受人为操作可调控性较小，且与水文年及地形关系较为密切，对淖尔水量及面积影响微小。降水、径流不作为淖尔的主要补给途径。

侧渗补给量占淖尔补给总量的 45%~95%。例如，2012 年发生洪涝灾害，地下水位较高，土壤含水率处于饱和状态，致使侧渗补给大量增加，达到了 70%；灌溉期补给占全年的 24%~40%，其他时期占 60%~76%，灌溉期侧渗补给量较小是因为这一时期作物耗水蒸发处于高峰期，对灌溉用水消耗较大；非灌溉期处于无作物耗水、蒸发量较小的 10 月底到次年 3 月底，大范围的秋浇导致淖尔周边地下水位升高，当浅层地下水位高于隔水层顶部位置时，浅层地下水通过侧渗向淖尔进行补给，因此这一时期侧渗补给量所占比例较大。地下水侧渗补给是淖尔存在的决定性因素，其与灌溉引水量关系密切，不能作为淖尔补给途径进行调节。对典型淖尔监测分析可知，滴灌淖尔水位与周边地下水位变化基本保持一致，有较强的两次上升和两次下降趋势，其因灌水量和灌水时间的变化而变化。对蒸发较小、无作物耗水的非灌溉期进行相关性分析可知，地下水位与淖尔水位的变化具有较高的正相关性，而此期间的地下水位主要受秋浇以及灌溉影响。因此，淖尔水滴灌工程建成后，仍要保留一定比例的黄灌面积，且滴灌区域仍需保留原有的秋浇制度。

分洪水与黄河水量调度、区域水文、气象等众多因素有关，其不确定性、随机性比较大，但在大洪水时对淖尔形成有效补给，可作为滴灌淖尔"丰储枯用"的补水源加以利用。

分凌水、引黄灌溉水是淖尔发展滴灌的有效补给途径。河套灌区灌排渠系发达，且淖尔多靠近支渠及以上渠道，具备向淖尔补给的基本条件。河套灌区 $P=85\%$ 时，河套灌区每年可引分凌水 1.16 亿 m^3，能够满足滴灌淖尔每年 7758 万 m^3 的最大补给需求。当分凌水量不足时，可利用引黄灌溉水与分凌水对淖尔进行联合补给，经淖尔自然沉降净化后进行利用。联合补给时，根据分凌补给水量情况，引黄灌溉水补给次数为 1 年 1~2 次，补水时间在每年灌水期的 5 月、6 月，补给量为 2235 万 m^3（5 月）、1709 万 m^3（6 月）。引黄灌溉期间支渠及以上渠道开闭口时间为每年 4 月上旬至 11 月中旬，灌溉期间渠系 4~8 月各引水一次（7 月引水相对较多），10 月后引水主要用于秋浇，5 月、6 月多年平均引黄水量 5.42 亿 m^3，对滴灌淖尔的补给量仅为当月引黄水量的 4.1%、3.1%，该部分水源引水时间、引水量保证率较高，联合补给时能够满足滴灌淖尔补给需求。

3）补给排泄总量

水量平衡计算表明，河套灌区滴灌淖尔补给总量为 8.4008 亿 m^3，排泄损失总量为 7.8521 亿 m^3，蓄水量增加了 5487 万 m^3。其中，2009 年、2011 年、2013 年、2014 年、2015 年损失水量大于补给水量，2008 年、2010 年、2012 年补给水量大于损失水量。虽然滴灌淖尔补给排泄总体上表现出了一定的相对平衡，但这种平衡是水文、气象、灌溉、分凌（洪）等综合作用的结果，而且这些影响因素本身就存在一定的随机性（如分洪的不确定性、干旱或暴雨的发生等），因此与传统的井灌和引黄灌溉相比，利用淖尔发展滴灌在保证淖尔现有功能（生态、渔业、旅游等）不变的前提下，不破坏淖尔原补给排泄平衡关系，对淖尔天然调蓄功能加以利用。

2.4.2 滴灌淖尔的水资源调控阈值

1. 水资源量的调控原则与步骤

历史上淖尔主要作为承接灌溉退水的天然洼地，主要的补给排泄途径为降水、蒸发、渗漏、排水以及侧渗补给等，过去仅有少量淖尔被开发利用，其一般用于旅游和渔业生产。但淖尔作为灌区内的湿地，对河套灌区生态维护起到重要作用，其生态功能日益受到重视。从 2008 年起，河套灌区开始有序地利用分凌、分洪水对淖尔进行生态补水，使淖尔水质不断得到改善，淖尔在承接排水功能同时，开始发挥生态、渔业以及旅游等多种功能。经实地地质勘查与分析，滴灌淖尔的侧部和底部均有黏土等隔水层，且靠近支渠及以上渠道，具有良好的蓄水及补配水条件。若淖尔增加滴灌灌溉功能，则耗水量随之增加，淖尔蓄水量发生变化，需对淖尔补给与供给量进行有效调控。

将淖尔水源用作滴灌后，其具备生态、渔业及灌溉三种功能。因此，合理平衡兼顾几项功能，对淖尔水量进行科学有效的调控，首先要确定调控阈值，以此为基础，可计算出可供滴灌利用的蓄水量，具体步骤如下。

（1）根据生态需水和渔业需水要求，确定保证淖尔生态功能和渔业功能不变时的最小（安全）蓄水量或最低（安全）水位。

（2）综合考虑生态、渔业、旅游等需水要求，确定保证各项功能正常时的蓄水量下限以及对应的水位下限。

（3）根据淖尔蓄水水位和周边土壤透水层的关系，确定淖尔最大蓄水量或对应的最高水位，以确保淖尔水不向周边农田回渗。

（4）按照淖尔最大蓄水量、最小蓄水量、适宜蓄水量下限，确定淖尔调蓄能力，并根据作物灌溉制度、耕地状况、调蓄能力及调蓄方式，确定可支撑发展滴灌规模。

（5）正常情况下，尽量不利用淖尔现有水量，而是通过"丰储枯用或即补即用"人工补给后调蓄水量进行滴灌。

（6）当补水充足时，淖尔应保持在较高水位（最大蓄水量），但不可对周边土地产生淹渗，避免产生新的盐渍化问题；超过该水位时，应适时排水。

（7）当补水不足时，淖尔可维持最低水位（最小安全蓄水量），不对淖尔湿地生态功能和渔业生产造成影响；低于该水位或水量时，应停止灌溉并立即补水。

2. 蓄水量阈值的确定

1）生态与渔业安全蓄水量（最小安全蓄水量）

由于淖尔是重要的湿地，因此维持湿地植被需水是确保其发挥生态功能的基础。其中，芦苇是淖尔中最主要的植被，可作为湿地植被的参考物种，可以利用生态功能法来计算其最小生态需水量。根据赵晓瑜等（2014）的研究成果，芦苇生长所需最小水深为 0.5 m，因此水位不低于 0.5 m 时即可保证淖尔的湿地生态功能。根据实地调查，现状淖尔多养鱼，为保证渔业生产的进行，淖尔需保持一定水位。参考《水库渔业设施配套规范》（SL95—1994）的渔业养殖要求，同时根据磴口县水产管理站编制的《水产健康养殖实用技术》，可知具有养鱼功能的淖尔水位不宜低于 0.5 m。因此，0.5 m 可作为滴灌淖尔维持湿地生态和渔业生产的最低水位，该水位下滴灌淖尔蓄水量为生态与渔业安全蓄水量（最小安全蓄水量）。

根据河套灌区滴灌淖尔水面面积和最小水深计算结果可知，2008～2016 年夏季滴灌淖尔保持 0.5 m 最小水深时，其蓄水量应在 3590 万～5791 万 m^3，2008～2016 年春季滴灌淖尔保持 0.5 m 最小水深时，其蓄水量应在 4323 万～6273 万 m^3。而滴灌淖尔 2008～2016 年实际蓄水量的最小值均出现在 2009 年，春季最小蓄水量 1.2118 亿 m^3、夏季 7341 万 m^3，均大于水位 0.5 m 时的理论蓄水量，满足淖尔湿地生态功能和渔业生产功能发挥的需要。考虑到滴灌淖尔运行的安全性，为补水不足时最低蓄水量调节留出一定的时间和空间，本书将滴灌淖尔最小蓄水量限定在 2008～2016 年中的最小值，即将春季蓄水量 1.2118 亿 m^3、夏季 7341 万 m^3作为滴灌淖尔的生态与渔业安全蓄水量。

2）正常蓄水量下限

淖尔现状具有生态、渔业、旅游等综合功能，作为滴灌水源后新增了灌溉功能，这四大功能同时发挥作用时的最优运行工况存在蓄水上下限。当淖尔蓄水量低于一定数量时，仅能维持现有的生态、渔业、旅游等功能但无法进行灌溉，将这一蓄水量定义为正常蓄水量下限。

河套灌区集中、系统地利用分凌、分洪水对淖尔进行补给始于 2008 年，到 2016 年累计向适宜滴灌的淖尔补给分凌、分洪水共 2.65 亿 m^3。据计算，2008～

2016 年春季滴灌淖尔蓄水量在 1.2118 亿~2.6446 亿 m³ 变化,夏季在 7341 万~
27644 万 m³ 变化。不考虑 2009 年(蓄水量最小)和 2012 年(蓄水量最大,发生
洪灾)的特殊情况,滴灌淖尔蓄水量维持在 2008 年、2010 年、2011 年、2013~
2016 年的平均水平时,其现有的生态、渔业、旅游功能均不受影响,可作为滴灌
淖尔正常蓄水量的下限。因此,本书重点对滴灌淖尔 2008~2016 年水量变化进行
分析,其能代表淖尔当前实际情况(2009 年蓄水量最小,2012 年蓄水量最大,均
为特殊水文年,计算时不计入)。根据计算,滴灌淖尔春季正常蓄水量下限为 1.7555
亿 m³、夏季为 1.2933 亿 m³。

  3)最大安全蓄水量

  滴灌淖尔最高水位比透水层底板低 1.0 m 以上,因此淖尔水位上升幅度不超
过 1.0 m 时,不会发生淖尔水向周边土地倒灌的现象。这也表明滴灌淖尔蓄水位
在现有水位上增加 1 m 是安全可靠的。将滴灌淖尔现有水位增加 1 m 后的蓄水量
定义为最大安全蓄水量。

  分别于 2014 年 2 月、2017 年 1 月选择水面面积大小不同、蓄水量最大时(冬
春季)的滴灌淖尔进行实测,确定淖尔最大安全补水深度。根据实测值,淖尔水
面距离地表的高差为 2.1~4.1 m(淖尔水面越大,高差越大)。为了估算水深增加
1 m 后淖尔增加的淹没面积,选取冬青湖、纳林东湖、沃门阿布、白条海子、王
爷地淖尔等 14 个典型淖尔进行实地测量,水面高程增加 1 m 后,水面边界向外扩
散 3~18 m。计算出 14 个典型淖尔天然条件下最大蓄水量时的淖尔周长,将平均
扩散宽度与淖尔周长相乘,即可估算出淖尔蓄水增加 1 m 后对应增加的淖尔面积
及其比例。经过计算,淖尔蓄水增加 1 m 后面积增加 1%~9%,随着淖尔面积的
增大,蓄水增加 1 m 后面积增加比例呈减小趋势,说明淖尔增加蓄水量后其新增
的水面蒸发量相对较小。2008~2016 年,2014 年春季蓄水量(受 2012 年夏季洪水
影响,2012 年夏季、2013 年春季为特例,计算时不考虑)最高,此时淖尔水面与
透水层底部高差均在 1 m 以上,据此计算滴灌淖尔最大安全蓄水量为 3.2636 亿 m³。

  4)滴灌淖尔调蓄水量

  根据滴灌淖尔利用方式,淖尔调蓄水量为滴灌可利用水资源量。将淖尔正常
蓄水量上下限差值作为正常调蓄水量。生态与渔业安全蓄水量和最大安全蓄水量
的差值计为淖尔最大调蓄水量。

  经计算,滴灌淖尔正常调蓄水量为 1.9703 亿 m³,最大可调蓄水量为 2.5295
亿 m³。

2.4.3 淖尔水滴灌适宜发展区域分布

  地下水引发的侧渗补给是淖尔得以存在和持续利用的重要因素,还需考虑井

渠结合滴灌与引黄滴灌分区布局的情况，合理控制灌区地下水位的变化，故淖尔水源滴灌的区域不宜过大。按照淖尔最大蓄水量、最小蓄水量、适宜蓄水量下限确定淖尔调蓄能力，并根据作物灌溉制度、耕地状况、调蓄能力及调蓄方式，确定滴灌发展规模。经计算，河套灌区淖尔水滴灌适宜发展面积共计 14.46 万亩（9640 hm^2），主要分布在磴口县和五原县。其中，磴口县 8.30 万亩（5533 hm^2），占发展总面积的 57%，主要分布在磴口县政府所在地西北部的沙金套海苏木内。五原县淖尔水滴灌发展面积 3.1 万亩（2067 hm^2），占总面积的 21%（表 2-19），主要分布在塔尔湖镇。杭锦后旗淖尔水滴灌适宜区域主要分布在旗政府所在地西部的大树湾、三道桥镇等地。临河区淖尔水滴灌适宜区域主要分布在干召庙镇、新华镇等地。乌拉特中旗淖尔水滴灌区主要分布在与五原县海子堰乡交界处。乌拉特前旗淖尔滴灌区主要分布在新华镇。

表 2-19　河套灌区淖尔水滴灌分区布局表

地区	面积/hm^2	面积/万亩	比例/%
磴口县	5533	8.30	57
杭锦后旗	813	1.22	8
临河区	480	0.72	5
五原县	2067	3.10	21
乌拉特中旗	480	0.72	5
乌拉特前旗	267	0.40	3
合计	9640	14.46	100

2.4.4　淖尔水滴灌节水潜力及补配水方案

1. 节水潜力

根据淖尔水滴灌工程的建设目标，本工程节水潜力为淖尔周边引黄灌区改造为滴灌区后，每年可减少灌溉期的渠首引黄水量。根据《巴彦淖尔市水利统计资料汇编 2006～2010》、各灌域 2000～2013 年引水量及各灌域灌溉水利用系数，得到河套灌区作物生育期综合毛灌溉定额（不含秋浇）362 m^3/亩，秋浇综合毛灌溉定额 161 m^3/亩，则滴灌区（原引黄灌溉区）灌溉期年引黄灌溉水量 5235 万 m^3，秋浇期引黄灌溉水量 2328 万 m^3。渠灌区改为滴灌后（保留秋浇），利用分凌水补水入湖进行灌溉，年节约引黄灌溉水量 5235 万 m^3。采用分凌水与黄灌水联合补给淖尔水源，引黄灌溉水补水 1 次，其他利用分凌水补水，年节约引黄灌溉水量 3000 万 m^3。引黄灌溉水补水 2 次时，其他利用分凌水补水入湖，年节约引黄灌溉水量 1291 万 m³。在三种不同补水工况下，年节约引黄灌溉水量在 1291 万～5235 万 m³，节水量与分凌水量成正比关系，分凌水越多，节水潜力越大。单独以分凌水进行补给时，年节约引黄灌溉水量最大，为 5235 万 m³（表 2-20）。

表 2-20　节水潜力计算表

灌溉形式	灌溉面积/万亩	引黄灌溉水补给淖尔水量/万 m³	年引黄灌溉水量/万 m³	年节约引黄灌溉水量/万 m³
引黄水渠灌	14.46	0	5235	0
淖尔水滴灌	14.46	0	0	5235
淖尔水滴灌	14.46	2235	0	3000
淖尔水滴灌	14.46	3944	0	1291

2. 淖尔补配水方案

根据滴灌淖尔补给排泄条件，制定了单独使用分凌水、分凌水和黄灌水联合利用 8 种补配水方案，各方案均有其一定的应用条件，应根据年初黄河实际分凌补水量，制定合理的年度补配水方案（表 2-21 和表 2-22）。其中，每年分凌水均有保障时，应采用方案①，对淖尔现有功能无影响，节约黄灌水量最多；当无分凌水时，应采用方案⑧，会对旅游/景观等产生轻微影响，但不宜长期持续。当遇到洪涝灾害时，应采用方案④，在减少灾害的同时，充分利用非引黄指标水对淖尔进行充分补给，减少次年对分凌水的需求。当分凌水不足时，采用⑤⑥⑦方案既可弥补分凌水量的不足，又能节省引黄灌溉水量。

表 2-21　淖尔不同补配水方案控制指标　　　（单位：万 m³）

方案序号	蓄水上限	蓄水下限	分凌水 补水次数	分凌水 补水量	黄灌水 补水次数	黄灌水 补水量	节约黄灌水量
①	最大安全蓄水量	正常蓄水量下限	一年一次	7758			5235
②	最大安全蓄水量	生态与渔业安全蓄水量	一年一次	4105			5235
③	春季生态与渔业安全蓄水量	夏季生态与渔业安全蓄水量	一年一次	3983			5235
④	最大安全蓄水量	夏季生态与渔业安全蓄水量	五年一次	38151			5235
⑤	最大安全蓄水量	正常蓄水量下限	一年一次	5453	一年一次	2235	3000
⑥	最大安全蓄水量	正常蓄水量下限	一年一次	3691	一年两次	3944	1291
⑦	最大安全蓄水量	生态与渔业安全蓄水量	一年一次	1802	一年一次	2235	3000
⑧	最大安全蓄水量	生态与渔业安全蓄水量	一年一次	40	一年两次	3944	1291

注：该水量均为渠首引水量。

表 2-22　淖尔不同补配水方案比较

方案序号	对生态/渔业	对景观/旅游	分凌补水量	节约黄灌水量
①	无影响	无影响	最多	最多
②	无影响	影响小	较少	最多
③	无影响	影响小	较少	最多
④	无影响	持续影响	频率低，水量大	最多
⑤	无影响	无影响	较少	较多
⑥	无影响	无影响	较少	最少
⑦	无影响	影响小	极少	较少
⑧	无影响	影响小	最少，趋于 0	最少

3. 补水水源保证率分析

1）引黄灌溉水作为滴灌淖尔补给水源保证率高

淖尔周边耕地（弃引黄灌水）发展滴灌后，当分凌水量不足时，为了达到进一步提高分凌水保证率、减少引黄灌溉水量的双重效果，可利用原引黄灌溉水与分凌水对淖尔进行联合补给，经淖尔自然沉降净化后进行利用。联合补给时，根据分凌补给水量情况，综合蒸发渗漏损失及节省黄灌水量的约束条件，黄灌水补给次数为 1 年 1～2 次最优，补水时间在每年灌水关键期的 5 月、6 月，补给量为 2235 万 m^3（5 月）、1709 万 m^3（6 月）。淖尔多靠近支渠及以上渠道，引黄灌溉期间开闭口时间为每年 4 月上旬至 11 月中旬，具备向淖尔补给的基本路径。灌溉期间渠系 4～8 月分别各引水一次（7 月引水相对较多），10 月后引水主要用于秋浇，5 月、6 月多年平均引黄水量 5.42 亿 m^3，对滴灌淖尔补给量仅为当月引黄灌溉水量的 4.1%、3.1%，该部分水源引水时间、引水量保证率较高，联合补给时能够满足滴灌淖尔补给需求。

2）分凌水作为滴灌淖尔主要补给水源保证率高

根据调查，河套灌区分凌口主要有三处，分别为总干渠取水口、沈乌干渠取水口、奈伦湖取水口。根据《黄河内蒙古分凌应急分洪乌兰布和分洪区工程初步设计报告》，乌兰布和分洪区位于奈伦湖，主要是分滞槽蓄水量、削减凌峰、降低下游河道水位、预防和减轻凌汛灾害，工程已于 2010 年运行，设计蓄水规模 1.17 亿 m^3。根据《黄河内蒙古防凌应急分洪河套灌区及乌梁素海分洪区工程初步设计报告》，利用三盛公水利枢纽引黄河凌汛期洪水，通过总干渠、下级输水干渠、分干渠向河套灌区、乌梁素海及一些小型湖泊分洪滞蓄 1.61 亿 m^3。

从近年来分凌实际及黄河石嘴山-巴彦高勒段槽蓄水量潜力来看，应用分凌水对淖尔进行补水的可能性较高。根据巴彦高勒水文站 1952～2015 年共 64 年长系列的实测径流系列（图 2-10，表 2-23），按连续系列进行频率计算，经优选确定参数，其线型为皮尔逊Ⅲ型曲线。根据巴彦高勒水文站的年径流差积曲线图，巴彦高勒水文站 3 月径流均值为 14.27 亿 m³，且离差系数为 0.18，可见历年 3 月的径流量相对于均值的离散程度较小，即巴彦高勒水文站 3 月径流量变化不大。1954～1966 年为枯水年段，1972～1977 年与 1979～1987 年均为枯水年段，1988～2015 年丰枯交替出现，1952～2015 年系列基本反映了该测站 3 月径流量的丰枯变化规律。

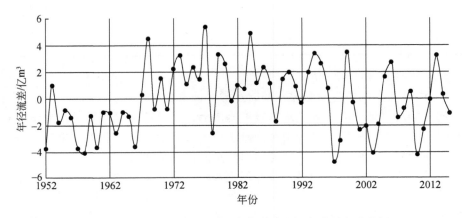

图 2-10　1952～2015 年 3 月巴彦高勒水文站径流差积曲线图

表 2-23　巴彦高勒水文站 3 月设计径流成果表

平均径流量/亿 m³	离差系数（C_V）	偏态系数（C_S/C_V）	设计值/亿 m³				
			50%	75%	80%	85%	90%
14.29	0.18	0.89	14.22	12.52	12.10	11.63	11.05

　　由 2008～2016 年的分凌统计资料可知，黄河干流平均年分凌量 1.41 亿 m³。经计算，河套灌区 2008～2016 年相应的平均分凌量约占 3 月径流量的 10%。对巴彦高勒水文站 3 月 1952～2015 年长系列的实测径流分析可知，3 月多年平均径流量为 14.29 亿 m³，大于现状 2008～2015 年共 8 年的月平均径流量（13.74 亿 m³）。根据设计径流计算，巴彦高勒水文站 3 月 P=85% 的径流量为 11.63 亿 m³，对巴彦高勒水文站 3 月来水特性分析可得出以下结论，P=85% 的相应分凌量占径流量的比例不小于 10%。由此可见，在巴彦高勒水文站 3 月 P=85% 的来水情况下，每年分凌量为 1.16 亿 m³，能够满足以分凌水为单独补给水源滴灌淖尔最大年补给量 7758 万 m³（1 年 1 次）的需求。

　　淖尔水补配水方案应根据年初的分凌水量进行调整，分凌水应尽量做到"丰储枯用、春储夏用”，黄灌补水应尽量“随补随用”。首先，分凌水无法全部保障，应考虑引用部分黄河水进行补充。其次，为实现滴灌高效节水，应考虑调整种植结构，改变原有的种植模式；当引黄灌溉水量较少，无法满足补充用水时，可在淖尔水滴灌区打临时抗旱井，利用地下水进行补充灌溉。

2.5　河套灌区滴灌适宜区域总体分布及节水潜力

2.5.1　河套灌区滴灌适宜区域总体分布

基于直引黄河水滴灌、井渠结合滴灌、淖尔水源滴灌面积及分布，河套灌区部分地区出现了三种水源模式发展区域重叠，对三种水源模式分布进行综合考虑，确定适宜水源的发展模式，得到最终的河套灌区滴灌适宜区域总体分布图，如图 2-11 所示。直引黄河水滴灌主要分布在总干渠一闸至渠尾的南岸以及干渠各渠段节制闸附近区域；在乌兰布和灌域，可发展部分调蓄水池与渠道蓄水结合水源滴灌模式。井渠结合控制区主要分布在河套灌域的西部、北部狼山山前以及东部沿黄河带，具体是：乌兰布和灌域非沙漠带、解放闸灌域和永济灌域南部、义长灌域北部及其与乌拉特灌域、乌梁素海交界的附近区域、乌拉特灌域尾部、北部沿狼山山脉局部。河套灌区淖尔水滴灌适宜发展区域主要分布在磴口县和五原县，另有少部分分布在杭锦后旗、临河区、乌拉特中旗和乌拉特前旗。

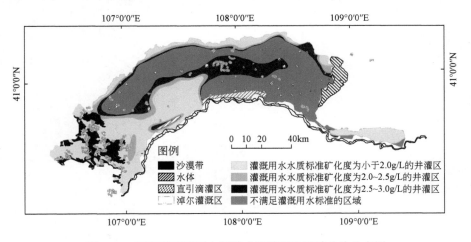

图 2-11　河套灌区不同水源模式滴灌适宜区域总体分布图

2.5.2　河套灌区滴灌节水潜力

由表 2-24 可知，适宜发展直引黄河水滴灌的面积为 34.22 万亩，可减引黄河水量为 0.4022 亿 m^3；当地下水矿化度开采上限为 2.5 g/L，渠井结合比为 3 时，适宜发展井渠结合滴灌控制面积为 85 万～114 万亩，可减引黄河水量 3.3 亿 m^3；适宜发展淖尔水滴灌的面积为 14.46 万亩，可减引黄河水量为 0.5235 亿 m^3，三种转化水源滴灌发展总面积为 133.68 万～162.68 万亩，总节水量为 4.2257 亿 m^3（表 2-24）。

表 2-24　不同水源滴灌发展控制面积及节水潜力

项目	直引黄河水滴灌	井渠结合滴灌	淖尔水滴灌	总计
面积/万亩	34.22	85～114	14.46	133.68～162.68
节水潜力/亿 m^3	0.4022	3.3	0.5235	4.2257

第3章 引黄灌区多水源滴灌系统关键设备研发

3.1 重力式沉沙-过滤复合系统设备研发

3.1.1 重力式沉沙-过滤复合系统

虽然近年来黄河泥沙浓度不断降低，但相对于普通滴灌水源，其泥沙含量仍相对偏高，利用激光粒度仪对沈乌干渠黄河水样进行测试发现，粒径小于 140 μm 的泥沙占黄河泥沙总体积分数的 90%，粒径小于 61 μm 的泥沙占黄河泥沙总体积分数的 50%。黄河水中泥沙颗粒较细的特点严重威胁了引黄滴灌系统的安全运行，如果使用传统的二级过滤模式处理黄河泥沙问题，将导致过滤器反冲洗频率大幅增加，影响引黄滴灌系统的运行效率。传统的大尺寸平流式沉沙池可以将黄河水中的细颗粒泥沙沉降下来，但这种沉沙池占地面积大，投资成本高，不适宜在河套灌区推广使用。针对这一问题，本书提出了一种沉沙效率高、占地面积小的重力式沉沙-过滤复合系统。重力式沉沙-过滤复合系统主要包括首部进水池、沉沙池、溢流堰、过滤网、清水池、集污槽、排沙排水设施等。其中，沉沙池又包括进水闸、池厢、调流板以及斜管等附属设施。水源经管道进入进水池中，开启进水闸门，水流进入沉沙池内，经过调流板的调流作用，水流进入稳流区域沉降区内，使大颗粒泥沙首先沉降到池底，然后水流进入斜管沉降区域内，通过缩短沉降距离及增加沉降面积，较细小的颗粒能够沉降到斜管管壁及池底，而泥沙过滤后清水从溢流堰溢出，经过滤网过滤掉漂浮杂质，然后再进入清水池，最后通过输水管道向滴灌系统供水。而沉积到沉沙池池底的泥沙可以通过开启单侧进水闸进行冲洗，过滤网上的泥沙及漂浮物可以由溢流堰上的水流冲到溢流槽内。

重力式沉沙-过滤复合系统进行水沙分离的基本原理是浅池原理。该原理是 20 世纪初由哈真（Hazen）提出的。其基本公式为

$$\frac{L}{H} = \frac{V}{\mu} \tag{3.1}$$

式中，L 为沉沙池长；H 为池深；V 为池中水平流速；μ 为颗粒沉速。

在理想状态下，当 L 与 V 值不变时，池深越浅，可被去除的悬浮物颗粒越小，即提高了沉沙池的去除能力。如果将沉淀池的水深 H 分为 n 层，则沉淀区的原长度 L 即可缩短为原来的 $1/n$，这样就可以沉淀处理与原来相同的水量，并达到相同的处理效果，从而减小沉沙池的体积，提高沉沙池的沉沙效率。

重力式沉沙-过滤复合系统测试模型按照设计引水流量 100 m³/h、沉降粒径 0.05 mm 的设计标准进行设计。沉沙池工作长度 10 m，沉沙池高 2.2 m，工作水深 2 m，溢流堰宽度 2 m，池厢隔墙高 0.4 m，沉沙池底坡 1∶100，排沙管道倾角 1∶50，清水池有效容积 5 m³。进水池设置两个进水闸门，分别对应两个引水涵管和两个池厢，这样有利于对沉沙池池底泥沙的冲洗。设计斜管的铺设面积为 8 m²，铺设长度为 4 m。滤网选用 100 目（图 3-1）。

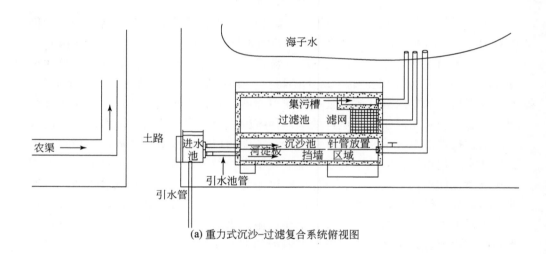

(a) 重力式沉沙-过滤复合系统俯视图

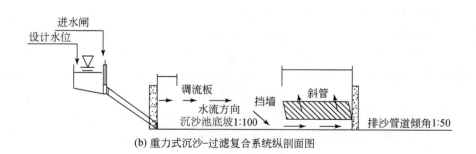

(b) 重力式沉沙-过滤复合系统纵剖面图

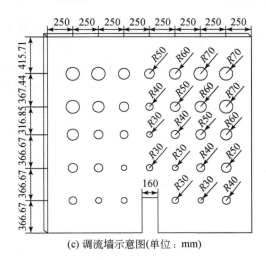

(c) 调流墙示意图(单位：mm)

图 3-1　重力沉沙-过滤复合系统设计与现场图

3.1.2　复合系统斜管关键技术参数确定

1. 适宜斜管类型

综合价格因素及现实的应用情况，该试验主要对沉淀效率较高且经济合理的蜂窝状斜管、瓦状斜管、矩形斜管进行择优选取（图 3-2）。

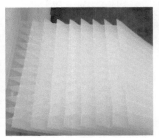

(a) 蜂窝状斜管　　　　　　　(b) 瓦状斜管　　　　　　　　(c) 矩形斜管

图 3-2　三种斜管截面示意图

该研究利用数值模拟技术确定最适宜的斜管类型。该研究采用 FLUENT 软件对单根斜管液固两相流进行非稳态计算求解，数值模型采用 Mixture 两相流数值模型，湍流模型采用标准 $k\text{-}\varepsilon$ 湍流模型，速度与压力耦合采用 SIMPLE 算法，各方程采用二阶离散格式，计算过程中监测出口截面的固相体积分数，当监测值处于稳定状态时终止计算。

图 3-3（a）～图 3-3（c）显示的是三种斜管各截面处相对于斜管进口处的固相去除率，从中可以看出，粒径大小对固相去除率的影响较为明显，在相同截面处，粒径越小，固相去除率越低，其中颗粒粒径分别为 0.005 mm 和 0.01 mm 时的固相去除率较为接近，当粒径增大到 0.025 mm 时，沿着斜管高度方向，固相去除率大幅提高，说明粒径越大，越有利于沉积去除，当粒径达到 0.05 mm 时，蜂窝状斜管在距离进口 0.2 m 截面位置固相去除率就接近 100%，而瓦状斜管和矩形斜管的固相去除率分别为 67% 和 86%。图 3-4 显示的是三种斜管固相去除率随颗粒粒径的变化曲线，从中可以看出，颗粒粒径为 0.025 m 时，蜂窝状斜管的固相去除率为 82%，而瓦状斜管和矩形斜管的固相去除率分别为 59% 和 65%，因此对固相去除率综合分析后得出，蜂窝状斜管在三种斜管中最优。

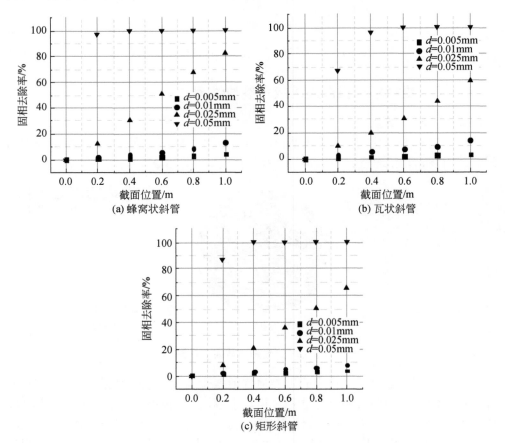

图 3-3　不同形状斜管各截面相对于斜管进口处的固相去除率（d 为颗粒粒径）

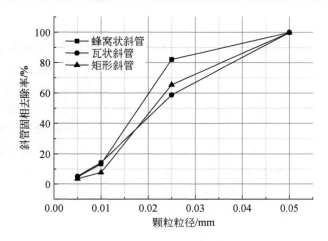

图 3-4　三种斜管固相去除率随颗粒粒径的变化曲线

2. 适宜斜管长度

本书的研究设定了 5 kg/m³、10 kg/m³ 两种泥沙浓度，并在 10 m³/h、6 m³/h、2 m³/h 三种流量条件开展试验。通过对斜管不同高度处的泥沙去除率进行测算，最终确定斜管适宜安装长度。

图 3-5 为在不同浓度条件下沿斜管进口每隔 25 cm 处泥沙浓度的变化曲线，从中可以看出，在不同浓度条件下，泥沙浓度沿斜管方向呈现逐渐递减的趋势，且斜率逐渐减小。泥沙浓度为 5 kg/m³ 时，沿斜管垂直高度方向，每间隔 25 cm 泥沙浓度平均依次减少 1.71 kg/m³、0.55 kg/m³、0.35 kg/m³；泥沙浓度为 10 kg/m³ 时，泥沙浓度平均依次减少 2.02 kg/m³、0.67 kg/m³、0.41 kg/m³。不同浓度条件下，在垂直高度为 50 cm 之后，斜管内泥沙浓度变化明显减小，说明斜管的泥沙去除率与斜管管长并不成正比例关系，这可能是由于水中颗粒较大的泥沙在斜管前半段沉降下来，而粒径极小的颗粒运动易受水流紊动的影响，很难沉降下来，因此斜管后半段泥沙浓度变化较小。从经济角度考虑，斜管的适宜长度为 60～80 cm。

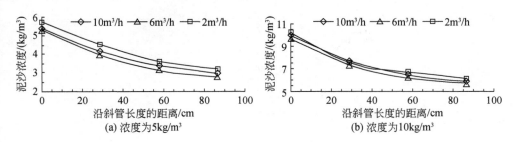

图 3-5　沿斜管长度方向泥沙浓度分布图

3. 斜管安装参数

重力沉沙-过滤复合系统中斜管安装参数包括布置高度、倾角与斜管挡板进口开度，由于物理模型实验工作量较大且很难控制实验精度，此部分研究利用数值模拟技术开展。本书采用 FLUENT 软件对沉沙池两相流求解，采用 Mixture 两相流数学模型、标准 $k\text{-}\varepsilon$ 湍流模型对沉沙池内液固两相流动进行模拟，速度与压力耦合采用 SIMPLE 算法，各方程采用二阶离散格式。采用 ICEM CFD 软件对沉沙池计算域进行全结构网格划分，在进口管段和出口管段以及蜂窝状斜管壁面附近进行网格加密，全局网格节点个数约为 400 万个。该研究利用固相体积分数云图表征固相泥沙颗粒在含沙水中的体积分数，具体模拟结果如图 3-6～图 3-8 所示。

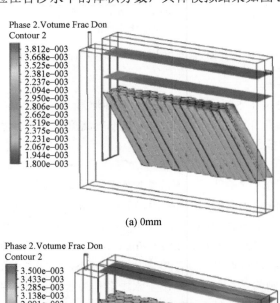

(a) 0mm

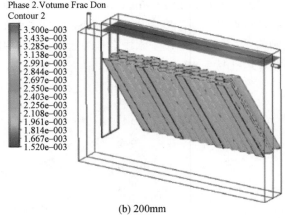

(b) 200mm

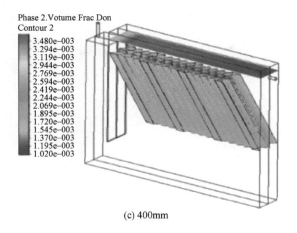

(c) 400mm

图 3-6　斜管不同布置高度固相体积分数云图

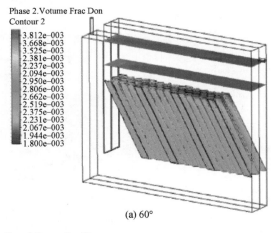

(a) 60°

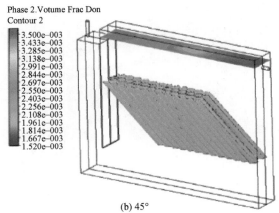

(b) 45°

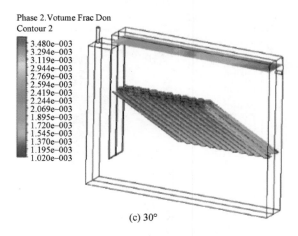

(c) 30°

图 3-7　斜管不同倾角固相体积分数云图

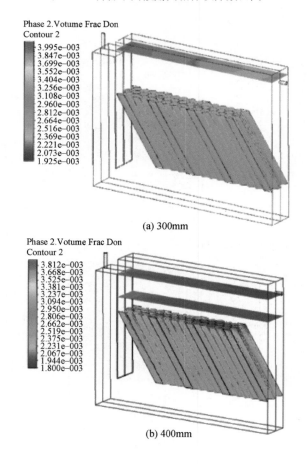

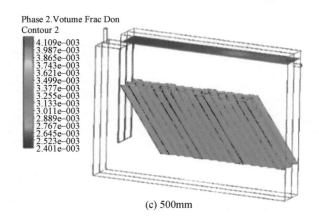

(c) 500mm

图 3-8　斜管挡板不同进口开度固相体积分数云图

从图 3-6 和图 3-7 可以看出，斜管布置位置越高，沉沙池对固相颗粒的去除率越高，但去除率增幅梯度随高度的增加变得趋缓。斜管布置角度为 60°时，沉沙池去除率最高，这是因为斜管入口角度较其他布置角度要小，并且整个沉沙池有效沉降面积比其他角度要大，粒向下滑的重力分量更大，更有利于颗粒下滑和固相颗粒沉降。从图 3-8 可以看出，在斜管上方相同截面位置处，进口开度为 400 mm 时，其出口界面的平均体积最小，说明斜管底端与进口开度底端越接近，沉沙效果越好，这可能是由于这种情况下进入斜管的各速度相对比较均匀，从而有利于斜管的沉沙。

通过以上分析，最终确定重力式沉沙-过滤复合系统中斜管的安装参数如下：斜管下部布水区适宜高度 400 mm，斜管布置角度 60°，斜管挡板进口开度 400 mm。

3.1.3　重力式沉沙-过滤复合系统调流板水沙调节效应与优化设计

为了调节沉沙池进口端水流流态，加速泥沙沉降，在沉沙池首端增设调流板调节泥沙沉降的速率。通过现场试验发现，在沉沙池首部 1.2 m 处设置调流板后，各空间位置点的泥沙浓度均有所降低，这是由于设置调流板降低了底部水流的动能，减小了水流对泥沙的挟带能力，使沉积到沉沙池底部的泥沙不至于再一次被扬起，而沉沙池中上部泥沙的沉降主要是调流板对水流的调节作用使水流更趋于稳定，从而加速了泥沙的沉降。总体看来，设置调流板后沉沙池出口处泥沙去除率提高了 3%～6%（图 3-9）。

通过试验可知，重力式沉沙-过滤复合系统对黄河水泥沙沉降有较好的效果，在各工况条件下，总的去除效率达到 31%～48%。同时，课题组针对设计流量 $Q=0.2\ \mathrm{m^3/s}$、池底为平坡、底坎高 1 m、采用梯形断面、断面边坡设为 1、底宽 6 m、

· 59 ·

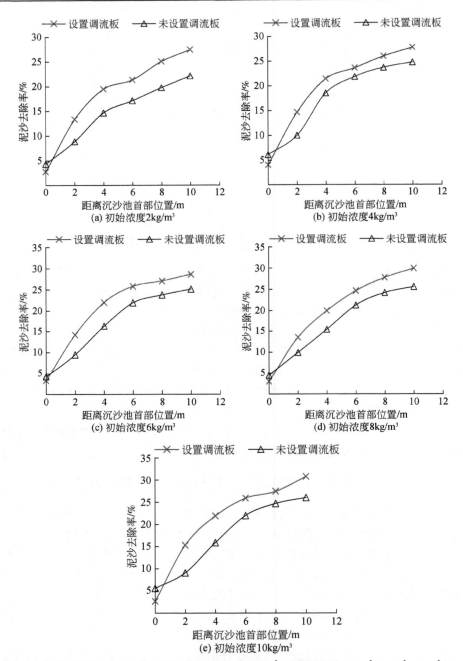

图 3-9　为设置调流板与未设置调流板和斜管情况下，在流量 100m³/h，初始浓度为 2kg/m³、4kg/m³、6kg/m³、8kg/m³、10kg/m³ 条件下，在距离沉沙池左壁 30cm 处，每间隔 2m，在水下 30cm 处取样，所测得泥沙沿程去除率变化情况

设计工作深度为 2 m、沉沙段长度 105 m 的平流式沉沙池泥沙沉降过程开展了数值模拟研究，对比二者研究结果发现，重力式沉沙-过滤复合系统过滤效率比传统平流式沉沙池高 60%以上。

3.2　泵前低压过滤器新产品研发

3.2.1　泵前低压旋转式网式过滤器

设计思路：针对黄河水泥沙含量小于 3 kg/m³ 且悬浮杂质多的情况，从泥沙控制阈值和过滤器出水量两方面入手，研发泵前低压旋转式网式过滤器，与常规网式过滤器以及介质过滤器相比，该产品具有低成本、低耗能以及去除泥沙量大、精度高、去除量大等优点。泵前低压旋转式网式过滤器用过滤器内外水头差产生的水压，使水渗透通过过滤介质层进入内部。过滤器利用双浮筒作浮体，过滤筒以及滤筒旋转驱动装置和反冲洗结构固定于浮筒上成为一体，滤筒是泵前浮动式低压渗透微过滤机的核心装置，由一个圆柱体骨架组成，圆柱体两端封闭，一端装有过滤后水引出管，滤网布置于圆柱体表面，原水从滤筒外表面向滤筒内过滤分离，洁净水透过滤网进入滤筒内部，滤网拦截分离的悬浮杂质被滤网分离存积于滤网外表面，在旋转驱动装置的带动下，滤筒做圆周旋转，浸入水体中的滤筒做过滤后，滤网表面集积的悬浮物随滤筒旋转到水体外，当滤网表面积存泥沙与杂质达到一定量后，自清洗反冲洗装置开始从内向外冲洗滤网，使滤网过滤性能得到恢复。冲洗压力，周而复始，滤筒边过滤边清洗，滤筒内经过滤后的洁净水由抽水泵从滤筒引出管抽出，加压后向系统供水。

产品技术特性：该产品与同类传统过滤器相比，传统的有压网式过滤器目数少，且在泵后过滤，在有压条件下过滤器会高频率地反冲洗，造成能耗增加、反冲洗水量增加等一系列问题。从传统的有压过滤转变为低压过滤，同时由泵前过滤变为泵后过滤，在低压过滤条件下可提高过滤精度，基于上述两方面，本书重点研发了适宜于黄河水低成本、高效过滤的泵前低压自清洗网式过滤器，并将其安装于抽水水泵取水口的前端。过滤应用时浮筒控制滤筒的过滤水位，同时也自适应水体水位的变化，具体如下。

（1）能耗：在过滤过程中无须加压，利用自然水头（利用旋转过滤器，形成 0.5～1 m 水头），过滤速度由常规的 0.3～0.5 m/s 降低到 0.1 m/s 以下；泵前低压渗透微滤机节电 28.5%。过滤精度可达到 300 目，较传统有压过滤提高 2 倍以上。

（2）过滤精度：泵前低压渗透微滤机的过滤筒是敞开设计的，滤筒的过滤直径可以增加至 0.8 m，较传统网式过滤器提高 1 倍，过滤精度选择范围宽，最高过滤精度可达 300 目，可处理水体中细小的浮游生物及纤维状物质。

（3）设有自备浮体，能自适应水位变化，取用表层 40～60 cm 水源低悬浮浓度的水做过滤处理，保证滴灌灌水的连续性和水源的利用效率。

（4）过滤器敞开式设计，滤筒自清洗状态时处于空气中，反清洗效率高，滤网再生效果好，临河九庄示范区过滤器滤网使用两年没有堵塞。

（5）适应性强，对多泥沙、高浓度、高悬浮质水体的过滤分离效果较好。

（6）自动自清洗，滴灌灌水田间压力稳定，相比常规过滤装置，节约 20%左右的系统压力，运行费用降低 5%以上。

表 3-1 是 2014～2016 年试验期间作物生育期黄河水泥沙含量表。通过表 3-1 可知，2014～2016 年在试验期间原黄河水的泥沙含量基本在 1 kg/m³ 左右。采用泵前低压自清洗网式过滤器（300 目）过滤后，黄河水泥沙去除率约 25%。

表 3-1　2014～2016 年试验期间黄河水泥沙含量平均值

试验次数	1	2	3	4	5	6	7	8	平均值
原黄河水泥沙含量/（kg/m³）	1.18	1.40	0.83	0.81	0.95	0.80	1.00	1.45	1.05
过滤后泥沙含量/（kg/m³）	0.88	1.10	0.60	0.63	0.67	0.65	0.77	1.20	0.81
泥沙去除率/%	25.42	21.43	27.71	22.22	29.47	18.75	23.00	17.24	24.36

3.2.2　泵前低压渗透过滤器研发

1. 低压渗透过滤器结构设计

该产品主要针对黄河高泥沙含量且目前泥沙过滤方式成本较高的问题，从泥沙控制阈值和出流流量两方面入手，重点研发了具有低成本、低耗能、去除泥沙精度高和去除量大等特点的低压渗透过滤器。过滤器的泥沙控制阈值是基于逐级泥沙调控理念，以充分发挥灌水器自排沙能力为前提，从过滤末级逐级递推泥沙粒径控制阈值 $D_{50}=22.21\ \mu m$。过滤器的出流流量设计是本着产品既能达到 100 亩以上的农田灌溉出流要求，又具有体积小、造价低的特点这一原则，对其结构进行了特殊的设计。

1）总体思路

该设备利用过滤器内外水头差产生的水压，使劣质水渗透通过过滤介质层，进入内部储水罐中的原理，采用模块化框架布置和连接，使整个过滤器装配简单。低压渗透过滤器俯瞰图和低压渗透过滤器剖面图如图 3-10（a）和图 3-10（c）所示。

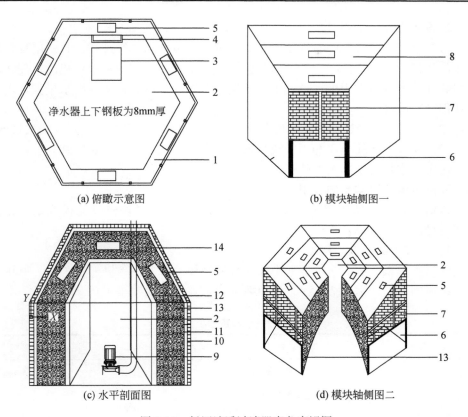

图 3-10　低压渗透过滤器多角度视图

1-过滤介质层；2-储水罐；3-进入口；4-进入梯；5-填砂口；6-换砂口；7-外置拦沙网；8-活动顶盖；

9-潜水泵；10-石笼；11-外置筛网；12-内置筛网；13-过滤介质；14-抽水管

2）结构设计

该产品由外围过滤介质层和内部储水罐组成。过滤介质层采用模块化的设计理念，所述模块由内置筛网、外围筛网、钢结构框架以及基座和活动顶盖组成，内置筛网和外置筛网间距 0.6 m、高 1.8 m、宽 1.5 m。内外置拦沙网均采用 60 目低碳钢丝筛网，筛网外部设有的菱型钢制石笼层起支撑作用，外置筛网层底部设有 0.3 m×1.5 m 排沙门。模块顶部设有活动顶盖便于填砂，基座装有 8 mm 厚的钢板。模块间依靠多道加粗螺丝以及防水胶带等连接固定，6 个模块可拼接组成厚度为 60 cm 的过滤介质层，图 3-10（d）为模块轴侧图。过滤介质层分别选择三种石英砂，粒径级配由内而外的顺序分别为 1.5～2 mm、2～2.5 mm、2.5～3 mm。装置内部储水罐位于过滤介质层内侧，由过滤介质层围成六棱柱型，高 1.8 m，边长 0.9 m，底部固定有 8 mm 厚的钢板。

2. 设备特点

（1）该装置实现了砂石过滤器和筛网过滤器组合的二级过滤，且采用反粒度过滤的思路，即水由滤级大的滤料部位流入，由滤级小的滤料部位流出，使滤层吸附表面积得以最大限度地被利用，滤层堵塞慢，单位面积滤层出水量大，出流水质得到明显提升。

（2）利用自然渗透原理，水泵直接从净水罐中抽水，实现了无水头损失过滤。

（3）制作工艺简单，利用模块化设计理念，降低了整个装置安装与拆卸的难度，造价成本相对于同类型砂石过滤器降低 50%以上。

3. 低压渗透过滤器的应用效果

该研究设置了低压渗透过滤器+砂石过滤器+叠片过滤器过滤模式来验证低压渗透过滤器的过滤效果。

1）泥沙去除率效果检测

分析水源进入滴灌系统前的不同泥沙处理环节的泥沙含量（表 3-2）。低压渗透过滤器的泥沙去除率达 75%，结合泵后过滤器泥沙去除率可达 93%。

表 3-2　含沙量结果分析

编号	取样位置	含沙量/（g/L）	泥沙去除率/%
1	低压渗透过滤器进水口	2.278	
2	低压渗透过滤器出水口	0.569	75
3	砂石过滤器出水口	0.296	87
4	叠片过滤器出水口	0.068	93
5	滴灌灌水器出水	0.159	

2）过滤系统各级颗粒物粒径分布

由马尔文（Malvern）激光粒度分析仪检测水源水样、一级过滤后水样、组合过滤器过滤后水样、毛管内泥沙样品。其中，黄河水源中小于 140.273 μm 的颗粒物占总体的 90%，中值粒径 D_{50} 为 61.558 μm。经过一级过滤后水样中泥沙中值粒径 D_{50} 为 40.060 μm，总体使得到的供试水源泥沙颗粒物粒径降低。而经过二级过滤器后水样中泥沙中值粒径 D_{50} 为 23.431 μm。灌水器中值粒径 D_{50} 为 21.939 μm，达到了低压渗透过滤器的过滤目标（表 3-3）。

· 64 ·

表 3-3 不同过滤层级中颗粒物特征粒径参数

样品	颗粒折射率	分散剂折射率	径距	比表面积 / (m²/g)	表面积平均粒径/μm	D_{50}/μm
水源泥沙样品	1.52	1.33	4.01	0.30	13.90	61.558
经过一级过滤后泥沙样品	1.52	1.33	2.90	0.58	10.65	40.060
经过二级过滤后泥沙样品	1.52	1.33	4.58	0.91	6.63	23.431
毛管内泥沙样品	1.52	1.33	3.79	1.10	5.47	21.020

3）应用效果

该产品与同类传统过滤器相比，在黄河水过滤方面具有明显的优势。

沙金套海示范区 1 号泵房安装 3 台泵前低压渗透微滤机，1 号泵房所控制的 1500 亩农田，年均耗电量为 30（kW·h）/亩，而 2 号泵房安装的 6 台砂石过滤器+叠片过滤器（3 台自动反冲洗时备用）控制的 1500 亩示范田，年均耗电量为 42（kW·h）/亩，采用泵前低压渗透微滤机可以亩均节电 28.5%。

3.3 泵后新型高效过滤设备研发

3.3.1 砂石+筛网一体式过滤器研发

1. 砂石+筛网一体式过滤器结构设计

砂石过滤器具有去除率高、截污能力强和不间断供水的优点。同时，它允许在滤料表面淤积几厘米厚的杂质，这一点优于其他过滤器。考虑到黄河水源中多为悬浮于水中的黏土粒，极易聚集成团状颗粒堵塞灌水器流道，故选择砂石过滤器作为第一级过滤。筛网过滤器是最常见且有效的设备，其结构简单、过滤效率高，在微灌系统中得到广泛应用。但筛网过滤器在生产实践中作为二级过滤器因分离式安装与维护带来了不必要的沿程水头损失，故将其"融入"砂石过滤器，进行一体式过滤。

一体式过滤器的运行分为过滤和反冲洗两种工况。过滤时：水流由进水管 2 经进水口流入（图 3-11），率先达到布水器 8，实现水流的均匀分布，同时减少对砂石滤层的冲击和对结构的破坏；水流进入腔体后，在水压下以层流向下渗透，穿过砂石滤料层 9，通过集水器 10 进入最下部的腔室。底部腔体内以垂直轴为中心，水平"梅花形"均匀布置有 5 面筒状网芯，初级过滤的清水可由外向内浸入网芯 11，净化后的清洁水体由出水管 6 导出，进入下一级系统。当进、出水口之间的压差达到预定值后，则启动反冲洗。为实现不间断供水，一组过滤系统一般设置为 2 台或以上设备并联。首先打开排污口 12，此时由于其压力远小于出水口值，网芯内的水体自内而外冲刷滤网表面附着的杂质，由排污口排出。接下来关闭排污口 12，调整工作阀 7，打开排污管阀，由另一台过滤设备处理后的清水自下向上对砂石层进行冲洗。

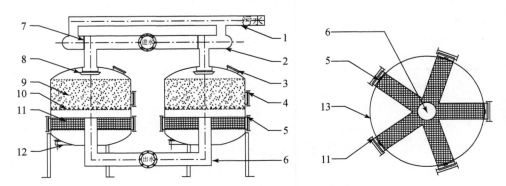

图 3-11　适用于引黄滴灌的一体式过滤器结构及局部示意图

1-排污管；2-进水管；3-进砂孔；4-掏砂口/手孔；5-网芯；6-出水管；7-工作阀；8-布水器；

9-砂石；10-集水器/水帽；11-网芯；12-排污口；13-罐体

1）水力设计

（1）过滤能力：设计额定流量为 20～30 m³/h，设计最大流量为 40 m³/h。

（2）反冲洗频率：当 $\Delta h \geqslant 5 \sim 7$ m（或流量衰减20%）时进行反冲洗。

（3）设计过滤速度：通过查阅相关资料，本次过滤元件均选择推荐经济流速，其中筛网的设计过滤速度为 0.15 m/s，砂石的为 0.021 m/s。

2）结构参数

一体式过滤器核心过滤元件设计参数见表 3-4。

表 3-4　过滤器各元件设计参数

分类	材质	直径/mm	高度/mm	细长比 λ	粒/网径/mm	精度/目	孔隙度 f
罐体	金属	700	1100	1.57	—	—	—
砂石	石英砂	700	250	0.36	0.7～1	150～200	0.4
网芯	楔形不锈钢	80	300	3.75	0.09	120	0.3

2. 砂石+筛网一体式过滤器水力性能与过滤效率数值模拟验证

已有研究表明，经过沉沙池过滤处理后，泥沙含量为 2～3 g/L，为了验证砂石+筛网一体式过滤器的水力性能与过滤效率，该研究将会在 2‰含沙水条件下，对过滤器过滤效率开展相关研究。本书将采用 FLUENT 软件提供的 DPM 模型，以黄河水源为研究对象，模拟在 2‰含沙水条件下过滤器内的水力特征及颗粒轨迹分布等，进而分析其过滤水力性能与过滤效率。

1）一体式过滤器过滤状态下压强分析

图 3-12 展示了含沙水条件下一体式过滤器在中轴面上的压力分布，压强整体呈现随水流方向递减的规律，在砂石过滤层和筛网滤芯处压力梯度变化较大，其中压力水头损失 1.2 m，位置水头损失 1.1 m。

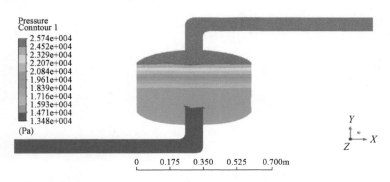

图 3-12　含沙水条件下 Z=0 剖面（中轴面）上的压力分布

2）一体式过滤器过滤状态下流线分析

图 3-13（a）展示了含沙水条件下一体式过滤器在三维空间的流线分布。流线分 3 个阶段：进入罐体前，水流平行于壁面，在横切面上呈抛物线分布；过滤阶段，水流以层流状态垂直入渗穿透砂石层，在网芯处由于受到阻力，部分水体停止运动，流线相互掺杂，在底部形成涡；进入网芯后，水体流速逐渐升高，沿着出水管流出过滤器。随机从"入水口"界面上选取上、中、下 3 点作为质点的"出发点"，得出含沙水条件下不同质点的典型流线分布。

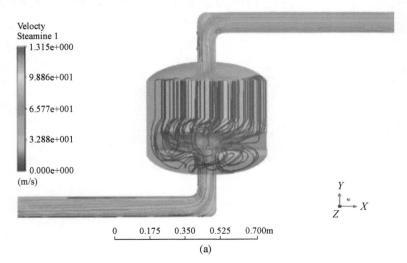

(a)

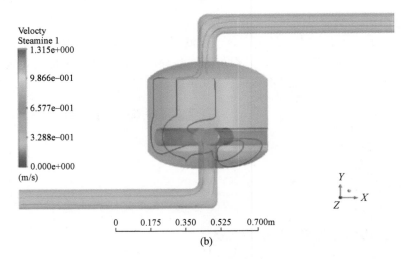

(b)

图 3-13　含沙水条件下三维空间（a）与典型质点（b）的流线分布

图 3-13（b）中，中、下点出发的流线均穿过筛网、经过过滤进入出水口，其中下点出发的流线流速最高、路径最短、水头损失也最少，中点的流速相对最小、路径最长，在过滤器底部形成一个"漩涡"；上点发出的流线则因为阻力作用止于筛网。

　　3）一体式过滤器过滤状态下速度矢量分析

　　图 3-14 展示了含沙水条件下一体式过滤器在三维空间上的流速分布。其流速在砂石界面与网芯界面变化明显，呈现先降低后升高的趋势，其中进水口流速为 $0.65 \sim 0.98$ m/s，砂石层为 $0.01 \sim 0.02$ m/s。图 3-15 展示筛网内外滤速存在明显的

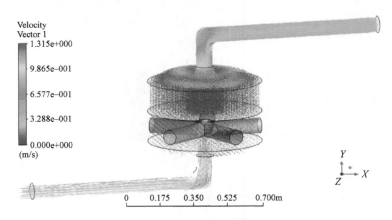

图 3-14　一体式过滤器在三维空间流速分布

梯度变化。界面两侧的滤速变化趋势是相似的，均呈单峰变化；在距离中心约 0.09 m 处速度达到最大值，滤速分别为 0.15 m/s 和 0.07 m/s；距离出水口越远，两者的差异越小。内外界面存在的速度差，有利于对杂质的充分拦截、分离。

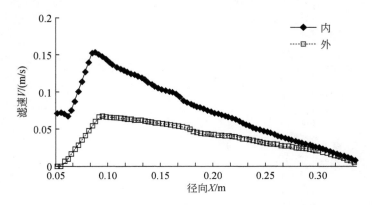

图 3-15　含沙水条件下过滤前后沿 X 轴方向的速度分布

4）一体式过滤器过滤状态下典型颗粒迹线与初始泥沙去除率

图 3-16 展示了稳态追踪方式下的颗粒运动轨迹，由于网芯的阻力作用，在其界面外围聚集了大量的颗粒物。图 3-16（b）和图 3-16（c）分别反映了"穿过"网芯和"停止"于网芯的典型颗粒的运动轨迹。通过统计模型中各类型粒子的数量：从发射源释放并追踪的 546 个粒子中，在出口捕捉到"逃逸"粒子 429 个，过滤元件"捕捉"117 个，则可得出一体式过滤器的初始过滤效率约为 21.4%。通过实测实验发现，2‰浓度含沙水通过相同规格的砂石+筛网二级过滤器过滤的泥沙去除率约为 26%，稍大于模拟值，与模拟值接近。

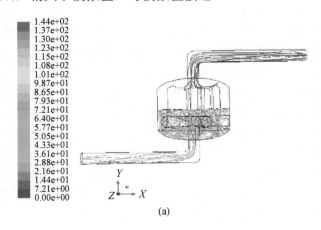

(a)

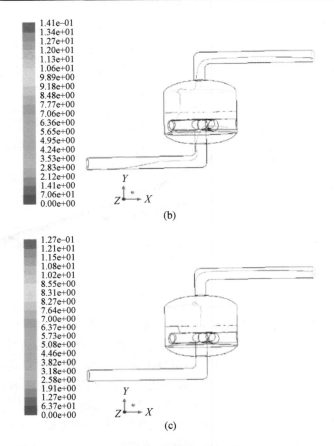

<table>
<tr><td>1.41e-01</td></tr>
<tr><td>1.34e+01</td></tr>
<tr><td>1.27e+01</td></tr>
<tr><td>1.20e+01</td></tr>
<tr><td>1.13e+01</td></tr>
<tr><td>1.06e+01</td></tr>
<tr><td>9.89e+00</td></tr>
<tr><td>9.18e+00</td></tr>
<tr><td>8.48e+00</td></tr>
<tr><td>7.77e+00</td></tr>
<tr><td>7.06e+00</td></tr>
<tr><td>6.36e+00</td></tr>
<tr><td>5.65e+00</td></tr>
<tr><td>4.95e+00</td></tr>
<tr><td>4.24e+00</td></tr>
<tr><td>3.53e+00</td></tr>
<tr><td>2.83e+00</td></tr>
<tr><td>2.12e+00</td></tr>
<tr><td>1.41e+00</td></tr>
<tr><td>7.06e+01</td></tr>
<tr><td>0.00e+00</td></tr>
</table>

(b)

1.27e-01
1.21e+01
1.15e+01
1.08e+01
1.02e+01
8.55e+00
8.31e+00
8.27e+00
7.64e+00
7.00e+00
6.37e+00
5.73e+00
5.08e+00
4.46e+00
3.82e+00
3.18e+00
2.58e+00
1.91e+00
1.27e+00
6.37e+01
0.00e+00

(c)

图 3-16　过滤器整体（a）及典型颗粒迹线（b）（c）图

　　该研究在 2‰含沙水条件下，对一体式过滤器与同等粒径级配的砂石过滤器和同等目数筛网过滤器的组合过滤器系统开展过滤器过滤性能测试。研究发现，一体式过滤器由于在近乎相同直径和厚度的砂石滤料后布置 4 个滤网，增多了滤网个数，因此可有效增大过滤面积，且通过对数值模拟分析可知，充分利用滤网，即使后期大量砂砾需要滤网过滤也能满足过滤要求，不会出现堵塞面积所占比例增大而导致流速迅速增大、水头损失激增的情况，因此水头损失仍以与之前相似的上升幅度增大，无水头损失的激增，故不会引起过滤器内部压强的突然增大，从而有利于各部件长期稳定运行。从流量的变化来看，一体式过滤器的流量变化比分体式过滤器的流量变化平稳，与水头损失相似，在过滤后期，分体式过滤系统流量有一个跳跃式减小，这是由堵塞的突然增强所致的。而两种过滤系统流量都减少20%时，一体式过滤器比分体式过滤器能多运行 20min 左右，从而减小反冲洗的次数与频率，提高灌溉效率，节约资源（图3-17）。

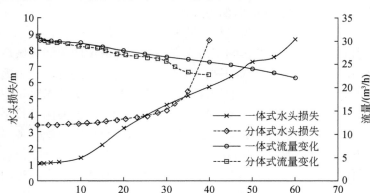

图 3-17 含沙水条件下分体式与一体式水头损失和流量随时间的变化

综上所述，一体式过滤器的结构紧凑，内部流线规整、光滑，减少了局部水头损失，过滤元件的滤速均处于设计流速，且一体式过滤器的模拟值与实测值相近，从侧面验证了该模型设计的有效性。

3.3.2 分形流道叠片式过滤器研发

1. 叠片过滤器分形流道设计参数

叠片滤芯内部流道中的流动是紊流，因此在叠片滤芯内部的微型交叉流道中，其内部流道中流动的复杂程度较高，简单的直流道对于叠片滤芯内部流道中湍流漩涡的发展有所限制，这造成流道中涡流黏度的增加是依靠流道内部速度的加快完成的。而紊流具有相当的分形特性，分形的形状对于紊流中涡流的发展有放任和促进的作用，因此可以将分形理论以及分形曲线运用在叠片式过滤器的叠片内部流道的优化设计中，令叠片内部流道中的流体流动可以发展更全面的涡流。其优化方式是利用分形曲线进行叠片内部流道沿程的优化设计，主要的设计主体是叠片内部流道的沿程轴线结构。这也是本书的主要优化设计方向，本书在保持叠片内部流道的截面面积和形状不变的前提下，对其沿程结构进行分形设计。

根据流道特征以及过滤器的运行原理，在此引入 Minkowski 曲线对叠片内部流道进行优化设计。在分形设计的过程中，主要是根据一次分型后的 Minkowski 曲线进行的，这是由于在考虑过滤效率的情况下要同时顾及反冲洗的效率和难度。曲线的设计方式使得流道的长度有所增加，级数的增大和分形高度的增大均会带来更长的流道，虽然提供了更多的泥沙沉降区，但由于复杂的流道增长了，势必会带来更大的局部水头损失。根据具体模拟的过程，对反冲洗时的难易程度、叠片式过滤器的局部水头损失、泥沙沉降区的增加幅度等因素进行考虑，认为运用一级分形且分形高度在 0.3 mm 时的设计既较好地拟合了上述要求，又在模具的加工上有较大的空间，易做出较为完整、精度较高的产品。

但考虑到局部水头损失的影响，考虑在叠片内部流道的中间区域增加缓冲槽以达到降低局部水头损失的目的。这种方式在叠片过滤的过程中给水流以缓冲，可以有效地降低过滤过程中产生的局部水头损失，另外，缓冲槽对于泥沙沉降也有重要的作用。在进一步的研究中得出，缓冲槽带来缓冲的原因不只是由于其截断流道形成较大的过流断面，更是由于其完成了跨流道的重分配任务，在传统的直流道叠片中，流道只能在交叉点处与相邻的流道进行流体的交换，若一个流道被堵塞，且两侧的流道也无法提供支援时，叠片内部流道就会在短时间内被很大程度的堵塞，但在具有缓冲槽的叠片中，可以进行很大范围的流道交换，使整个环形上的流道有更大的概率坚持更长的过滤时间，用以减少反冲洗的次数，达到更加便捷的需求。根据设计出的模型进行相应的数值模拟，得出运用一级分形曲线，曲线中分形高度为 0.3 mm 且增加缓冲槽的叠片流道设计是最优的设计方案。其增加了叠片内部流道的沿程长度，增长了过滤过程，同时也增加了流道内部的低速区；缓冲槽的应用大大减少了过滤器叠片滤芯所产生的局部水头损失，另外其在增长流道的基础之上还具有较小的局部水头损失，且缓冲槽内的低速区所占比例较大，也是提供泥沙沉降的重要区域。在缓冲槽的设计中，令其底部与进入叠片方向的流道深度一致，保持底边平直，取缓冲槽宽度为 0.4 mm，在靠近流道出口的一侧，由于流道截面积是从外向内由大变小的，缓冲槽的底边会略低于流道底边，这样的"台阶"构造对于泥沙的沉降有重要的作用，且在反冲洗时，由于缓冲槽底边与外侧流道底边平行，并不影响反冲洗过程，具体如图 3-18 和图 3-19 所示。

2. 分形流道叠片过滤器水力性能与过滤效率数值模拟及物理实验验证

1）分形流道结构的数值模拟计算及结果对比分析

实验采用 SST k-ω 模型进行相应的数值模拟。设置为无滑移壁面条件，壁面的粗糙度设置为 0.5，采用壁面函数进行计算，其他壁面上的速度为 0。流体区域设置为水流。在模拟的过程中，忽略叠片间的不同叠加角度，认为其结果相似。

采用瞬态计算进行求解，基于压力求解器进行计算；使用绝对速度格式，选择压力速度耦合求解算法，压力方程采用二阶格式计算，动量、湍动能、湍动分散率均采用二阶迎风格式进行计算（为保证收敛的稳定性，先使用一阶格式进行初始计算，待收敛趋势稳定后调整为二阶，以提高计算精度）；在计算过程中，对压力矫正方程、连续性方程、动量方程以及 k 和 ε 方程进行亚松弛处理所需的松弛因子，需在运算过程中根据收敛情况做进一步调整；设定最终收敛解的判断标准为相对残差小于 1×10^{-4}。

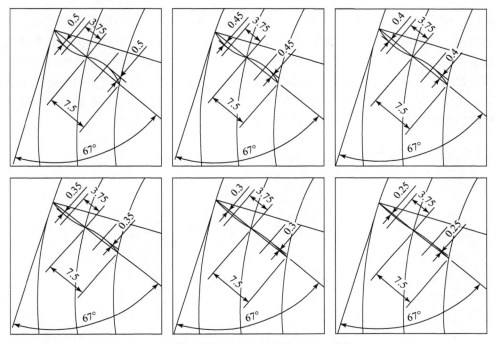

图 3-18　添加缓冲槽的一次分形流道设计（单位：mm）

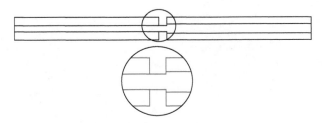

图 3-19　缓冲槽侧面示意图

　　由于设计验证过程耗时长，涉及内容多，该研究只取设计所得的模拟结果与传统直流道的模拟结果进行比对，根据比对情况说明优化结构所具有的优势。

　　对图 3-20 所示的叠片内部流动压力变化云图进行分析，图 3-20（a）和图 3-20（b）分别描述的是在模拟计算过程中，当通过的流量为 30 m³/h 时，优化前后的叠片内部流道的局部水头损失。从图 3-20 中可以看出，传统直流道所产生的局部水头损失在整个流道上一直未处于均匀变化的状态，从进口处到出口处，叠片内部的压力变化中每一梯度所占的面积比重先增大后减小，这种状态易造成叠片中有极易堵塞的部分，当这一部分堵塞后，过滤器失去过滤能力；而优化后的叠片内部流道中的压力变化显示，只在进口处和出口处有两个较短且变化较大的阶段，中间的部分变化较为均匀，各梯度的面积较为均衡，沿着流道内部的流体流动均匀，没有明显的堵塞区域，适宜较长时间的过滤运行，其反冲洗频率也会降低很多。另外，可以看到在整个流域内的压力变化中，由于设定了出口处的压力值，同时设置了进口处的流速，所得到的进出口压差即叠片内部流道产生的局部水头损失，可以根据色彩条明显看出优化的叠片式过滤器所产生的局部水头损失小于未优化前的传统直流道，根据具体的数值计算，局部水头损失减小达到了35%之多。

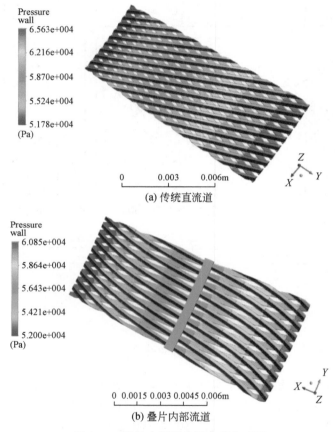

图 3-20　叠片内部流动压力变化云图

图 3-21 中显示的是叠片内部流动速度变化矢量示意图，图中选取的是沿某一条流道进入的流体在整个过滤过程中的流动状态，可以看到，直流道所显示的速度矢量图中速度的变化较为明显，由进口处到出口处速度有明显的加快；而优化后的叠片内部流道中的水流速度变化显然没有传统直流道中的明显，且可以看到，从一个进口流道所产生的速度矢量基本可以遍布周围的很多流道，而传统直流道

基本只与两侧的流道有速度矢量的交换。这也体现出优化后的叠片流道具有更强的关联性，使得过滤器在长期的使用上具有较大的优势，不易在某一集中时间被堵塞。另外，优化后的叠片内部流道中的流速最大值明显大于传统的直流道叠片，而边角处的低速区速度相近，这样的速度组合也体现出优化的流道内部流动的优势，主流区的水流速度大，细颗粒的泥沙不易于留在主流区，而边角处的低速与主流区速度的差值较大，给泥沙沉降带来了更大的优势。

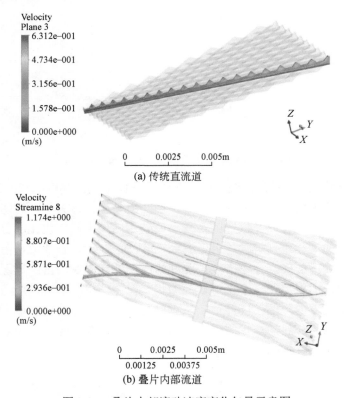

(a) 传统直流道

(b) 叠片内部流道

图 3-21　叠片内部流动速度变化矢量示意图

　　图 3-22 所示的是优化流道中缓冲槽内流线和速度矢量的描述图，鉴于该结构内部会有明显不同的流动状态，特将此部分抽出进行分析。由图 3-22 中（a）所描述的缓冲槽内流线图（该图以速度进行涂色）可以看出，缓冲槽内部存在很大面积比例的低速区，该区域对于细颗粒泥沙的沉降具有很重要的意义。根据流线的分布情况可以看到，缓冲槽内部的流线在某一流道截面区域是呈环形涡流的，而在流道之间也有明显的掺混和交换，且交换的流道范围较广，不局限于临近的一两个，缓冲槽是一个对于流道交换的优势结构。由图 3-22 中（b）所示的缓冲

槽内速度矢量图的分布规律可以看出，主流区速度较大的速度矢量是沿着流道方向前行的，但速度较进入缓冲槽之前有所下降，这是由于过流面积在瞬间增大，降低了流速，同时也为低速区的产生提供了帮助。

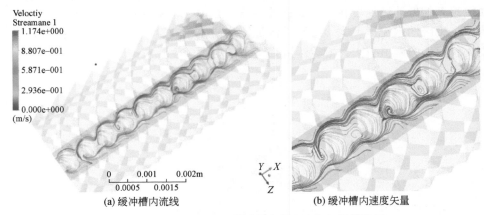

(a) 缓冲槽内流线　　　　　　　(b) 缓冲槽内速度矢量

图 3-22　优化流道中缓冲槽内流线和速度矢量描述图

　　图 3-23 所描述的是沿流道方向上各阶段截面上涡流黏度的状态。从图 3-23 可知，传统直流道内部的涡流黏度在整个截面上是有效增大的，有明显的主流区和低速区分界，主流区以及低速区都在出口处达到最大值。优化的叠片流道中，根据内部湍动的规律进行解读，可以看到在缓冲槽前后，叠片流道内部的涡流黏度分布由于缓冲槽的影响并不连续。缓冲槽内部的涡流黏度再经过缓冲槽后有适当的减小，但依旧保持在一个相对较高的状态，这使得内部流道所造成的局部水头损失有一定程度的降低；同样地，从进口至出口的整个流动区域上，也有主流区与低速区的明显分界，这也体现出结构造型的优化并不影响传统叠片可以完成的内容，只是对其有辅助作用。

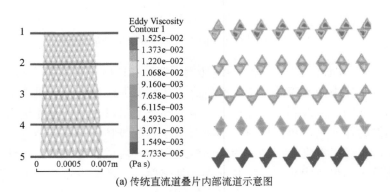

(a) 传统直流道叠片内部流道示意图

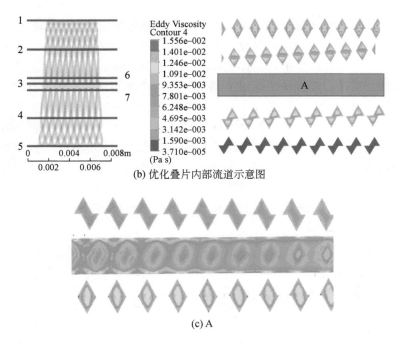

(b) 优化叠片内部流道示意图

(c) A

图 3-23　内部流道截面涡流黏度分布云图

通过上述对局部水头损失、流道内部流动的速度矢量、内部流动流线以及湍动能分布进行分析，可以得到优化流道所具有的几大优势：①可以在一定程度上减少过滤过程中所产生的局部水头损失，形成更经济的过滤系统；②从流道沿程长度和缓冲槽两个方面增加了叠片过滤过程中的低速区，这样更有利于叠片流道中细颗粒泥沙的沉降；③流道内再分配的范围更广，由流线和速度矢量的分布情况可以看出，优化后的流道内流量有一定的交换范围，不只是相邻的流道，还与周围的流道有所交流；④流道内的压力分布更加均匀，没有强烈的变化过程，这意味着在使用的过程中，过滤器不会存在短时间内快速堵塞的情况，因此过滤的时间更长，可以减少应用当中的反冲洗次数；⑤缓冲槽的设计中，其底边的平行"台阶"设置使得其形成了一个环形的沉沙"死区"，但不影响反冲洗时沙粒的旋出。

2）优化设计叠片性能测试试验

笔者将分形流道叠片过滤器制作成模具，并制作了分形流道叠片过滤器实物，两种相同目数常规流道叠片过滤器在 2‰含沙水条件下开展了过滤器过滤性能测试试验。试验发现，优化分形的叠片式过滤器在过滤性能上有着绝对的优势，传统的直流道过滤器在过流 30min 左右就会出现明显的局部水头损失变化拐点，拐点之后水头损失迅速增大，在很短的时间内达到 7 m 的水头损失，急需反冲洗，而这两者的流量变化相对平缓，在25～30min达到过流量降低20%的标准，之后出现了瞬时的水头损失激增。优化分形叠片式过滤器的试验结果显示，其流量的变化也是十分均匀且缓慢的，变化率较低，因此在50min左右达到流量下降20%的标准，这一现象已经体现了该过滤器的优势，在达到相同的流量变化时，基本可延长一倍的过流时间。同时，在流量减少量达到20%时，过滤器所产生的局部水头损失并未像传统直流道过滤器一样具有水头损失激增现象并达到7m水头，而是在有一定增长率的情况下缓慢增长，在过滤器运行60min时，过滤器产生的局部水头损失只达到国际标准的5m而并未达到国内标准的7m。优化分形叠片式过滤器在过滤时间上具有绝对的优势，且其达到了均匀截流、沉降泥沙的目的，不存在水头损失激增的情况，这也使得过滤器使用过程中安全性较高，同时反冲洗难度降低（图3-24）。

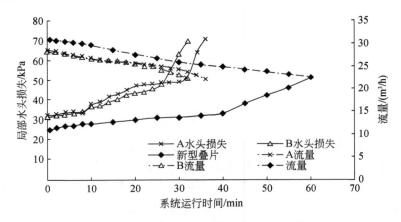

图3-24　叠片式过滤器含沙水条件下随时间局部水头损失和流量变化

该研究确定叠片过滤器分形流道的设计形式——1/2处梯形分形，该设计形式下，通过数值模拟得出，其对泥沙的过滤效果较常规叠片过滤器流道表现更优。

3.4　分形流道高效抗堵塞系列灌水器产品研发

3.4.1　灌水器分形流道及抗堵塞结构优化设计

因流道消能需要，流道内部水流要尽量达到完全紊流状态，水流流经流道后，能量被充分消除并形成水滴状，均匀滴入作物根区。消能效果的强弱与流道本身结构设计直接相关。若流道结构设计合理，不仅可以增强流道消能能力，还可以缩短流道长度，进而降低灌水器生产成本。已有研究表明，紊流具有分形特征，因此利用分形曲线来构造比欧氏几何更为复杂的流道边界，以使其水流充分紊乱，充分消耗流道中水流的压能，降低流态指数。

本书设计的灌水器流道主要采用 Minkowski 分形流道（图 3-25），基于其生成过程和分形特性，在确定一定欧氏长度 L 的情况下，生成的各流道消能单元则具有相同的流道齿高、转角等结构参数。因此，只需选取扩展距离（B）、流道深度（D）和流道长度（L）三个独立的因素，并将它们作为流道设计结构几何参数即可控制流道的结构尺寸，从而设计构建 13 组不同结构参数的 Minkowski 分形流道（图 3-26）。

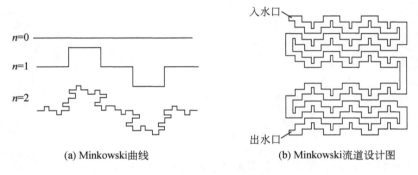

(a) Minkowski曲线　　　　　(b) Minkowski流道设计图

图 3-25　Minkowski 分形流道生成示意图

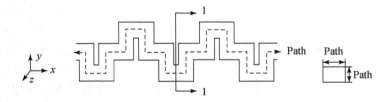

图 3-26　Minkowski 分形流道结构几何参数示意图

1. DPIV 验证灌水器流道模型可行性

本书采用数字粒子图像测速技术对构建数值模型进行验证。因所构流道均为 Minkowski 分形流道，所以随机选取模型中 FP 1.2mm×1.1mm×192mm 分形流道对其运用数字式图像测速技术（DPIV）进行测试。将 DPIV 采集到的 0.10 MPa 和 0.15 MPa 压力下的流道结构单元的流动显示图与采用标准 k-ε 模型计算得到的流线图进行比较，0.10 MPa 和 0.15 MPa 压力下标准 k-ε 模型模拟速度值和 DPIV 实测速度值如图 3-27 所示。在 0.10 MPa 压力下，DPIV 实测和标准 k-ε 模型计算出的流道内最大流速分别为 2.63 m/s、2.44 m/s，相对误差为 7.2%；0.15 MPa 压力下 DPIV 实测和标准 k-ε 模型计算出的流道内最大流速分别为 3.10 m/s、2.99 m/s，相对误差为 3.5%。其相对误差在允许范围内，因此可认为采用标准 k-ε 模型进行模拟计算是可行的。

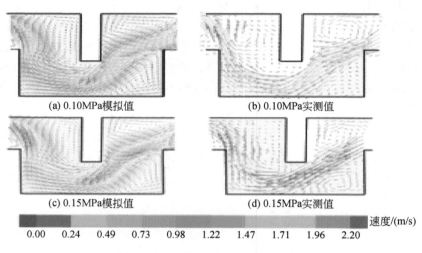

(a) 0.10MPa模拟值　　　　　　　　(b) 0.10MPa实测值

(c) 0.15MPa模拟值　　　　　　　　(d) 0.15MPa实测值

速度/(m/s)

0.00　0.24　0.49　0.73　0.98　1.22　1.47　1.71　1.96　2.20

图 3-27　分形流道单元速度矢量分布对比图

2. 不同结构几何参数分形流道对速度场流动特征的影响

不同宽度流道结构单元内的速度场矢量图和速度分布点图分别如图 3-28（a）～图 3-28（e）及图 3-29（a）和图 3-29（b）所示，当流道宽度从 0.9 mm 增加到 1.3 mm 时，流道内中心区速度及涡旋区发展充分程度增加。流道最大流速随流道宽度的增大依次增大；涡旋区外缘速度呈先增大后减小的趋势，当流道宽度为 1.0 mm 时，涡旋外缘速度最大，说明其具有较强的挟带杂质的能力。随着流道宽度的增大，流道近壁面的平均速度逐步增大；不同宽度流道中心区速度分布规律相似，随着流道宽度的增大，中心区的速度增大，其与流道宽度呈线性正相关（$V = 0.997B - 0.360$，$R^2 = 0.95$）。

不同深度流道结构单元内的速度场矢量图和速度分布点图分别如图 3-28（f）～图 3-28（j）及图 3-29（c）和图 3-29（d）所示，不同流道深度（0.9 mm、1.0 mm、1.1 mm、1.2 mm 和 1.3 mm）下流速场具有相似性，随着流道深度的改变，流道结构单元内流速变化相差不大。

不同长度流道结构单元内的速度矢量图和速度分布点图如图 3-28（k）～图 3-28（o）及图 3-29（e）和图 3-29（f）所示，不同流道长度（128 mm、160 mm、192 mm、224 mm 和 256 mm）下，随着流道长度的增加，流道结构单元内流速呈降低趋势；流道近壁面的平均速度与流道长度呈线性负相关（$V = -474.76L + 560.70$，

R^2=0.96）；中心区的平均速度与流道长度也呈线性负相关（V=−250.95L+579.82，R^2=0.94）。基于此，在流道设计时，可以通过改变流道长度来调节灌水器水力性能。

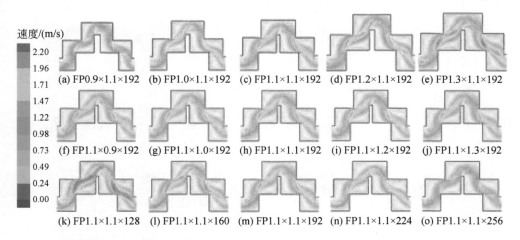

图 3-28　不同几何参数流道结构单元横截面（Z=0.5D）速度矢量分布图

3. 不同结构几何参数分形流道对内部湍流强度的影响

不同几何参数流道结构单元横截面的湍流强度如图 3-30 所示。湍流强度总体分布特征为：流道内湍流强度存在明显的区域分异规律，湍流强度在流道拐角和齿间达到最大值，在流道两个阻力边壁相交齿角尖端处最低。不同几何参数流道内湍流强度结构场分布相似，但数值差异较大。当流道宽度为 1.0 mm 时，湍流强度最大，最易形成涡体；不同深度流道的湍流强度分布和大小呈现相同的规律，流道湍流强度范围为 5.6%～48.1%；不同长度流道的湍流强度分布结构相似，湍流强度随着流道长度的增加而减小。

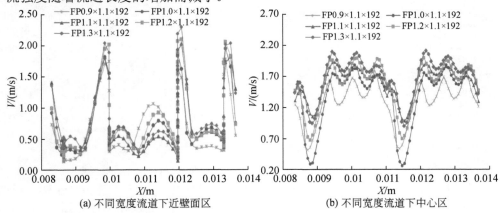

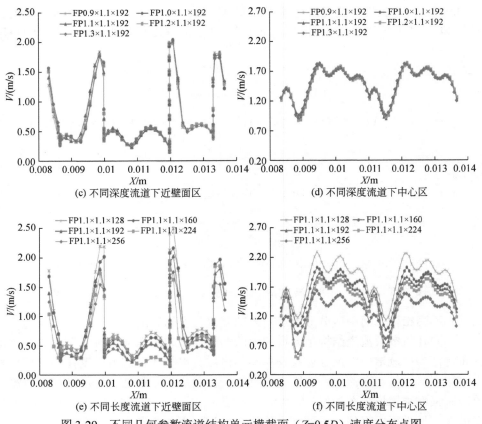

(c) 不同深度流道下近壁面区

(d) 不同深度流道下中心区

(e) 不同长度流道下近壁面区

(f) 不同长度流道下中心区

图3-29　不同几何参数流道结构单元横截面（Z=0.5D）速度分布点图

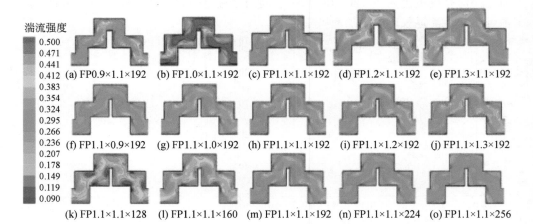

图3-30　不同几何参数流道结构单元横截面（Z=0.5D）湍流强度等值分布图

4. 不同结构几何参数分形流道宏观水力学特性

采用因素–指标图表示不同结构参数下的流态指数和流量系数变化，如图 3-31 所示。随着流道结构参数的变化，流态指数均在 0.49 左右，说明流道结构参数对流态指数影响较小，可忽略不计。流量系数作为表征灌水器自身尺度特性的比例

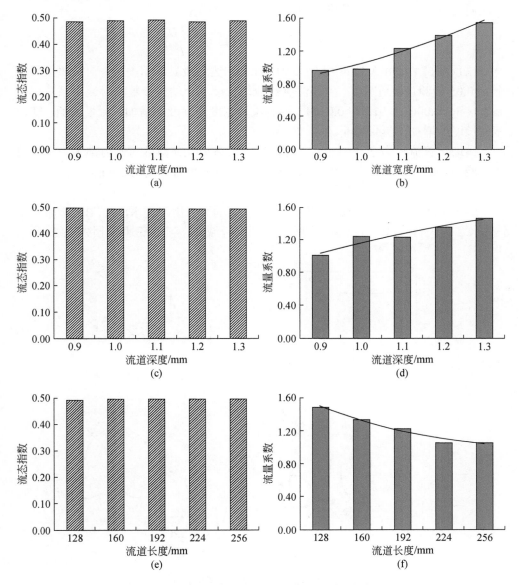

图 3-31　不同几何参数与水力特征参数关系图

系数，流量系数与流道宽度和流道深度呈正相关，与流道长度呈负相关。但流道长度达到 224 mm 后继续增加，此时流量系数不变，同时紊流效果降低，增加了灌水器堵塞的风险。因此，建议流道长度不宜超过 224 mm。

由于灌水器流量系数与结构几何参数之间具有相当复杂的非线性函数关系，因此通过流道几何参数构建灌水器流量系数预测模型：

$$K_\mathrm{d} = 15.443 \times \frac{A^{1.276}}{L^{0.53}} = 15.443 \times \frac{(B \times D)^{1.276}}{L^{0.53}} \qquad (3.2)$$

该预测模型的相关性系数 R^2=0.94＞0.80，达到极显著相关水平。按照显著水平 α=0.05 检验，流道宽度、流道深度和流道长度 3 个结构参数均对流量系数影响显著（sig=0.006、0.012 和 0.038）。随着流道宽度和深度的增加，流量增加；随着流道长度的增加，流量减小。

借助计算流体力学（CFD）方法研究分形流道几何参数对其内部水力与抗堵塞性能的影响，建议分形流道灌水器适宜的几何参数为宽度约 1.0 mm，流道长度小于 224 mm，可借助缩减流道深度来调节流量。

经过上述研究分析发现，在流道结构单元的 A（齿跟迎水区）、B（齿跟背水区）、C（齿尖背水区）、D（齿尖迎水区）四个区域存在流动低速区 [图 3-32（a）]，

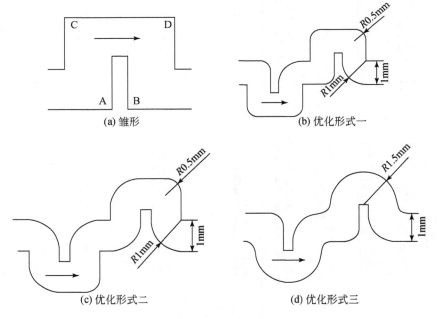

(a) 雏形

(b) 优化形式一

(c) 优化形式二

(d) 优化形式三

图 3-32　灌水器流道边界优化处理

需要进行边界优化。为此设置了三种边界优化形式：①流道边壁采用半径为流道宽度一半的弧线优化 A、C、D 三区，采用半径为流道宽度的弧线优化 B 区，如图 3-32（b）所示；②流道边壁采用半径为流道宽度一半的弧线优化 D 区，采用半径为流道宽度的弧线优化 A、B、C 三区，如图 3-32（c）所示；③流道边壁采用半径为流道宽度一半的弧线优化 A 区，采用半径为流道宽度的弧线优化 B 区，C、D 两区用半径为 1.2 倍流道宽度的圆弧进行优化，如图 3-32（d）所示。

测试用灌水器采用流道单元段模型（图 3-33）。测试采用平均粒径为 10 μm（代表水相）、50 μm、100 μm 的聚苯乙烯荧光颗粒，其密度为 1050 kg/m^3，该荧光颗粒随水流动性较好。单元段工作压力设置为 10 kPa、25 kPa 两个水平。

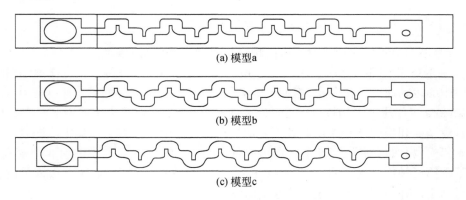

(a) 模型a

(b) 模型b

(c) 模型c

图 3-33　三种灌水器单元段结构模型

该研究主要分析结构单元内部流速、涡量分布，并对中心区、近壁面区域颗粒物的跟随特性进行研究，中心区和近壁面区域取样的样点分布如图 3-34 所示。

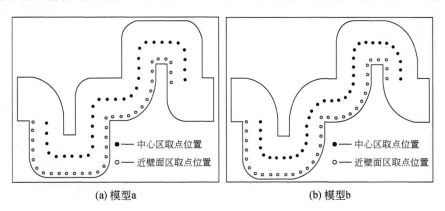

(a) 模型a　　　　　　　　　　　　　　　　(b) 模型b

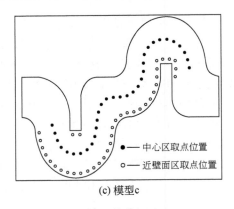

(c) 模型c

图 3-34　单元结构速度取点位置图

1）不同边界优化形式对流道内颗粒物运动流速分布的影响

图 3-35 和图 3-36 分别显示了 10 μm、50 μm、100 μm 三种颗粒物在灌水器单元段中的运动速度矢量分布。模型 a 和模型 b 内部颗粒物运动的最大速度在 10 kPa 和 25 kPa 工作压力下均较为接近，而模型 c 的极大速度明显大于模型 a 和模型 b，而且模型 a 和模型 b 的主流区速度要比模型 c 的主流区速度更加集中。同时，模型 a 和模型 b 的涡旋发育充足，在结构单元的 A、B、D 3 个位置具有 3 个漩涡，而基于第三种优化模式的模型 c，仅在 A、B 两个位置具有两个漩涡，漩涡的位置相对固定，并不因为工作压力的改变而发生变化。

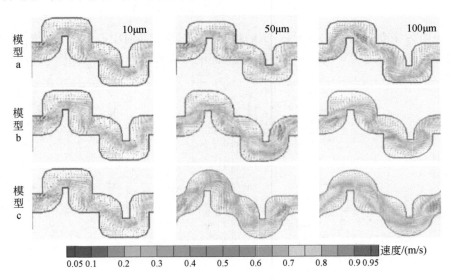

图 3-35　灌水器流道结构单元内部颗粒物运动速度分布图（工作压力 10 kPa）

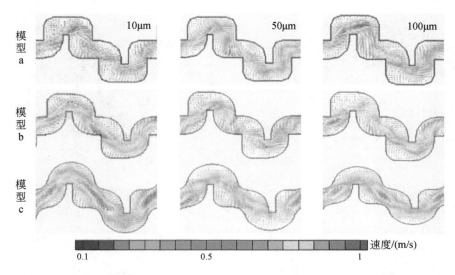

图 3-36　灌水器流道结构单元内部颗粒物运动速度分布图（工作压力 25 kPa）

2）不同边界优化形式对流道内中心区颗粒物运动特性的影响

图 3-37 显示了灌水器结构单元内部中心区 10 μm、50 μm、100 μm 三种颗粒物运动速度的分布状况。由图 3-37 可以看出，总体而言，在 10 kPa 和 25 kPa 的工作压力下，模型 a 和模型 b 中心区的速度较为接近，说明两种优化模式显著改变灌水器流道的消能特性；而对于模型 c，其流速显著高于模型 a 和模型 b，主要是采用大圆弧结构优化而使得流道阻力、消能效果显著降低所致。模型 a 中水流运动和颗粒物运移速度最为接近，颗粒物运移跟随性较好；而模型 b 和模型 c 中水流和颗粒物运移速度差异较大，颗粒物运移跟随性较差；模型 c 对于模型 a 和模型 b，其颗粒相运动速度偏离水相更为明显，并出现固液速度错峰的现象。

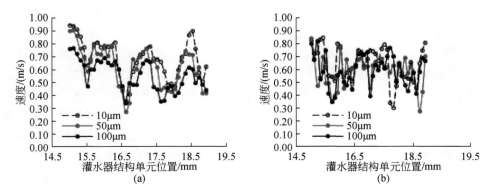

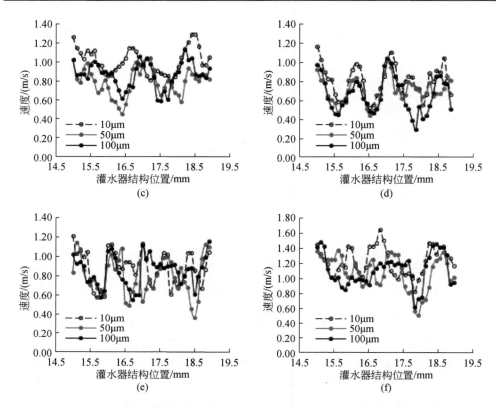

图 3-37　灌水器流道结构单元（14.5～19.5mm）内部中心区颗粒物运动速度分布

（a）～（c）分别显示的是模型 a、模型 b 和模型 c 在 10 kPa 压力条件下的测试结果；（d）～（f）分别是模型 a、

模型 b、模型 c 在 25 kPa 压力条件下的测试结果

3）不同边界优化形式对流道内近壁面区颗粒物运动特性的影响

颗粒物等在灌水器流道内低速区沉积是造成灌水器堵塞的本质原因。图 3-38 显示了灌水器结构单元内部近壁面区 10 μm、50 μm、100 μm 三种颗粒物运动速度的分布状况。较小弧度的改变如模型 a 既不显著改变流道内部颗粒的输移规律，也不改变流道内部漩涡的分布规律，其能够在一定程度上起到增强低速区漩涡速度的作用，在灌水器结构设计时可考虑将部分结构区域进行弧形优化，使漩涡充分发展，增强流道抗堵塞能力。大弧度结构优化（模型 b、模型 c）提高了低速漩涡区的平均速度，增强了灌水器内部颗粒流动的速度，但是大弧度结构优化减少了漩涡区域，改变了中心区颗粒输移规律，使消能效果有所降低。

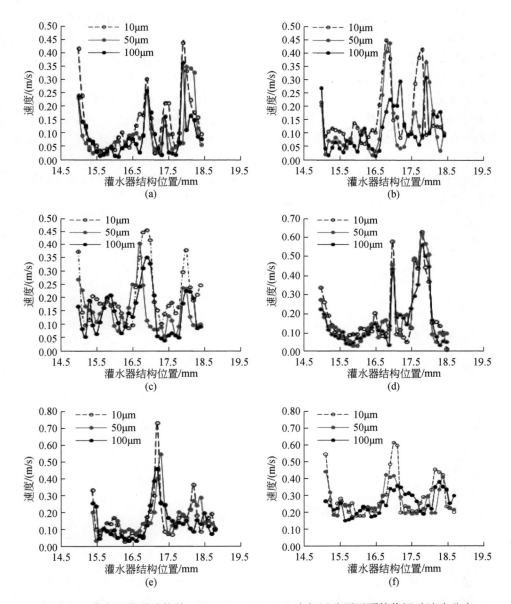

图 3-38　灌水器流道结构单元（14.5～19.5mm）内部近壁面区颗粒物运动速度分布

（a）～（c）分别显示的是模型 a、模型 b 和模型 c 在 10 kPa 压力条件下的测试结果；（d）～（f）分别是模型 a、
模型 b、模型 c 在 25 kPa 压力条件下的测试结果

4）灌水器结构单元内部流线及涡量分布

图 3-39 显示了灌水器结构单元内部粒径为 10 μm 的颗粒物流线分布状况。由图 3-39 可以看出，三种灌水器流道结构单元内部流线沿流道结构弯曲多变，主流区流线平滑密集，在二次流区自行封闭形成漩涡。对比发现，边壁为直角小弧较大圆弧优化的流线密集，且漩涡较大，发展充分，加强了质点的相对运动，有利于流道消能和自清洗能力的提高。通常，流道内转角齿尖处急剧转变，流线变窄，在通过转角后部分流线闭合形成漩涡。流线经过小弧转角处发生改变，流线变窄的幅度较小（图 3-40），尖齿转角附近常出现涡量的极值，而圆弧转角附近处涡量变化小于尖齿，尖齿对于流道的扰动能力大于圆弧，因而在结构改变的局部位置和弧段衔接处，应将圆弧结构改为尖齿结构以增强速度的突变，增加更多的消耗能量，并加强流道内部流动的紊乱程度，防止流道堵塞。

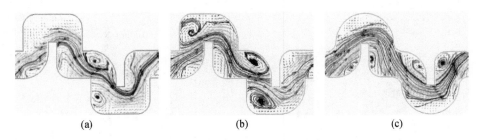

(a) (b) (c)

图 3-39　流道结构单元内部流线分布

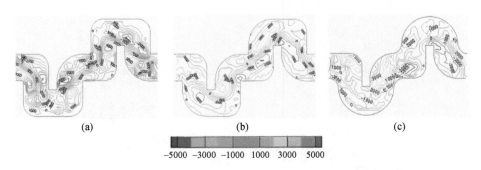

(a) (b) (c)

-5000 -3000 -1000 1000 3000 5000

图 3-40　灌水器结构单元涡量分布图

根据上述研究，最终确定了灌水器分形流道最优边界优化形式：齿跟迎水区、齿跟背水区、齿尖迎水区采用半径为流道宽度的圆弧进行优化，齿尖背水区采用半径为流道宽度一半的圆弧进行优化。

3.4.2　灌水器新产品开发及生产

1. 分形流道灌水器模具开发与产品生产

根据 3.4.1 节研究确定的滴灌灌水器分形流道设计参数及结构优化方法,同时结合现有灌水器设计方法,笔者设计了不同流量的分形流道灌水器产品结构图。

联合业内模具制造优秀厂家之一天津市津荣天和机电有限公司进行模具开发,并设计出多种流量的内镶贴片式灌水器新产品,其结构设计图如图 3-41 所示。

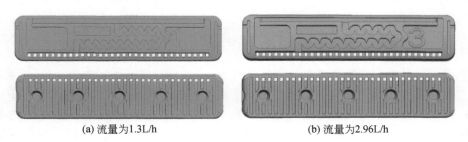

(a) 流量为1.3L/h　　　　　　　　　　　(b) 流量为2.96L/h

图 3-41　自主研发分形流道产品

联合滴灌管(带)生产优秀厂家青岛新大成塑料机械有限公司进行灌水器与滴灌带的批量生产。

2. 避沙式灌水器产品开发

1)避沙式灌水器结构设计与数值模拟参数设置

计算区域滴灌带长度为 66 cm,滴灌带直径为 16 mm。灌水器流道宽度为 0.75 mm,流道深度为 0.75 mm,齿间距为 1.74 mm,齿高度为 1.0 mm,流道长度为 19.4 mm。GAMBIT 2.3.16 划分计算区域的网格,灌水器区域采用 0.1 mm 的四面体非结构化网格划分,灌水器流道入口处 20 cm 的滴灌带区域采用 0.3 mm 的六面体结构化网格划分,其余滴灌带区域采用 1 mm 的六面体结构化网格划分。其中,挡板倾角为 60°,挡板长度为 1.5 mm,挡板宽度为 0.75 mm。计算区域网格划分如图 3-42 所示。

根据区域滴灌带流道入口条件,将流速大小分别设定为 0.05 m/s、0.10 m/s、0.20 m/s、0.40 m/s,滴灌带入口处水流的紊流强度大小设定为 5%,紊流入口的水力直径设定为 16 mm;滴灌带流道出口条件设定为压力出口,压力大小设定为灌水器额定压力 0.1 MPa,滴灌带出口处水流的紊流强度大小设定为 5%,滴灌带出口处的水力直径设定为 16 mm;灌水器流道出口设定为压力出口,压力值为 0,即与大气压相同,灌水器流道出口处水流的紊流强度大小设定为 5%,灌水器流道出口水力直径设定为 0.75 mm;模型的其余部分如管壁和灌水器流道边壁设定为

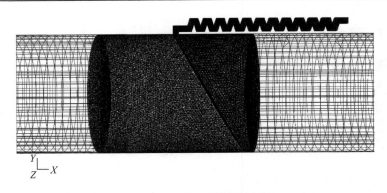

图 3-42　计算区域网格划分

壁面条件，其中壁面粗糙高度设定为 0.01 mm，壁面粗糙系数设定为 0.5。灌水器的避沙挡板设定为边壁条件，挡板的粗糙高度设定为 0.01 mm，粗糙系数设定为 0.5。计算过程中采用欧拉两相流模型，固相和液相颗粒间的耦合作用选择 Schiller-Naumann 模型，计算过程中采用标准 $k\text{-}\varepsilon$ 紊流模型，选用标准壁面方程，采用混合相的多相流模型。模型中的常数设定如下：Cmu 为 0.09，C1-Epsilon 为 1.44，C2-Epsilon 为 1.92，TKE Prandtl Number 为 1，TDR Prandtl Number 为 1.3，Dispersion Prandtl Number 为 0.75。计算过程中设定固体颗粒相的密度为 2500 kg/m³，固体颗粒大小为 0.01 mm。计算过程中设定系统运行压力为 0.1MPa，重力大小为 9.81 m/s²，重力的方向垂直向下。

求解过程中采用基于压力速度耦合的 SIMPLE 方法，计算过程中松散因子设定如下：压力项为 0.3，密度项为 1，动量项为 0.7，体积分数项为 0.2，颗粒温度项为 0.2，紊动能项为 0.8，湍流耗散率项为 0.8，紊流黏度项为 1。其中，离散化计算动量选择一阶迎风格式，体积分数选择二阶迎风格式，紊动能选择二阶迎风格式，紊流耗散率选择二阶迎风格式。

2）避沙式灌水器水力性能数值模拟试验验证

（1）改造灌水器流速与颗粒迁移运动关系。

根据前述计算区域内泥沙颗粒经灌水器流道入口进入灌水器流道内部的运动轨迹，泥沙颗粒多经滴灌带水流的来水方向和流道入口的正向进入灌水器流道内部，而经灌水器流道入口的滴灌带下游方向进入的泥沙颗粒较少。因此，结合上述泥沙颗粒的运动特征，对灌水器流道入口处进行改造，添加楔形避沙挡板。通过计算该条件下计算区域内泥沙颗粒进入灌水器内部的数量，评估改造灌水器的抗堵塞特性。本节通过设定计算区域滴灌带入口水沙流速为 0.05 m/s、0.1 m/s、0.2 m/s、0.4 m/s，计算四种不同滴灌带主流流速条件下泥沙颗粒的运动特征。

由图 3-43（a）可以发现，当滴灌带主流流速为 0.05 m/s 与 0.1 m/s 时，进入灌水器内的泥沙颗粒迹线数量为 10 与 7，泥沙颗粒在灌水器和滴灌带结合处多呈现杂乱无序的运动状态，而在灌水器和滴灌带结合位置处泥沙颗粒重新呈现规则有序的状态。

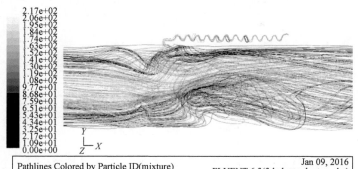

(a) 0.05m/s共10根进入，3根未完成

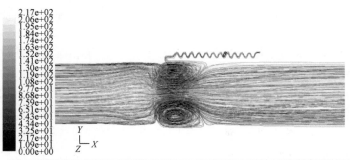

(b) 0.1m/s共7根进入，2根未完成

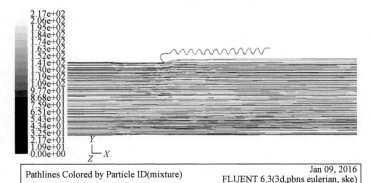

(c) 0.2m/s共2根进入，全部完成

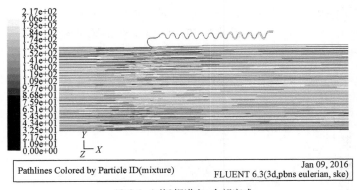

(d) 0.4m/s共2根进入，全部完成

图 3-43　不同滴灌带主流流速条件下泥沙颗粒运动迹线图

当滴灌带主流流速继续增加到 0.2 m/s 与 0.4 m/s 时，进入灌水器内部的泥沙颗粒均为 2，观察此时计算区域内泥沙颗粒的运动轨迹发现，颗粒在滴灌带内的运动一直呈现平直、规则的运动状态。

通过上述对灌水器进行添加避沙挡板改造后计算区域内泥沙颗粒的运动轨迹可以发现，当滴灌带主流流速为 0.05～0.2 m/s 时，进入灌水器内部的泥沙颗粒数量随主流流速的增加呈逐渐降低的趋势；当滴灌带主流流速为 0.2～0.4 m/s 时，经滴灌带主流区域进入灌水器内部的泥沙颗粒数量并没有出现随滴灌带主流流速的增加而发生改变。发生上述现象的原因可能是随滴灌带流速的增加，泥沙颗粒随水流惯性运动的趋势增强，此时灌水器流道入口处的避沙挡板对泥沙颗粒运动的影响较小，泥沙颗粒难以通过避沙挡板入口进入灌水器流道内部。

（2）改造灌水器滴灌带水流与灌水器水流流态关系。

该研究中所涉及的避沙灌水器结构与传统的灌水器结构在灌水器流道入口处存在明显差异，上述对泥沙颗粒在滴灌带主流区运动的研究揭示了避沙灌水器具有良好的避沙效果，但是避沙灌水器的结构可能会对滴灌带内的水流运动状态存在一定的影响，因此对改造灌水器滴灌带计算区域的水流状态进行计算，探究该条件下对滴灌带内水流运动状态的影响。现将滴灌带主流流速为 0.05 m/s、0.1 m/s、0.2 m/s、0.4 m/s 条件下滴灌带中的水流运动状态计算如下。

通过图 3-44 可以看出，当滴灌带主流流速为 0.05 m/s 时，计算区域内滴灌带中紊流核心区域湍流强度大小为 53%，紊流区域核心位于滴灌带中心位置，紊流强度大小从核心位置向滴灌带边壁发展，呈逐渐减小的趋势，至滴灌带灌水器入口避沙挡板处时紊流强度大小又逐渐升高，但避沙挡板处的紊流区域范围较小。滴灌带主流流速继续增加为 0.1 m/s 时，计算区域内滴灌带中紊流核心区域湍流

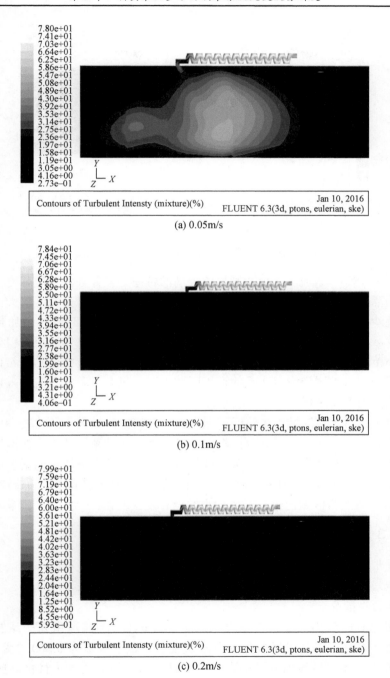

Contours of Turbulent Intensty (mixture)(%)　　Jan 10, 2016
FLUENT 6.3(3d, ptons, eulerian, ske)

(a) 0.05m/s

Contours of Turbulent Intensty (mixture)(%)　　Jan 10, 2016
FLUENT 6.3(3d, ptons, eulerian, ske)

(b) 0.1m/s

Contours of Turbulent Intensty (mixture)(%)　　Jan 10, 2016
FLUENT 6.3(3d, ptons, eulerian, ske)

(c) 0.2m/s

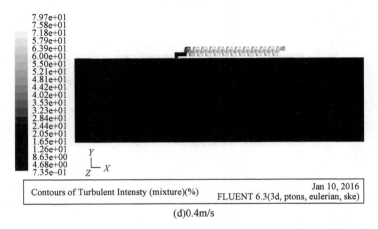

(d)0.4m/s

图 3-44   不同滴灌带主流流速条件下计算区域紊流强度

强度大小为 18%，紊流区域核心同样位于滴灌带中心位置处，紊流强度经滴灌带核心向滴灌带边壁处逐渐降低，至灌水器流道入口处挡板时紊流强度大小略有升高，但避沙挡板附近处紊流区域范围较小。当滴灌带主流流速继续增加到 0.2 m/s 时，计算区域滴灌带中心处无明显的紊流区域，只有在灌水器流道入口处的挡板处出现小范围的紊流区域。同样地，当滴灌带主流速继续增加到 0.4 m/s 时，计算区域滴灌带中心处同样没有明显的紊流区域出现，只有在灌水器流道入口挡板处出现小范围的紊流区域。

通过上述对计算区域内主流区域紊流强度和紊流区域大小的比较发现，当主流流速为 0.05～0.2 m/s 时，计算区域滴灌带中紊流区域范围的大小随滴灌带主流流速的增加而逐渐减小，同时计算区域内紊流大小也随主流流速的增加而逐渐减小，当流速为 0.2 m/s 时，计算区域滴灌带内没有明显的紊流区域；当流速为 0.2～0.4 m/s 时，滴灌带区域内紊流区域大小并没有发生变化。

3.4.3　灌水器新产品应用及性能评价

滴灌带生产完毕后，在内蒙古巴彦淖尔市乌兰布和灌域沙区灌溉试验站进行水力性能与抗堵塞性能试验。经过研究发现，该产品具有以下优点。

1. 水力性能高

采用笔者所提出的设计方法设计的 6 种流量的分形流道系列产品的流态指数 x 均介于 0.50～0.51（灌水器流道内部流态指数最低值为 0.50）（图 3-45），其充分实现了灌水器流道内部的全紊流设计，具有极高的水力性能。应用该产品可大大增加大田滴灌带的铺设长度，使滴灌带在较长的布设条件下仍保持较高的水力性能。

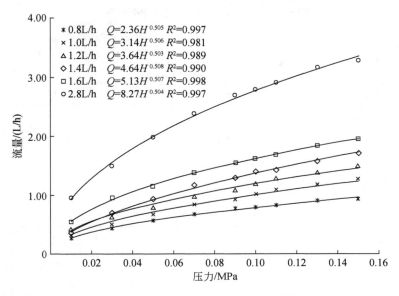

图 3-45　分形流道系列新产品水力性能

2. 抗堵塞能力强

在黄河水、微咸水等多种劣质水源条件下，将笔者研发的新产品与国内外代表性厂家的四种不同类型滴灌管/带产品进行同步抗堵塞性能测试，结果表明，笔者所研发的分形流道灌水器新产品抗堵性能明显优于滴灌领域知名厂家以色列耐特菲姆（Netafim）公司的产品，相同时间灌水器相对平均流量（Dra）比其高 4.8%～9.0%（图 3-46），分形流道灌水器系列产品也成为全球最抗堵灌水器。

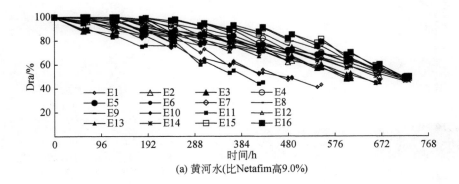

(a) 黄河水(比Netafim高9.0%)

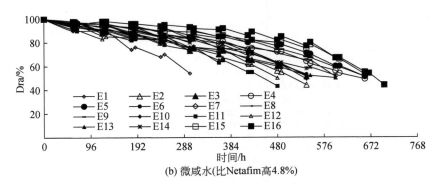

(b) 微咸水(比Netafim高4.8%)

图 3-46　不同类型滴灌管/带抗堵塞能力对比

图 3-46 中各图标所代表的灌水器见表 3.5。

表 3.5　不同灌水器类型与特征

序号	E1	E2	E3	E4	E5	E6	E7	E8	E9	E10	E11	E12	E13	E14	E15	E16
类型	单翼迷宫式			内镶贴片式						内镶贴条式		圆柱式			内镶贴片式（自主研发）	
产地	中国			以色列	中国					美国		中国			中国	
流量（L/h）	1.14	2.73	2.94	1.60	2.11	2.75	1.38	1.75	1.97	1.08	0.91	2.74	1.85	2.23	1.40	2.80

3. 尺寸小，成本低

笔者设计开发的新产品长度仅为目前产品的 1/2（图 3-47），这无疑使得滴灌带壁厚更薄，大大减小了滴灌带生产成本，使生产成本由原来的 0.2 元/m 左右降至 0.15 元/m 左右。

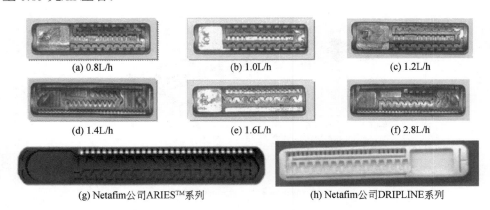

图 3-47　新产品与 Netafim 公司产品长度对比

4. 几何参数少

由于笔者设计的系列新产品采用独特的具有自组织特性的分形流道，因此只需确定流道的长、宽、深 3 个结构参数即可实现完整的流道设计（图 3-48）。而传统的国际通用的流道均基于复杂几何参数进行迷宫流道来设计（图 3-49），其原理复杂且设计烦琐。

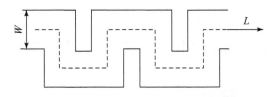

图 3-48　简洁分形流道 $[f(L, W, D)=0]$

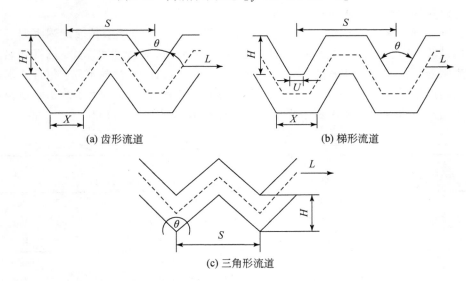

(a) 齿形流道　　　　　　　　　(b) 梯形流道

(c) 三角形流道

图 3-49　复杂迷宫流道 $[f(L, W, D, H, S, \theta, X, U)=0]$

第4章　不同水源滴灌系统灌水器抗堵关键技术

4.1　灌水器抗堵塞性能评估与产品选择

4.1.1　灌水器堵塞特性

1. 多级过滤下灌水器堵塞特性

针对灌区多水源转化特征，在三海子试验示范区对直接引黄滴灌灌水器进行现场试验，基于泵前沉沙池和泵后砂石过滤器+叠片过滤器过滤模式，选择知名滴灌灌水器厂商与自主研发的两种分形流道灌水器，共计16种灌水器。每种灌水器参数与产地见表4-1，试验共设置了三种水源，分别为直引黄河水、淖尔水以及黄河水与淖尔水混合水源。试验平台每日运行9 h，累积运行840 h。

表4-1　滴灌灌水器参数表

灌水器类型	编号	流量/ （L/h）	流道几何参数 长（mm）×宽（mm）×深（mm）	产地
单翼迷宫式	LE1	1.14	364.50×0.42×0.93	北京
	LE2	2.73	600.00×0.97×1.28	宁夏
	LE3	2.94	750.00×0.91×0.91	甘肃
内镶贴片式	FE1	1.6	17.71×0.61×0.56	以色列
	FE2	2.11	33.15×0.91×0.90	宁夏
	FE3	2.75	35.80×0.73×0.96	宁夏
	FE4	1.38	29.16×0.63×0.77	上海
	FE5	1.75	26.41×0.68×0.71	甘肃
	FE6	1.97	33.79×0.74×0.82	甘肃
	FE7	1.4	24.15×0.52×0.51	山东
	FE8	2.8	26.45×0.67×0.56	山东
圆柱式	CE1	2.74	186.88×0.9×0.95	北京
	CE2	1.85	382.72×0.96×1.39	河北
	CE3	2.23	195.84×1.11×2.69	河北

灌水器类型	编号	流量/	流道几何参数	产地
		(L/h)	长（mm）×宽（mm）×深（mm）	
内镶贴条式	DE1	1.08	68.47×0.49×0.74	美国
	DE2	0.91	66.04×0.67×0.92	美国

试验测定了多水源滴灌系统灌水器相对平均流量（Dra）和灌水均匀度（CU）的动态变化。总体而言，Dra 和 CU 的变化特征较为一致，均表现出系统运行前期缓慢波动、后期迅速降低的趋势。前期波动平衡段一般持续 128～660 h，后期下降段斜率分别为 0.09～0.12 和 0.13～0.21。

不同类型灌水器 Dra 和 CU 整体下降速度差异较大，表现为"内镶贴片式最慢，圆柱式稍快，单翼迷宫式较快，内镶贴条式最快"的变化趋势。当内镶贴片式、圆柱式、单翼迷宫式和内镶贴条式 Dra 下降至 50%时，系统运行时间分别为 783.6～900.1 h、723.2～845.6 h、603.7～721.7 h、546.8～662.9 h，当 CU 降低至 75%时，系统运行时间分别为 410.5～760.5 h、294.7～583.8 h、276.9～529.4 h、232.4～437.8 h。内镶贴片式的系统运行时间分别比圆柱式、单翼迷宫式和内镶贴条式长 7.69%～9.09%、27.27%～33.33%、43.00%～51.23%和 23.23%～28.21%、30.39%～32.53%、42.34%～43.37%（图 4-1）。

不同水源间 Dra 和 CU 随着系统的运行，其动态变化特征差异也较为明显，表现为混配水条件下系统 Dra 和 CU 下降速度最快，性能最差。整体而言，在单独黄河水和地表湖泊水条件下，Dra 下降至 50%时的系统运行时间较两者混配条件下（492.5～780.0 h）长 22.61%～35.72%、42.00%～51.25%，系统 CU 降低至 75%时的系统运行时间较混配水条件下（289.6～592.4 h）长 22.58%～29.76%、36.29%～47.27%。这可能是由于地表淖尔水中所含微生物种类及有机物含量较多，淖尔水矿化度较高，抑制了水中微生物种群的生长，其与直引黄河水混配后，矿化度降低，且淖尔水中所含有机物为水中微生物种群的生长提供了能量来源，因此采用该种水源进行滴灌灌水器抗堵塞性能测试时，灌水器形成了生物堵塞、化学堵塞、物理堵塞共同作用的复合型堵塞，因此混配水对滴灌系统堵塞比单一黄河水或淖尔水更加严重。

目前，评价灌水器抗堵塞性能的标准并不统一，通过开展三种转化水源不同灌水器产品的滴灌堵塞试验可以发现，三种水源条件下，不同类型灌水器间堵塞发生速率差异性一致。通过分析可以发现，所有水源中均表现为内镶贴片式灌水器具有最高的适宜性，在内镶贴片式灌水器中 FE1（耐特菲姆 1.6 L）、FE7（笔者团队自主研发 1.4 L）、FE8（笔者团队自主研发 1.8 L）所表现出的抗堵塞性能最优。

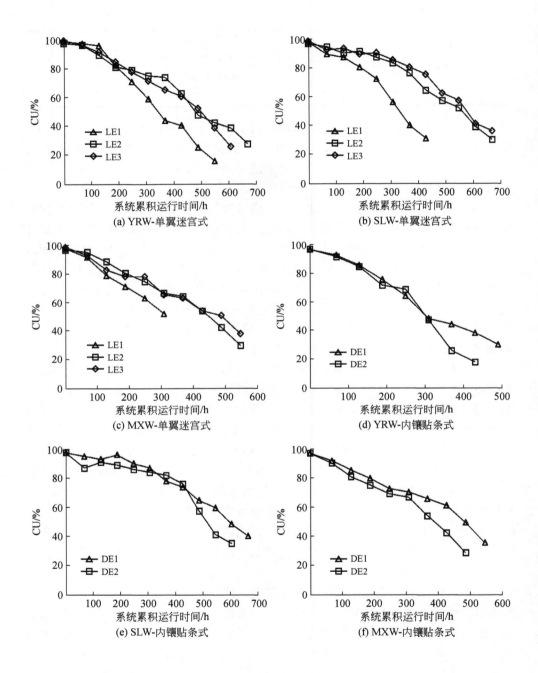

(a) YRW-单翼迷宫式

(b) SLW-单翼迷宫式

(c) MXW-单翼迷宫式

(d) YRW-内镶贴条式

(e) SLW-内镶贴条式

(f) MXW-内镶贴条式

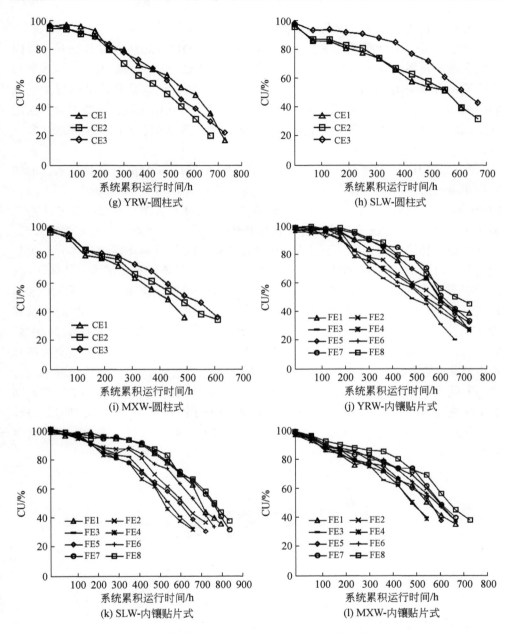

图 4-1　多水源滴灌灌水器 CU 随系统累积运行时间的动态变化

YRW、SLW 和 MXW 分别代表直引黄河水、地表微咸水和两者 1∶1 的混配水

2. 一级过滤模式下灌水器堵塞特性

在泵前低压旋转网式过滤的一级过滤条件下，2013～2016 年总计选择了国内外知名滴灌设备厂商的三种灌水器，在临河总干渠边九庄和内蒙古自治区水利科学研究院和林基地直接引黄滴灌试验示范区进行试验。试验测试平台每次运行8 h，在灌水结束前 30min 测试灌水器流量，为了贴近大田实践，试验平台每次运行结束后间隔两天进行下一轮测试，共测试 8 次，基本贴近大田作物灌水次数。分析灌水器的相对平均流量和灌水均匀度。

2013～2016 年试验结果相类似，本书选取了 2014 年测试的 8 种灌水器的堵塞规律进行解释说明。试验期间，黄河水泥沙含量为 0.66～1.45 kg/m³，平均约为1.0 kg/m³，试验测试分析了黄河水经泵前低压网式过滤后灌水器 Dra 和 CU 的动态变化（图 4-2）。Dra 和 CU 整体变化趋势较为一致，均呈现运行前期缓慢波动、运行后期迅速降低的趋势。不同类型灌水器 Dra 和 CU 整体下降速度差异较大，表现为"内镶贴片式慢，单翼迷宫快"的变化趋势，但不同类型滴灌带降幅不同。两种单翼迷宫式灌水输器 TY2.6L/h 和 TY1.8L/h 下降幅度最大。运行 8 次后TY2.6L/h 和 TY1.8L/h 流量的两种边缝式滴灌带系统 Dra 降幅分别是 82.36%和79.93%；其余 6 种内镶贴片式滴灌带系统 Dra 降幅分别是 17.34%、18.45%、24.95%、67.85%、21.16%和 30.24%。对于不同类型滴灌带而言，滴灌系统均匀度克里斯琴森均匀度系数随灌水次数的增加而下降，即随灌水次数的增加，滴灌系统灌水均匀性越来越差。但不同类型滴灌带 CU 降幅不同，6 种内镶贴片式灌水器 CU 明显高于单翼迷宫式灌水器，两种单翼迷宫式 TY2.6L/h 和 TY1.8L/h 灌水均匀度明显下降，第 8 次灌水周期结束后其 CU 分别是 34.55%和 37.57%，CU 低于 80%，不符合微灌设计规范。

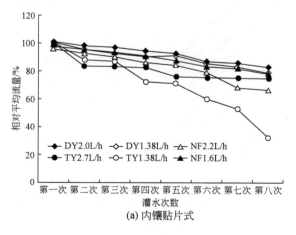

(a) 内镶贴片式

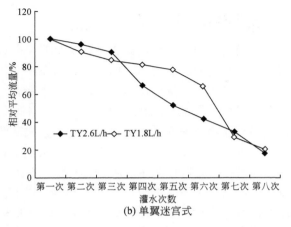

(b) 单翼迷宫式

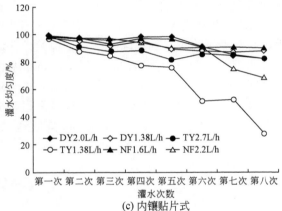

(c) 内镶贴片式

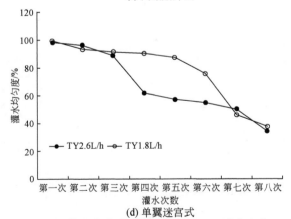

(d) 单翼迷宫式

图 4-2　黄河水滴灌灌水器 Dra 及 CU 动态变化

图中 DY、NF、TY 均代表厂家；DY、NF、TY 后的数字代表流量

4.1.2 灌水器系统堵塞评估方法

对于单个灌水器，当实际流量小于设计流量的 75%时，即认为灌水器堵塞。而对于滴灌系统来说，当系统 CU 小于 80%时，则认为系统发生堵塞。目前，反映滴灌堵塞大多采用均匀度指标，描述滴灌系统均匀度指标有克里斯琴森均匀度系数、流量偏差率、流量偏差系数、Keller 均匀系数及统计均匀系数等，虽然描述指标比较多，但大多只能用于滴灌系统的设计，对于建成后的滴灌系统的灌水均匀度评价，只能采用统计均匀度和克里斯琴森均匀度系数来表征。然而，采用这两种方法需要在田间进行大量取样测试，且这两种方法费功、费力，难以实行。

由图 4-3 可以看出，滴灌带系统 Dra 与 CU 具有较好的相关关系，随着 Dra 的减小，CU 降低。对散点图进行拟合，从相关显著性检验结果来看，R^2 为 0.7615，$P<0.0001$，相关关系都达到了极显著水平。从散点图来看，当滴灌带相对平均流量高于 70%时，散点图比较集中在曲线两边，当滴灌带相对平均流量低于 70%时，散点逐渐变得分散，且随着平均流量的逐渐减小，这种差异性逐渐变大，造成这种情况的原因可能有两个：一个为滴头结构式差异造成抗堵塞性差异，另一个为滴灌带前段与后段堵塞产生了差异，滴灌带后半段滴头（30～50 m）容易堵塞，可能会造成前后两段滴头 Dra 与 CU 出现差异，而当滴灌带相对平均流量低于 70%时，随着 Dra 的减小，CU 下降幅度增加，当系统 Dra 降低到 12%左右时，CU 降低为 0。

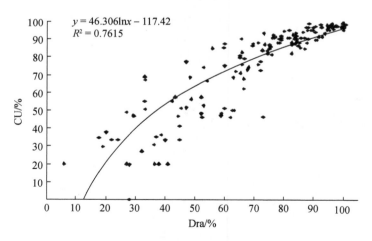

图 4-3　黄河水滴灌灌水器堵塞表征关系

当系统 Dra 为 75%时，系统 CU 为 82%，两者均满足微灌设计规范要求，所以采用系统 Dra 下降快慢判断滴灌系统是否发生堵塞简便可行。

4.1.3　灌水器产品选择方法

由于多水源滴灌系统灌水器堵塞发生特征的整体趋势一致，对于特定工况下给定的滴灌系统生命周期（T），灌水器堵塞过程可以通过波动平衡阶段所占的比例（$I_t=t/T$）和线性变化阶段（即堵塞发生阶段）Dra 的递减速率（k）来表征。两个阶段的分界点即上述堵塞开始发生的起始点，据此提出了全新概念的灌水器抗堵塞性能评估指数（I_a）：

$$I_a = \frac{t/T}{k} \tag{4.1}$$

式中，t 为滴灌灌水器波动平衡阶段持续的时间，单位为 h；T 为滴灌系统累积运行时间，单位为 h；k 为堵塞发生过程中灌水器 Dra 递减的平均速度，单位为(%/h)；I_a 为灌水器抗堵塞性能评估指数，单位为（h/%），其表征灌水器堵塞程度平均每加重 1%所对应的滴灌系统工作时间，I_a 越大表示灌水器抗堵塞能力越强，反之则越弱。

内镶贴片式灌水器应用广泛，在试验中也表现出了较优的抗堵塞性能。基于此，根据实测数据得到了内镶贴片式灌水器在三种水源条件下的抗堵塞性能评估指数 I_a。通过线性回归分析，研究三种水源条件下滴灌灌水器 I_a 与灌水器结构参数之间的相关关系，确定 I_a 的影响因素，进而筛选出适宜灌水器的相关参数。基于所考虑的影响因素，将灌水器的结构参数与三种水源条件下的 I_a 计算值进行相关分析（表 4-2），进而确定灌水器抗堵塞性能的关键影响因素是断面平均流速 v、流道宽深比 $R_{W/D}$ 以及参数 R（A/L），I_a 与这 3 个参数均呈正相关，且达到显著水平，相关检验结果见表 4-3。I_a 随着灌水器这 3 个参数的增加而增加。

表 4-2　内镶贴片式灌水器流道结构参数与 I_a 的相关关系

	额定流量 Q	流道宽度 W	流道深度 D	流道长度 L	断面平均流速 v	宽深比 $R_{W/D}$	量纲参数 R（A/L）
I_a	0.67	0.49	0.36	−0.42	0.89**	0.77*	0.79*

*表示在显著性水平 P=0.05 条件下达到显著；**表示在显著性水平 P=0.01 条件下达到显著。

表 4-3 内镶贴片式灌水器抗堵塞性能评估指数（I_a）的关键影响因素相关性检验结果

水源	因素	I_a		
		a	b	R^2
混配水	v	1.09	2.13	0.94**
	$R_{W/D}$	3.58	−0.08	0.91*
	$R(A/L)$	288.14	−2.04	0.92**
黄河水	v	1.32	1.70	0.86*
	$R_{W/D}$	4.11	−0.69	0.92**
	$R(A/L)$	466.57	−5.35	0.91**
地表微咸水	v	1.94	1.64	0.95**
	$R_{W/D}$	6.35	−2.26	0.93**
	$R(A/L)$	371.64	−3.24	0.86*

注：表中灌水器抗堵塞性能评估指数（I_a）与灌水器的三个特征参数之间的相关关系通过 $y=ax+b$ 拟合，其中 y 表示 I_a，x 表示灌水器各特征参数[断面平均流速 v、宽深比 $R_{W/D}$、量纲参数 $R(A/L)$]，a 和 b 是方程拟合参数。

*表示在显著性水平 $P=0.05$ 条件下达到显著；**表示在显著性水平 $P=0.01$ 条件下达到显著，下同。

以 I_a 的关键影响因素为核心，运用因次分析法中 π 定理，建立根据内镶贴片式灌水器外特性参数估算 I_a 的方法。根据上述研究结果可知，影响 I_a 最关键的因素分别为断面平均流速 v、宽深比 $R_{W/D}$ 以及量纲参数 $R(A/L)$。通过 π 定理，根据量纲和谐原理与方程齐次性要求可得 $\pi_1 = \dfrac{I_a}{v \cdot (A/L)^{-1}}$，

$\pi_2 = \dfrac{W}{D}$，则有

$$F\left[\frac{I_a}{v \cdot (A/L)^{-1}}, \frac{W}{D}\right] = 0 \tag{4.2}$$

$v = \dfrac{Q}{W \cdot D}$，$A = W \cdot D$，将它们代入式（4.2）得 $X = \dfrac{I_a}{Q \cdot L/(W \cdot D)^2}$，$Y = \dfrac{W}{D}$。

分别对三种水源条件下的 X、Y 进行拟合，发现 X 和 Y 之间具有良好的相关性，结果如下。

混配水：
$$\frac{W}{D} = -0.85 \cdot \frac{I_a}{Q \cdot \dfrac{L}{(W \cdot D)^2}} + 1.37 \tag{4.3}$$

黄河水：
$$\frac{W}{D} = -4.25 \cdot \frac{I_a}{Q \cdot \dfrac{L}{(W \cdot D)^2}} + 1.23 \qquad (4.4)$$

地表微咸水：
$$\frac{W}{D} = -1.60 \cdot \frac{I_a}{Q \cdot \dfrac{L}{(W \cdot D)^2}} + 1.15 \qquad (4.5)$$

由此可得三种水源条件下 I_a 的估算方法如下。

混配水：
$$I_a = \left(0.161 - 0.117 \times \frac{W}{D}\right) \cdot \frac{Q \cdot L}{(W \cdot D)^2} \qquad (4.6)$$

黄河水：
$$I_a = \left(0.289 - 0.235 \times \frac{W}{D}\right) \cdot \frac{Q \cdot L}{(W \cdot D)^2} \qquad (4.7)$$

地表微咸水：
$$I_a = \left(0.719 - 0.625 \times \frac{W}{D}\right) \cdot \frac{Q \cdot L}{(W \cdot D)^2} \qquad (4.8)$$

4.2　直引黄河水毛管控堵技术及回流管网优化设计

4.2.1　毛管冲洗对不同类型滴灌管/带产品的控堵效应

　　试验在河套灌区磴口县三海子进行，试验水源为直引黄河水，试验平台每日运行 9 h，当系统 Dra＜50%时，系统停止运行，设置冲洗和不冲洗两种模式，冲洗模式为每间隔 60 h 以 0.45 m/s 的流速冲洗 6min。图 4-4、图 4-5 分别显示了毛管冲洗对不同类型滴灌管/带系统 Dra 的影响与不同类型滴灌管/带系统每次冲洗后 Dra 的恢复程度 ΔDra 的动态变化规律。

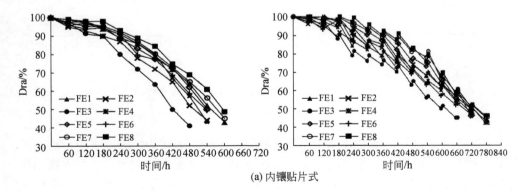

(a) 内镶贴片式

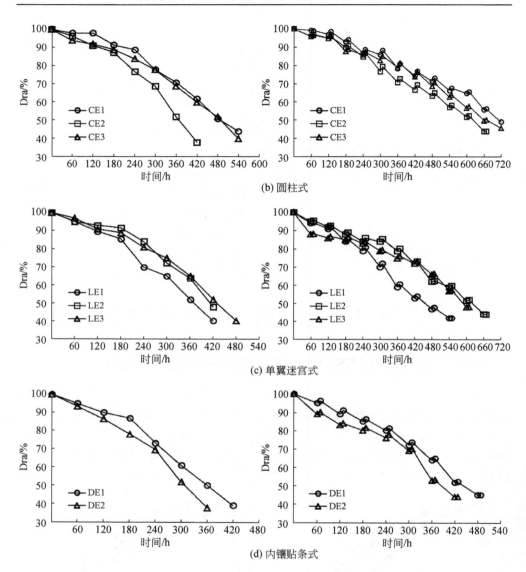

图 4-4　冲洗对系统 Dra 动态变化特征的影响

左侧图为不冲洗条件下，右侧图为冲洗条件下

　　冲洗并未改变 Dra 整体的动态变化特征，两者均表现为先波动平衡后迅速下降的两段式变化规律。冲洗较不冲洗条件下 Dra 高 9.6%～26.3%，其中内镶贴片式灌水器最高，冲洗较不冲洗条件下 Dra 提升了 15.3%～26.3%，圆柱式灌水器次之，Dra 提升了 13.9%～18.8%，单翼迷宫式灌水器再次，Dra 提升了 10.3%～15.1%，

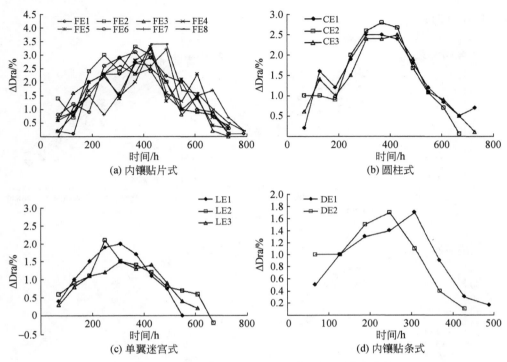

图 4-5　每次冲洗后 Dra 恢复能力随运行时间动态变化特征

内镶贴条式灌水器最低，Dra 提升了 9.6%～12.1%。

所有灌水器的 △Dra 均在各自运行时间中期达到最大值，但是 △Dra 差异较大。内镶贴片式灌水器 △Dra 最高，介于 1.7%～3.1%，圆柱式灌水器次之，介于 1.2%～2.6%，单翼迷宫式灌水器再次，介于 0.9%～2.1%，内镶贴条式灌水器最低，介于 1.1%～1.9%。

图 4-6、图 4-7 分别显示了毛管冲洗对不同类型滴灌管/带系统 CU 的影响与不同类型滴灌管/带系统每次冲洗后 CU 的恢复程度 △CU 的动态变化规律。整体而言，冲洗并未改变 CU 整体的动态变化特征，CU 与 Dra 的动态变化特征较为一致。冲洗较不冲洗条件下 CU 高 3.7%～10.9%。冲洗对内镶贴片式灌水器 CU 的提升作用较为显著，冲洗较不冲洗条件下 CU 提升了 5.7%～10.9%，圆柱式灌水器次之，CU 提升了 4.2%～8.3%，单翼迷宫式灌水器再次，CU 提升了 3.9%～5.1%，内镶贴条式灌水器最低，CU 提升了 3.7%～4.6%。每次冲洗后 △CU 的动态变化规律与 △Dra 较为一致，所有灌水器均在各自运行时间中期达到最大值，△CU 差异也较大，呈现出内镶贴片式灌水器最高，圆柱式灌水器次之，单翼迷宫式再次，内镶贴条式最低的变化规律，△CU 分别为 1.4%～2.1%、1.0%～1.3%、0.7%～

1.1%、0.2%~0.8%。

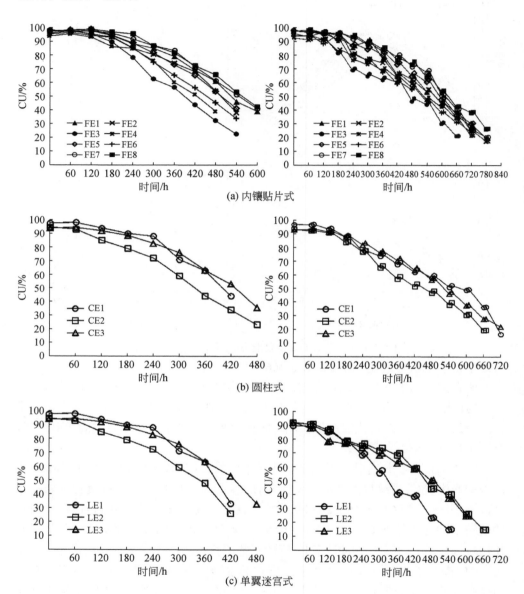

(a) 内镶贴片式

(b) 圆柱式

(c) 单翼迷宫式

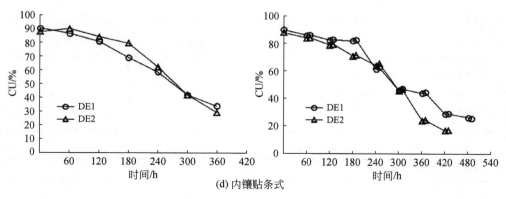

(d) 内镶贴条式

图 4-6　冲洗对系统 CU 动态变化特征的影响

左侧图为不冲洗条件下，右侧图为冲洗条件下

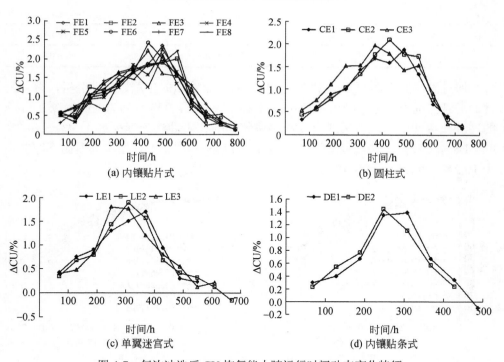

(a) 内镶贴片式

(b) 圆柱式

(c) 单翼迷宫式

(d) 内镶贴条式

图 4-7　每次冲洗后 CU 恢复能力随运行时间动态变化特征

4.2.2　直引黄河水滴灌系统毛管最优冲洗模式

试验在内蒙古自治区磴口县三海子进行（2015～2016 年），实验采用两种灌水器（E1、E2），灌水器参数表见表 4-4，同时设置了 6 个冲洗处理和一个不冲洗处理

（对照）（表 4-5），试验平台每日运行 9 h，当系统 Dra＜50%时，系统停止运行。

表 4-4　灌水器参数表

灌水器类型	编号	流量/ （L/h）	流道几何参数 长（mm）×宽（mm）×深（mm）	产地
内镶贴片式	E1	1.4	24.15×0.52×0.51	山东
	E2	2.8	26.45×0.67×0.56	山东

表 4-5　试验冲洗频率及冲洗流速设置

冲洗频率	冲洗流速+冲洗时间	编号
1 次/4d（32 h）	0.4 m/s+6 min	P1/32+F0.4
	0.2 m/s+12 min	P1/64+F0.2
1 次/8d（64 h）	0.4 m/s+6 min	P1/64+F0.4
	0.6 m/s+4 min	P1/64+F0.6
1 次/12d（96 h）	0.4 m/s+6 min	P1/96+F0.4
1 次/16d（128 h）	0.4 m/s+6 min	P1/128+F0.4

　　通过测试灌水器的 Dra 和 CU，以及对堵塞物质的定量、定性分析，得到最优的毛管冲洗模式为系统每运行 64 h 左右冲洗一次，冲洗时间为 6min，以 0.4 m/s 的冲洗流速冲洗，这种模式可使滴灌系统 Dra 比不冲洗处理提高 11.4%～40.7%（图 4-8），CU 比不冲洗处理提高 18.3%～113.5%（图 4-9），堵塞物质比不冲洗减少 16.2%～30.7%（图 4-10）。

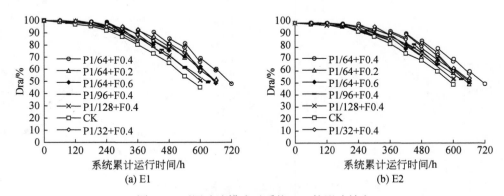

图 4-8　不同冲洗模式对系统 Dra 的影响效应

4.2.3　直引黄河水滴灌系统回流管网优化设计

目前，滴灌工程的管网布置形式多为树（支）状封闭结构，每条毛管单独封

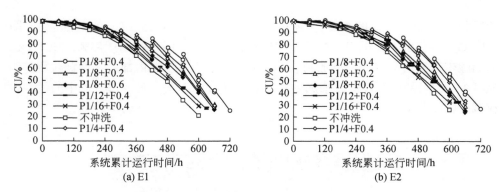

图 4-9　不同冲洗模式对系统 CU 的影响效应

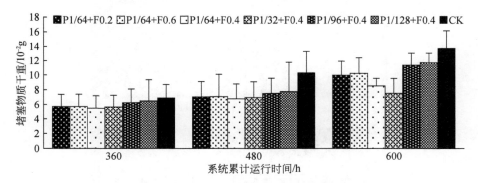

图 4-10　不同冲洗模式对灌水器内部堵塞物质的影响效应

闭。采用这种结构形式产生的毛管压力不均衡，容易造成尾部滴头堵塞，而且支状管网也不便于泥沙冲洗。针对这一问题进行了管网结构优化研究分析，将传统滴灌带尾部连成环网，变封闭式为敞开式，并增加辅助冲洗支管，改善水力条件，从而提高滴灌系统的抗堵性能。试验在河套灌区临河试验与示范区进行，试验水源为直引黄河水，试验平台每日运行 9 h 时，系统停止运行，设置冲洗和不冲洗两种模式。

1. 滴灌带及灌水器水力流态模拟

滴灌带中水力流态对泥沙运移产生重要影响，采用基于压力速度耦合的SIMPLE 求解方法，对滴灌环网条件下的灌水器水力流态进行了模拟，计算过程中对松散因子设定如下：压力项为 0.3，密度项为 1，动量项为 0.7，体积分数项为 0.2，颗粒温度项为 0.2，紊动能项为 0.8，湍流耗散率项为 0.8，紊流黏度项为1。其中，体积分数项选择二阶迎风项，紊动能项选择二阶迎风项，湍流耗散率项选择二阶迎风项。

由图 4-11 可以发现，当流速为 0.05 m/s 时，滴灌带中进入灌水器内部的泥沙颗粒约占泥沙总量的 7%，当流速增加到 0.10 m/s、0.15 m/s、0.20 m/s 时［图 4-12（b）～图 4-12（d）］，进入灌水器中的泥沙颗粒百分比分别为 3%、2%、1%。当滴灌带流速由 0.05 m/s 增加到 0.10 m/s 时，进入灌水器内部的泥沙颗粒数量明显减少，但是随着流速继续增加为 0.15 m/s、0.20 m/s 时，进入灌水器中的泥沙颗粒减少幅度降低。

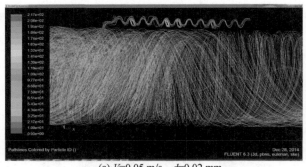

(a) V=0.05 m/s，d=0.02 mm

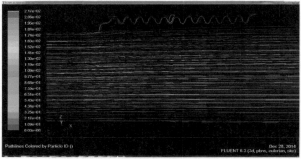

(b) V=0.10 m/s，d=0.02 mm

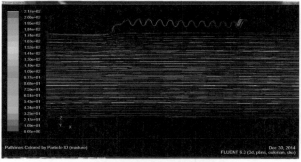

(c) V=0.15 m/s，d=0.02 mm

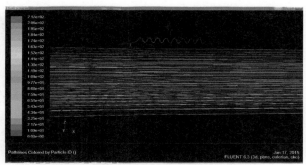

(d) V=0.20 m/s，d=0.02 mm

图 4-11　不同流速条件下泥沙颗粒迁移运动规律

从图 4-12 中可以看出，滴灌带主流区水流的紊流强度最大为 30%，当滴灌带流速增加到 0.10 m/s 时，滴灌带中最大紊流强度降低为 22%，当流速继续增加到 0.15 m/s、0.20 m/s 时，滴灌带区最大紊流强度分别为 11%、6%。模拟计算结果表明，当颗粒粒径分别为 0.01 mm、0.04 mm、0.10 mm 时，滴灌带内的水沙混合流动的紊流强度变化不大，即颗粒粒径对紊流强度无明显的影响。

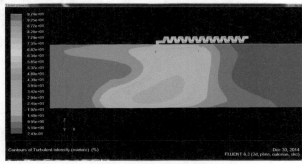

(a) V=0.05 m/s，d=0.02 mm

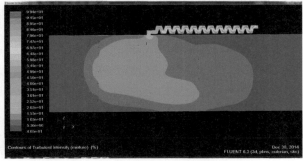

(b) V=0.10 m/s，d=0.02 mm

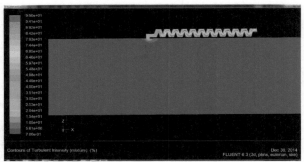

(c) V=0.15 m/s，d=0.02 mm

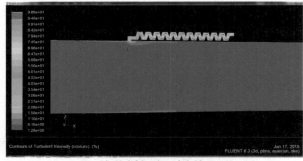

(d) V=0.20 m/s，d=0.02 mm

图4-12　不同流速条件下滴灌带水流流态状态

2. 滴灌环网条件下灌水器排沙特性分析

图4-13表示支状滴灌与本书改进环网条件下灌水器出水含沙特性,可以看出,传统的支状滴灌系统滴灌带沿程灌水器出水含沙量逐渐减少,至末端50 m位置处灌水器出水含沙量约为系统进水的65.6%;而在环网条件下,当回流流速设置为0.015 m/s、0.035 m/s、0.05 m/s时,滴灌带沿程灌水器出水含沙量同样呈逐渐减少的趋势。但通过回流滴灌带排出的泥沙浓度约为系统进水的87.5%;0.035 m/s和0.015 m/s的回流滴灌系统回流管出水含沙量分别为2.6 kg/m³、2.4 kg/m³,分别占系统进水含沙量的81.3%、75%;观察支状滴灌系统50 m取样点处水样含沙量为2.1 kg/m³,仅为系统进水泥沙浓度的65.6%。通过上述分析可以发现,0.015 m/s、0.035 m/s、0.05 m/s三种回流滴灌系统的输沙能力依次提高,且均高于传统的支状滴灌系统。

3. 滴灌系统泥沙输移粒径分析

由上述滴灌系统中各排沙方向的排沙总量（图4-14）可以得出,灌水器出水的排沙量最大,在四种滴灌系统中均大于进水泥沙总量的89%,且随流速增加,

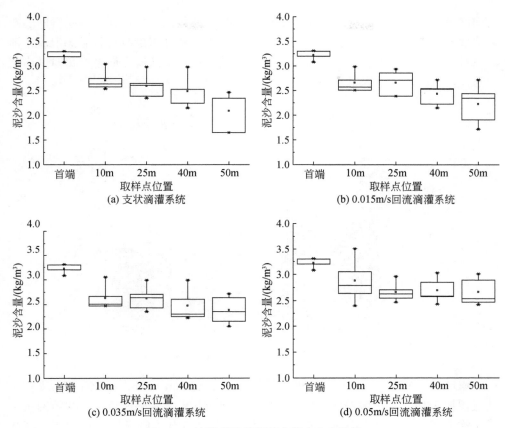

图 4-13　滴灌系统沿程灌水器出水含沙量

系统中灌水器排沙能力逐渐增强。环状条件下，回流滴灌系统中滴灌带回流输沙总量虽然只占总量的 10% 以下，滴灌带中的沉积泥沙数量占进入系统的泥沙总量的比重较低，最高仅为 1.26%，但该部分泥沙输出却是降低滴灌带内泥沙沉积数量的主要原因。随着辅助支管冲洗流速增加，进入灌水器内部的泥沙数量明显减少，但流速持续增加，减少幅度降低。采用环状管网时，毛管尾部回流流速增加，滴头输沙能力相应提高。尤其是在回流过程中，可带出沉积在毛管底部的泥沙，虽然这部分泥沙只占进入毛管中泥沙总量的 10% 左右，但该部分泥沙却是造成滴头堵塞的重要部分。通过对滴灌环状管网与支状管网的实例对比分析，得出采用环状管网支管管径减小，但支管长度增加，水头偏差率与支状管网相近，环状管网的水头损失比支状管网略有增加。

4. 滴灌田间管网的不同布置对比实例

对环状管网设计滴灌带长度 45 m，设计支管长度 55 m，设计环状管网田间管网滴灌带长度 120 m，设计支管长度 90 m。其他参数同常规设计。环状管网的布置采取一种方案，但考虑两种运行方式：一种为在初分流量时一直考虑泄流，泄流量较大，设计时要校核水头偏差率。另一种运行时不泄流，而是在短时间内集中泄流，只校核泄流时的流速。

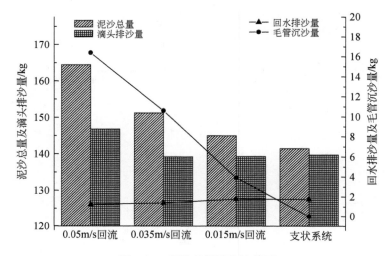

图 4-14   泥沙总量平衡计算图

通过对比分析，采用环状管网支管管径可由 63 mm 可减小至 50 mm，支管长度仅增加 38%，水头偏差率、环状管网集中泄流与支状管网相近，环状管网持续泄流优于运行结束时集中泄流的水头损失，导致比支状管网增加 2.6%。采用环状管网较普通树状管网增加一辅助冲洗支管，支状管网单位面积投资费用由 682.3 元/亩增加至 721.5 元/亩，亩均提高了 5.7%。采用支状管网年费用为 150.01 元/亩，采用环状管网年费用为 162.08 元/亩。由于环状管网较传统支状管网增加一辅助冲洗支管，其亩均投资较支状管网提高了 7.99%。

4.3   直引黄河水过滤器运行优化及合理配置模式

4.3.1   一级砂石过滤器粒径级配及运行参数选择

试验测试系统主要由水泵、阀门（球阀、铜阀）、回水管、压力表、过滤器、流量计和蓄水池组成。水源采用黄河原状泥沙进行配置，浓度为 2 kg/m³，储存于 2 m×2 m×2 m 的蓄水池内。泥沙取自内蒙古磴口县黄河干渠旁。考虑到试验设计所需流量、扬程和水头损失，水泵为石家庄水泵厂生产的潜水泵，额定扬程

52 m，额定流量 40 m³/h。砂石过滤器选择北京东方润泽生态科技股份有限公司的 4 寸砂石过滤器。

本书的研究设置了 3 组粒径、5 个过滤流速、5 个反冲洗流速，对不同处理开展试验与测试，石英砂平均粒径为 1.00~1.70 mm、1.70~2.35 mm、2.35~3.00 mm，过滤流速为 0.012 m/s、0.015 m/s、0.018 m/s、0.021 m/s、0.024 m/s，反冲洗流速为 0.007 m/s、0.012 m/s、0.017 m/s、0.022 m/s、0.027 m/s，进而筛选砂石过滤器适宜的粒径级配与运行参数。

1. 滤速对过滤器过滤能力与水头损失的影响

1）不同过滤流速对过滤器水头损失的影响

图 4-15 为不同过滤流速条件下，三种滤料粒径水头损失随时间的变化。从图 4-15 中可以看出，在任意过滤流速与滤料粒径条件下，水头损失均随着时间的增加而增大。相同滤料粒径条件下，随着流速的增加，水头损失整体呈上升趋势，但呈现一定的波动状态。在过滤流速为 0.024 m/s 时水头损失最大，三种滤料粒径水头损失最大分别可达 8.9 m、8.5 m 和 7.5 m，已经超过需反冲洗压差值 5 m，说明所有处理条件下都已经超过需要反冲洗的状态。

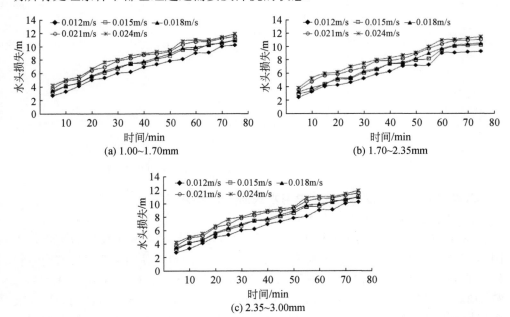

图 4-15　不同过滤流速条件下过滤器水头损失随时间的变化

2）不同过滤流速对泥沙去除率的影响

图 4-16 为不同过滤流速条件下三种滤料粒径对泥沙去除率的影响。从图 4-16

中可以看出，在各种滤料粒径条件下，在测试一定时间内，过滤器含沙量随时间不断下降，运行达到一定时间后，含沙量不再下降，保持在一定值。通过对 5 种过滤流速测试，三种滤料粒径条件下都表现为过滤流速为 0.018 m/s 时泥沙去除率最大，因此确定最优过滤流速为 0.018 m/s。

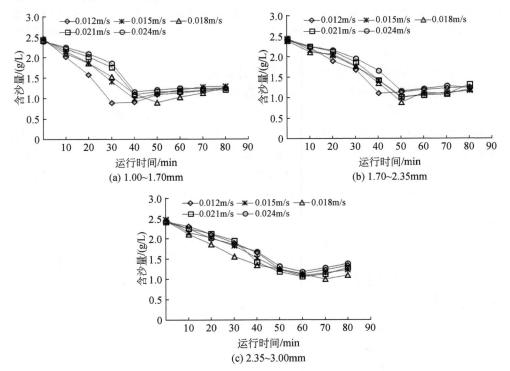

图 4-16   不同过滤流速条件下过滤器含沙量随时间的变化

2. 滤料粒径对过滤器过滤能力与水头损失的影响

1）不同滤料粒径对水头损失的影响

图 4-17 显示在不同过滤流速条件下，不同滤料粒径对水头损失的影响。从图 4-17 中可以看出，在任意过滤流速条件下，三种滤料粒径的水头损失值均随着粒径的增加而减小。三种滤料粒径水头损失最大值与最小值相差分别为 21.33%～87.51%、14.04%～66.67%和 7.14%～45.00%，由此可见随着滤料粒径的增加，水头损失数值增长幅度减小。随着滤料粒径的增加，相同过滤流速与时间条件下，水头损失值减小。

2）不同滤料粒径对泥沙去除率的影响

图 4-18 显示了不同过滤流速条件下，三种滤料粒径对泥沙去除率的影响。从

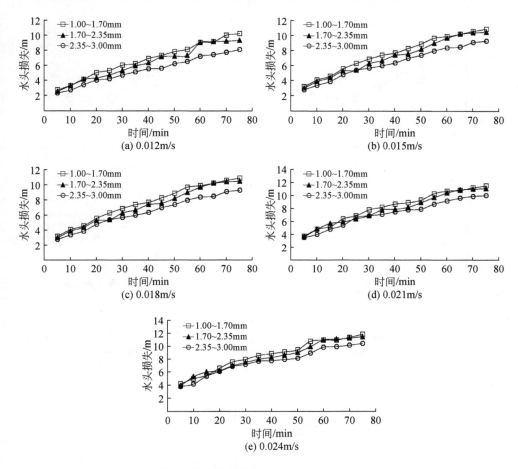

图 4-17　不同滤料粒径条件下过滤器水头损失随时间的变化

图 4-18 中可以看出，在任意过滤流速条件下，随着滤料粒径的增加，泥沙去除率整体呈现减小的趋势，但是减幅不等。在过滤流速为 0.018 m/s 时，泥沙去除率最高，三种滤料泥沙去除率分别可达 75.53%～82.16%、72.82%～79.45%和 62.09%～74.46%，由此可见，随着滤料粒径的增加，泥沙去除率随之降低。此外，不同过滤流速所有粒径条件下，当系统运行一定时间，含沙量达到最低值后又重新升高，所有曲线含沙量均呈现先减小后增加的趋势，出现最低点的时间也不尽相同。

　　通过对不同粒径条件下砂石过滤器水头损失和泥沙去除率的分析，确定砂石过滤器的最优砂石粒径为 1.00～1.70 mm。

3. 黄河水滴灌用砂石过滤器适宜的反冲洗流速选择

　　在最优过滤模式下，在不同反冲洗流速条件下，过滤器前后水头损失随时间

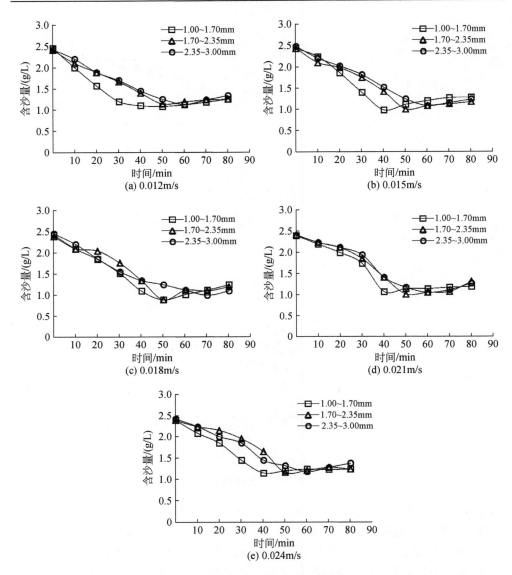

图 4-18　不同滤料粒径条件下过滤器含沙量随时间的变化

的变化如图 4-19 所示。所有流速条件下，随时间的增加水头损失逐渐减小。当反冲洗流速为 0.017 m/s 时，水头损失下降最快，最先达到最低压差，达到最低压差的时间为 12 min，即最优的反冲洗流速为 0.017 m/s，所需要的反冲洗时间为 12 min。

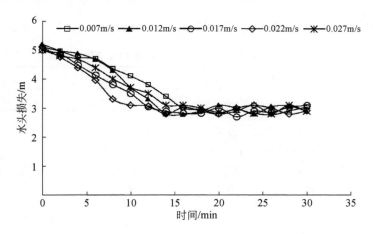

图 4-19 不同反冲洗流速条件下水头损失随时间变化曲线

4.3.2 二级叠片或筛网过滤器适宜的目数选择

1. 筛网过滤器目数对过滤性能及水头损失的影响

图 4-20 是黄河水条件下筛网过滤器不同目数对水头损失的影响。过滤器所有目数的水头损失均随着时间的增加呈现上升趋势。前期上升较为缓慢，运行一段时间后，呈现相对快速上升的趋势，且目数越大，发生快速上升趋势的时间越短，速度增长越快。

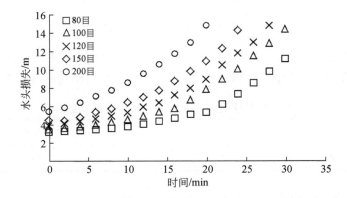

图 4-20 筛网过滤器不同目数对水头损失的影响

综合含沙量去除率和压差变化特征，100 目筛网过滤器在相对较低的压力损失前提下，去除率最高，因而筛网过滤器选择 100 目相对最优（表 4-6）。过滤器在实际使用过程中，应保证压降曲线不发生急剧上升，并根据不同水质条件，确定其冲洗时的压差允许值和冲洗间隔时间。

表 4-6　不同筛网目数条件下过滤器平均含沙量去除率

目数	80	100	120	150	200
含沙量去除率/%	26.85	27.96	28.56	30.43	32.75

2. 叠片过滤器目数对过滤性能及水头损失的影响

图 4-21 是黄河水滴灌条件下，叠片过滤器不同目数对水头损失的影响。过滤器所有目数的水头损失均随着时间的增长呈现上升趋势。前期上升较为缓慢，运行一段时间后，呈现相对快速上升的趋势，且目数越大，发生快速上升趋势的时间越短，速度增长越快。

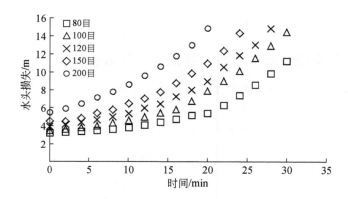

图 4-21　叠片过滤器不同目数对水头损失的影响

综合浊度去除率和压差变化特征，120 目叠片过滤器在相对较低的压力损失前提下，浊度去除率最高，因而叠片过滤器选择 120 目相对最优（表 4-7）。

表 4-7　不同目数条件下叠片过滤器平均含沙量去除率

目数	80	100	120	150	200
含沙量去除率/%	27.33	29.94	30.04	33.29	36.13

4.3.3　过滤器组合配置与运行优化模式

综合以上研究，引黄滴灌系统一级过滤器选择砂石过滤器：在任意滤料粒径条件下，流速为 0.018 m/s 时，浊度去除率均为最高；不同粒径条件下，粒径为 1.00～1.70 mm 时，浊度去除率最高。因此，综合考虑过滤时间、过滤流速和浊度去除率等因素，过滤器最优过滤模式应为滤料粒径选择 1.00～1.70 mm，过滤流速选择 0.018 m/s，此时的浊度去除率可达 79.60%。最优的反冲洗流速为 0.017 m/s，所需要的反冲洗时间为 12 min。二级过滤器选择 100 目的筛网过滤器或者 120 目的叠片过滤器。

4.4　淖尔水与黄河水混配及过滤技术

4.4.1　水质处理途径分析

一些淖尔水体置换少且排水不畅导致水质达不到《农田灌溉水质标准》（GB 5084—2005）的要求。分凌水与引黄灌溉水水质较好，以发达的灌排渠系为基础，以湖河联通工程为依托，利用分凌水、引黄灌溉水对淖尔水进行混配稀释，可有效改善水质状况，降低超标物含量。

根据《农田灌溉水质标准》（GB 5084—2005）和《微灌工程技术规范》（GB/T 50485—2009）的要求，部分淖尔水体中全盐量、pH、硬度、氯化物含量高。受补给排泄途径及数量、水质的影响，淖尔水质年际间未见明显规律；对于补给量小、排泄量大的淖尔，其水质变化主要与蓄水量有关，多呈现夏季水质差、秋冬水质转好的变化规律；对于补给量大的淖尔水，得到分凌水、分洪水补给后，其水质变好。根据淖尔水质变化规律的随机性，考虑滴灌水源过滤成本及灌溉时间要求，淖尔水滴灌应从水源、滴灌首部、滴灌带等多个环节进行水质调控，以保障灌溉水质符合相关要求。在水源处，尽可能利用分凌水或引黄灌溉水进行混合稀释，在滴灌首部处，应根据不同悬浮物情况采用物理或机械过滤装置，阻止其进入滴灌系统；要选择抗堵型较好的滴灌带提高抗堵性。

4.4.2　淖尔水与黄河水混释技术

1. 淖尔水质分类

淖尔一般由灌溉退水、地下水侧向补给汇聚而成，因而其盐分含量相对较高。以《农田灌溉水质标准》（GB 5084—2005）和《微灌工程技术规范》（GB/T 50485—2009）对灌溉水质的要求为标准，对 2015～2016 年河套灌区 156 个典型淖尔的 600 多个水样的 8000 个测试指标结果进行分析，获得淖尔水质总体状况。以全盐量、pH 为主要指标对淖尔水质进行划分，分为四大类 12 种水质，具体见表 4-8。

表 4-8 淖尔水质分类

分类	序号	指标		
		全盐量/（mg/L）	pH	其他
I 类	1	≤2000	≤8.5	
	2	≤2000	8.5～9	
	3	≤2000	≥9	
II 类	4	2000～3000	≤8.5	氯化物＞250 mg/L、
	5	2000～3000	8.5～9	硬度＞150 mg/L、
	6	2000～3000	≥9	含有一定量的
III 类	7	3000～5000	≤8.5	细菌、藻类
	8	3000～5000	8.5～9	
	9	3000～5000	≥9	
IV 类	10	≥5000	≤8.5	
	11	≥5000	8.5～9	
	12	≥5000	≥9	

2. 混配稀释技术指标

（1）I 类水质：淖尔水全盐量≤2000 mg/L、pH＜9 时，分凌水（引黄灌溉水）（表 4-9）补给量达到淖尔现状蓄水量的 10%～20%时进行稀释（表 4-10）；

（2）II 类水质：淖尔水全盐量 2000～3000 mg/L、pH＜9 时，分凌水（引黄灌溉水）补给量达到淖尔现状蓄水量的 20%～40%时进行稀释；稀释净化后该类淖尔全盐量、pH、硬度、氯化物等指标均符合《农田灌溉水质标准》（GB 5084—2005）和《微灌工程技术规范》（GB/T 50485—2009）。

（3）III 类水质：淖尔水全盐量 3000～5000 mg/L、pH＜9 时，分凌水（引黄灌溉水）补给量达到淖尔现状蓄水量的 40%～60%时进行稀释；稀释净化后，该类淖尔指标含量仍超《农田灌溉水质标准》（GB 5084—2005）和《微灌工程技术规范》（GB/T 50485—2009）规定限值（详见《河套灌区淖尔水资源开发与可持续利用技术研究示范效益分析报告》）。

（4）IV 类水质：淖尔水全盐量＞5000 mg/L 时，建议该类淖尔水不予以开发利用。分凌水（引黄灌溉水）补给量达到淖尔现状蓄水量的 60%以上时进行稀释，pH 几乎不变仍大于 8.5，全盐量含量降低 40%～47%但仍大于 3000 mg/L，硬度降低 30%～50%仍大于 650 mg/L，含量远大于《农田灌溉水质标准》（GB 5084—2005）和《微灌工程技术规范》（GB/T 50485—2009）中全盐量＜2000 mg/L、pH＜8.5、硬度＜150 mg/L 的限值。

在保证率允许的条件下，可依托湖河联通工程加大分凌水、引黄水等补给水源的补给量、补给频率，形成补—用—排循环模式，使淖尔水体得到有效的置换（表 4-11）。

表 4-9　黄灌水、分凌水水质状况

样品名称	pH	电导率/（mS/cm）	悬浮物/（mg/L）	COD/（mg/L）	Cl⁻/（mg/L）	Ca²⁺/（mg/L）	Mg²⁺/（mg/L）	矿化度/（mg/L）	总硬度/（mg/L）
黄灌水	8.4	1.719	2	13.2	212.7	80.2	91.1	934	575.5
分凌水	8.03	1.423	43	19.6	124.1	72.3	82.5	886	446.2

表 4-10　混配稀释后淖尔水质情况

水质类别	全盐量/（mg/L）	pH	混释比例（水量配比）	混释净化后水指标					
				pH	全盐量/（mg/L）	总硬度/（mg/L）	氯化物/（mg/L）	COD/（mg/L）	浊度/（NTU）	悬浮物/（mg/L）
Ⅰ类	≤2000	≤8.5	0.1：1～0.2：1	8.31～8.46	759～807	350～425	250～325	9.4～16.2	17.5～35.7	16～38
	≤2000	8.5～9		8.31～8.57	1198～1382	500～525	750～821	20.6～30	14.6～43.8	13～37
	≤2000	≥9		7.96～8.07	1154～1510	500～625	490～611	34～34.4	35.5～55.6	18～39
Ⅱ类	2000～3000	≤8.5	0.2：1～0.4：1	8.18～8.23	2141～2816	725～975	715～986	30.7～41.3	10.1～30.2	11～20
	2000～3000	8.5～9		8.72～8.94	1338～2109	450～700	355～698	38.5～62.7	25.5～104	12～39
	2000～3000	≥9		8.88～9.11	1219～2691	525～1076	563～1102	51.4～64.4	45.4～58.2	19～26
Ⅲ类	3000～5000	≤8.5	0.4：1～0.6：1	8.31～8.39	2238～3238	875～1176	675～1076	32.3～41.2	6.83～37.4	5～23
	3000～5000	＞9		8.66～8.72	2026～3178	825～1301	701～1201	41.9～47.1	8.11～72.7	9～32
Ⅳ类	≥5000	≤8.5								
	≥5000	8.5～9	混释比例 0.6：1 及以上							
	≥5000	≥9	此部分水考虑到补水成本、损失及占有量，且不包含于滴灌利用淖尔水量中，可不予以开发利用							

表 4-11　混配稀释后淖尔水中主要离子含量情况

样品名称及混释比例	pH	Ca²⁺/（mg/L）	Mg²⁺/（mg/L）	Cl⁻/（mg/L）	总硬度/（mg/L）
黄河水	8.4	80.2	91.1	212.7	575.5
海子水	8.57	20	176.2	478.6	775.7
0.2：1	8.6	40.1	133.7	390	650.6
0.5：1	8.58	45.1	130.6	372.2	650.6
0.8：1	8.57	50.1	127.6	354.5	650.6
1：1	8.57	50.1	115.4	372.2	600.5
1.2：1	8.58	50.1	133.7	336.8	675.6

4.4.3　淖尔水混释后处理及首部过滤技术

黄河水与淖尔水混配后可降低全盐量、pH。部分淖尔水的氯化物、硬度含量虽有所降低，但仍大于《农田灌溉水质标准》（GB 5084—2005）和《微灌工程技术规范》（GB/T 50485—2009）中所规定的最大值 250 mg/L（氯化物）、350 mg/L（硬度）。结合微咸水滴灌相关研究成果，综合考虑作物影响及土壤盐分积累影响，全盐量≤3000 mg/L 的淖尔水适宜进行灌溉。全盐量≤3000 mg/L 的淖尔水补给稀释后可直接用于滴灌；全盐量 3000～5000 mg/L 的淖尔水补给稀释后大部分可用于滴灌，个别仍需进一步加大淖尔补给量进行稀释；全盐量＞5000 mg/L 的淖尔水占比小、净化过滤成本高，一般不考虑开发利用。不同淖尔水混释处理及首部过滤技术具体如下。

淖尔水全盐量≤2000 mg/L 时，淖尔水可直接用于滴灌；淖尔水全盐量 2000～3000 mg/L，分凌水（引黄灌溉水）补给量达到淖尔现状蓄水量的 20%～40%时进行稀释；稀释净化后该类淖尔水质指标符合《农田灌溉水质标准》（GB 5084—2005）和《微灌工程技术规范》（GB/T 50485—2009）。稀释净化后无须再做进一步处理，稀释净化后淖尔水经丝网（50 目）+砂石过滤器（滤料粒径 0.9 mm）+叠片式过滤器（120 目）过滤模式直接用于滴灌系统，田间灌水器采用抗堵型内镶贴片式滴灌带。

经淖尔天然净化调节下，补水后水体泥沙含量降至 0.04～0.08 kg/m^3，颗粒级配为 0.1～0.3 mm，占 7%，0.035～0.1 mm 占 28%，小于 0.035 mm 者占 65%，悬浮物含量 4～39 mg/L，COD 含量 9.4～69 mg/L，可满足滴灌要求。通过对主要典型淖尔灌溉期内水质较差的 6～8 月进行取样测试，依据国家环境保护总局编的《水和废水监测分析方法》规范要求测定，淖尔水体中有一定的细菌和藻类，藻类以硅藻、绿藻组成为主。首部淖尔水经丝网（50 目）+砂石过滤器（滤料粒径 0.9 mm）+叠片式过滤器（120 目）过滤模式直接用于滴灌系统，该过滤模式对 COD 去除率为 15.9%、浊度去除率 60.6%、悬浮物去除率 48.3%，较丝网+离心+网式过滤模式 COD 等去除率分别提高 0.17%、20.67%、22.21%（表 4-12）。

表 4-12　过滤器过滤效果

过滤形式	去除效果	pH	全盐量 /（mg/L）	总硬度 /（mg/L）	COD /（mg/L）	浊度 /（NTU）	悬浮物 /（mg/L）
丝网（50 目）+砂石过滤器（滤料粒径 0.9 mm）+叠片式过滤器（120 目）	过滤前	8.69	549	325.3	15.7	18.9	29
	过滤后	8.71	557	350.3	13.2	7.45	15
	去除率/%	—	—	—	15.9	60.6	48.3
丝网+离心+网式	过滤前	8.10	1781	650.6	24.8	14.9	23
	过滤后	9.09	2204	675.6	20.9	8.95	17
	去除率/%				15.73	39.93	26.09
	提高去除率/%				0.17	20.67	22.21

淖尔水全盐量 3000～5000 mg/L、pH<9 时，分凌水（引黄灌溉水）补给量达到淖尔现状蓄水量的 40%～60%时进行稀释；稀释净化后部分淖尔全盐量、pH、硬度、氯化物等指标含量仍超过《农田灌溉水质标准》（GB 5084—2005）和《微灌工程技术规范》（GB/T 50485—2009）规定的限值，为了减小淖尔水质对作物及灌水器的危害，稀释净化后淖尔水需进一步加大补给量稀释。

淖尔水全盐量>5000 mg/L 时，需要置换掉淖尔 60%以上的水量才能做进一步的处理应用，其工艺复杂、投资成本高、补水需求较高，补水保证率及节水需求很难达到，故该类淖尔水不予以开发利用。分凌水（引黄灌溉水）补给量达到淖尔现状蓄水量的 60%以上进行稀释后，pH 几乎不变，仍大于 8.5，全盐量含量降低 40%～47%，但仍大于 3000 mg/L，硬度降低 30%～50%，仍大于 650 mg/L，含量远大于《农田灌溉水质标准》（GB 5084—2005）和《微灌工程技术规范》（GB/T 50485—2009）中全盐量<2000 mg/L、pH<8.5、硬度<150 mg/L 的限值。此部分淖尔水考虑到补水成本、损失、补水可靠性及占有量可不利用。

4.4.4　不同淖尔水质处理技术

淖尔处于灌区低洼处，主要承接灌区退水和地下水侧渗水，主要表现为水体中全盐量、pH、硬度高。根据《农田灌溉水质标准》（GB 5084—2005）和《微灌工程技术规范》（GB/T 50485—2009）对水质的要求，滴灌淖尔盐分超标率在 20%～40%波动，盐分含量为 527～6000 mg/L，硬度超标率为 85%，硬度为 200～1226 mg/L，pH 超标率为 5%～40%，pH 为 7.33～10.24。其中，盐分在淖尔水超标物中处于主导地位，与 pH、硬度具有较高的相关性，因此降低盐分含量是滴灌淖尔水质调控的关键。根据淖尔人工补水的运行方案，利用分凌水、灌溉水对其进行稀释后再处理成本较低。在保证率允许的条件下，引黄灌溉水与分凌水水质较好，以河套灌区发达的灌排渠系为基础，以湖河联通工程为依托，对淖尔水进行混配稀释，可有效改善水质状况。近年来，河套灌区对湿地建设与改造的经验证明了淖尔水混配稀释技术措施行之有效。

全盐量≤2000 mg/L 的淖尔占 54%，经过滤系统可直接用于滴灌；全盐量≤3000 mg/L 的淖尔占 74%,淖尔补给水量达到淖尔蓄水量的 20%～40%时进行混释，混释后全盐量、pH 等指标下降明显且低于规范限值，经过滤系统用于滴灌。全盐量3000～5000 mg/L 的淖尔占 9%，该类淖尔补给水量达到淖尔蓄水量的 40%～60%时进行混释，混释后大部分淖尔盐分符合微咸水灌溉水质（矿化度为 3 g/L），但部分淖尔水个别指标仍不符合要求，还需进一步加大补给量稀释，以达到规范要求，根据笔者有关微咸水的研究成果，混释后可经过滤系统用于滴灌。全盐量>5000 mg/L 的淖尔补给量达淖尔蓄水量 60%以上混释后，全盐量、pH 等指标下降不明显，含量远大于规范限值。水源的补给能力不能满足 60%以上的混释需求，建议该类淖尔不用于发展滴灌。在保证率允许的条件下，加大分凌水、引黄水等补给水源的补给量、补给频率，形成补—用—排循环模式，使淖尔水体得到有效的置换。

淖尔中的微生物和硬度对灌水器造成堵塞的可能性较大。淖尔细菌数 6 月最高（1700～150000 个/ml），水体中藻类以硅藻、绿藻组成为主，过滤系统采用丝网（50 目）+砂石过滤器（滤料粒径 0.9 mm）+叠片式过滤器（120 目）的三级过滤模式，田间采用抗堵型内镶贴片式灌水器。经示范区应用测定，系统运行小于等于 65 h（可满足向日葵、玉米等主要作物灌溉运行时间）灌水器流量降低 7.01%，其对灌水均匀度影响不大。

4.5 微咸水滴灌系统灌水器化学堵塞控制技术

4.5.1 水源电导率阈值控制

试验选取了常见的三种内镶贴片式灌水器（EM1、EM2、EM3）进行田间滴灌试验（裸地），设置了等离子含量比配置 4 个等级电导率的微咸水处理（1 dS/m、2 dS/m、4 dS/m、6 dS/m），通过测试滴灌系统的 Dra 和 CU（图 4-22），发现随着水源电导率的增加灌水器堵塞逐渐加剧。当水源电导率为 4ds/m 时，三种灌水器的 Dra 和 CU 均呈现先缓慢下降后剧烈下降的趋势，剧烈下降拐点提前至 168 h，168 h 后三种灌水器 Dra 和 CU 开始剧烈下降；448 h 时，三种灌水器 Dra 降至10.9%～18.9%，均达到堵塞程度；灌水器 CU 降至 29.4%～32.0%，均为较差水平，因此建议滴灌系统适宜水质盐度应低于 4.0 dS/m。

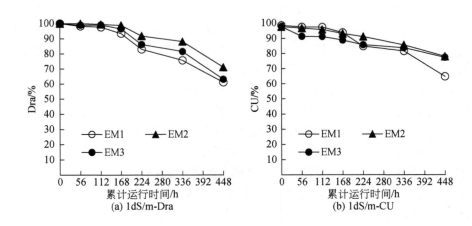

(a) 1dS/m-Dra

(b) 1dS/m-CU

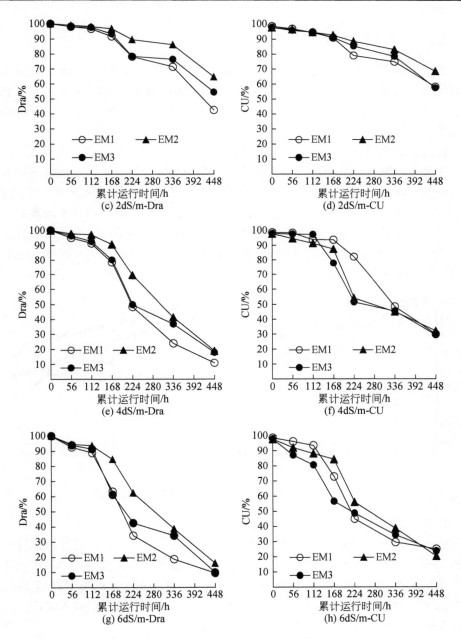

图 4-22　灌水器 Dra 和 CU 变化

4.5.2 系统运行方式优化

滴灌系统的运行模式会改变系统内部的自身环境,进而改变灌水器内化学堵塞物质的生长及形成过程。因此,可以通过优化系统运行模式减缓灌水器化学堵塞的程度。常见的优化运行模式有优化系统的灌水频率、工作压力、轮灌模式等。

1. 适宜灌水频率

试验在内蒙古巴彦淖尔市磴口县北乌兰布和沙区灌溉试验站内进行,试验设置三种灌水频率,分别为 1 天/次、4 天/次、7 天/次,通过测试 6 种灌水器的 Dra和 CU,以及对堵塞物质的定量、定性分析,结果显示,对于微咸水滴灌系统来说,采用 1 天/次的高频滴灌可以缓解灌水器堵塞。在此模式下,当系统累计运行至 357 h 时,4 天/次、7 天/次频率处理 Dra 比 1 天/次频率处理低 4.60%~18.6%、CU 比 1 天/次频率处理低 6.7%~15.09%(图 4-23)。

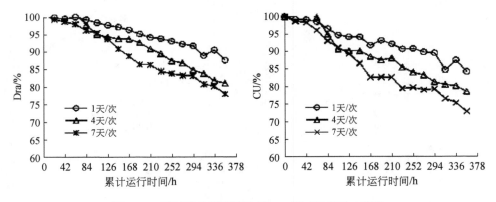

图 4-23　不同灌水频率灌水器 Dra 和 CU 的动态变化

2. 适宜工作压力

试验设置 0.1 MPa、0.06 MPa、0.02 MPa 三种工作压力,通过测试四种灌水器的 Dra 和 CU,以及对堵塞物质的定量、定性分析,结果显示,当系统累计运行至 357 h 时,0.06 MPa、0.02 Mpa 工作压力处理 Dra 比 0.1 MPa 处理低 3.3%~15.3%、CU 比 0.1 MPa 处理低 4.1%~19.7%(图 4-24),因此微咸水滴灌系统适宜的工作压力应不低于 0.06 MPa。

3. 适宜轮灌模式

结合番茄不同生育期,设置了四种轮灌处理(表 4-13)。

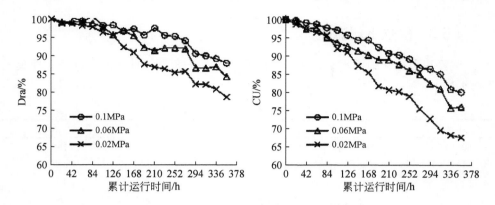

图 4-24　不同工作压力灌水器 Dra 和 CU 的动态变化

表 4-13　试验处理

处理	灌水频率 /（天/次）	苗期（第 20 天）	开花期（第 29 天）	坐果期（第 43 天）	红熟期（第 20 天）
RI1	4	淡	淡	淡	—
RI2	4	淡	咸	淡	—
RI3	4	淡	淡	咸	—
RI4	4	淡	咸	咸	—

　　随着生育期的进行，CU 逐渐降低（图 4-25）。在 2013 年生育期末 RI1、RI2、RI3 和 RI4 四种轮灌模式下，CU 分别为 97.5%、92.1%、92.5%和 87.5%。RI4 处理为中等水平，其余三个轮灌处理均为优。2014 年 CU 持续下降，生育期末 RI1、RI2、RI3 和 RI4 四种轮灌模式下，CU 分别为 92.8%、86.6%、83.7%和 70.9%。RI1 处理为优，RI2、RI3 处理降至中等水平，RI4 降至差。由此表明，相对于全咸水灌溉来说，采用淡水与微咸水进行交替滴灌可以显著提升滴灌系统 CU。

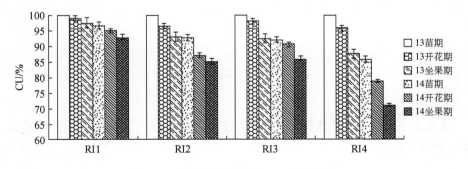

图 4-25　不同轮灌模式下 CU 动态变化

4.5.3 酸性肥料调控

试验基于相同施氮水平，从降低灌溉水 pH 的角度设计了四种施肥处理模式（表 4-14）。

表 4-14 室内滴灌施肥试验处理组

处理	处理方法	pH	电导率/（dS/m）
F0	微咸水（对照）	8.0	3.76
F1	微咸水+硫酸铵（施氮量 0.02%）	7.5	4.67
F2	微咸水+硫酸铵+硫酸（施氮量 0.02%）	6.5	4..80
F3	微咸水+硫酸脲（施氮量 0.02%）	5.7	4.60

不同类型灌水器不同滴灌水肥处理 CU 动态变化规律如图 4-26 所示。各酸性肥料添加处理下两种灌水器的 CU 均高于对照处理，系统运行停止时（704 h），灌水器 EM1 在 F1、F2 和 F3 处理下分别要高于 F0 处理 40.7%、251.1%和 326.8%；灌水器 EM2 在 F1、F2 和 F3 处理下分别要高于 F0 处理 158.4%、302.3%和 318.3%。随着灌溉水 pH 降低幅度的增加，灌水器灌水均匀度增大，并且河套灌区多地区盐碱化严重，因此建议微咸水滴灌系统选用酸性肥料。

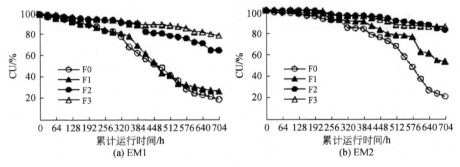

图 4-26 不同类型灌水器不同滴灌水肥处理 CU 变化规律

4.6 黄河水滴灌抗堵塞"滤—输—排—冲"集成技术模式

4.6.1 基于泵前低压网式过滤的"浅过滤—重滴头排出—辅助冲洗"技术模式

根据滴灌工程规范要求，水源中泥沙含量最高不能超过每立方米水含量 30 g，按照现状黄河水泥沙含量，黄河水中99%泥沙需要过滤掉。目前，国内外滴灌过滤通常采取的是"重堵轻输"的技术路线，对于黄河水要达到滴灌要求标准，至少采用工程+机械四级过滤模式：首先经过平流式沉淀池进行初沉，其次经过斜板除沙，最后经过介质过滤器+叠片过滤器过滤，这种过滤模式可以有效解决黄河水滴灌灌水器堵塞的问题，但这种过滤模式需要修建沉淀池，过滤成本较高，而且在处理过程中，过滤器反冲洗次数频繁，消耗大量电能，过滤的大量泥沙难以利用，只能随处堆放，污染环境，此外，过滤设施的增多增加了维护管理费用，由于过滤设备与设施多，每年需耗费大量人力与物力进行维护。所以，这种模式很难在引黄灌区推广应用。

我国引黄灌区大田滴灌多采用一次性滴灌带，一次性滴灌带的运行次数在10～15次。本书突破国内外目前高含沙水滴灌防堵塞过滤标准，创建了"浅过滤—重滴头排出—辅助冲洗"的黄河水滴灌新技术模式，即采用新型研发的泵前低压渗透微滤机（200目），不经过沉淀直接过滤黄河水，在大幅度降低能耗的同时提高过滤精度，通过这种新型过滤设备，可以有效去除黄河水中约25%的泥沙，剩余75%的泥沙通过滴灌系统进入毛管，在滴灌灌水过程中，通过滴头出水排出，这部分泥沙量占进入滴灌管泥沙总量的75%左右，剩余滞留在毛管中的少部分泥沙通过冲洗排到田间，这种模式与传统模式理念完全不同，只过滤少部分泥沙，很大一部分泥沙在滴头滴水过程中随滴头排放出去，剩余在毛管中的一少部分泥沙靠水汽冲洗到田间。这种模式可将大部分泥沙（75%），特别是细颗粒泥沙排放到田间，从而很好地利用了泥沙中的有机质。

由于很大一部分泥沙要通过滴头排出，因此滴头排沙与抗堵性能至关重要。本书通过对国内外知名滴灌灌水器厂商与自主研发的两种分形流道灌水器，共计16种灌水器进行大量试验，筛选出了抗堵性能较好的滴灌带及自主研发的分型流道灌水器，灌水器在滴水过程中可排出大量的泥沙，不同流道结构形式的灌输器排沙能力差异较大，而且不同位置处滴头排沙量差异也较大，原水泥沙含量在 3 kg/m^3 左右时，滴灌带前段 5 m 处滴头排沙量约为 45 m 处滴头排沙量的 1 倍，表明滴灌带尾部更易淤积泥沙，造成堵塞。

整条滴灌带平均输沙量约50%，剩余约25%的泥沙暂时停滞在毛管，通过研究建立了用滴灌系统 Dra 表征滴灌系统堵塞程度，提出 Dra 降至75%时通过建立监测系统 Dra 来反映滴灌系统 CU 及堵塞情况，根据本书的研究成果，提出了滴灌系统 Dra 下降至75%时，对毛管进行冲洗可有效避免滴灌带的堵塞，通过冲洗将毛管中的泥沙冲出滴灌系统，这便是新型直接引黄滴灌"浅过滤—重滴头排出—辅助冲洗"技术模式。直引黄河水滴灌水源调蓄模式有两种方式：第一种为在渠道输水期间，滴灌直接从渠道中取水，通过对典型研究区河套灌区各级渠道三年泥沙含量进行监测，结果显示，在渠道输水期间，各级渠道中总干渠泥沙含量最高，但大部分时间为 $1\sim2$ kg/m³；第二种为在渠道停水期间，通过对渠道上节制闸的调节，利用渠道进行蓄水，并将其作为停水期间滴灌补充水源，在这期间由于渠道水处于静止状态，泥沙得到沉淀，滴灌渠道水源泥沙含量都小于 1 kg/m³。

综上所述，根据直引黄河水滴灌水源两种调蓄方式，构建了直引黄河水两种"滤—输—排—冲"技术模式。

（1）"浅过滤—重滴头排出—辅助冲洗"技术模式：在渠道输水期间，当泥沙含量为 $1\sim3$ kg/m³ 时，黄河水滴灌 $10\sim13$ 次，可采用本书研发的泵前低压渗透微滤机（200 目）过滤黄河水中约 25%的泥沙，剩余 75%进入滴灌系统内，选用抗堵性能优的滴灌带，可排出进入毛管的约 50%的泥沙；通过研究建立了用滴灌系统 Dra 表征滴灌系统堵塞程度的关系，当 Dra 降至 75%时，表征出 CU 降至 80%，需要对毛管进行冲洗，将滴灌带内的泥沙排出到田间，冲洗持续时间 2.5 min，这是黄河水滴灌"滤—输—排—冲"技术模式之一。

（2）"浅过滤—滴头排出—无冲洗"技术模式：当调蓄水源渠道出现停水时，利用节制闸渠道蓄水，由于水源处于静止状态，对部分泥沙进行了沉淀，在经过泵前的低压渗透微滤机过滤后，泥沙含量通常降至 1 kg/m³ 以下，而且大颗粒泥沙已很少，在滴头出水过程中，绝大部分泥沙都可排出，这段时间内可不对滴灌系统进行冲洗，而且这段时间水质变清，起到冲洗毛管淤积泥沙的作用，这是黄河水滴灌"滤—输—排—冲"技术模式之二，这两种模式已在河套灌区临河九庄示范区进行了 3 年大田运行检验，经大范围田间取样，结果显示，在作物生育期，CU 都达到了 80%以上，对比使用地下水以及采用上述模式的作物产量结果，没有造成产量下降，进一步验证在滴灌水源泥沙含量小于 3 kg/m³ 的情况下，这种"浅过滤—重滴头排出—辅助冲洗"新技术模式对于滴灌系统抗堵是非常有效的。

4.6.2 直接引黄滴灌泥沙逐级调控技术集成

1. 泥沙逐级调控技术基本理念

如果采用多年用滴灌带，需要先将大部分泥沙过滤掉。以控制黄河水源小粒径黏性泥沙在滴灌系统内的输移过程为目标，构建了"灌水器排沙—毛管冲沙—过滤器拦沙—沉淀池沉沙"的黄河水滴灌系统泥沙逐级调控模式（图 4-27）：从滴灌灌水器出发，通过流道结构优化设计提升灌水器自排沙能力，使更多的细颗粒可以通过灌水器流道排出体外；毛管内淤积的泥沙因其内部流动变化发生脱落而进入灌水器内部诱发堵塞，可以通过周期性毛管冲洗冲出淤积在毛管内的泥沙，两者结合可使绝大多数泥沙排出滴灌系统，需要明确进入毛管的泥沙粒径和浓度阈值；据此确定过滤器运行优化配置模式以及进入过滤器的泥沙粒径与浓度阈值；最后确定沉沙池的处理标准。通过四级调控方法配合可以最大限度地发挥每一级的泥沙处理能力，基于这种"反向设计"方法，结合"正向施工"，彻底改变了传统的高成本泥沙沉滤处理模式。

(a) 四级-灌水器排沙　　(b) 三级-毛管冲沙　　(c) 二级-过滤器拦沙　　(d) 一级-沉淀池沉沙

图 4-27　黄河水滴灌系统泥沙逐级调控模式

2. 两种逐级泥沙技术模式与泥沙处理效果分析

两种模式分别为：模式一，重力式沉沙-过滤复合系统+砂石过滤器+叠片式过滤器+最优冲洗模式；模式二：低压渗透过滤器+砂石过滤器+叠片式过滤器+最优冲洗模式。两种模式对泥沙的处理效果见表 4-15，泥沙去除率分别为88%和93%。

表 4-15　模式一和模式二对泥沙的处理效果

模式一取样位置	含沙量/（mg/L）	去除率/%	模式二取样位置	含沙量/（mg/L）	去除率/%
沉沙池进水口	2.345	—	低压渗透过滤器进水口	2.278	—
沉沙池出水口	0.984	58	低压渗透过滤器出水口	0.569	75
砂石过滤器出水口	0.586	75	砂石过滤器出水口	0.296	87
叠片式过滤器出水口	0.211	88	叠片式过滤器出水口	0.068	93
滴灌灌水器出水口	0.281	—	滴灌灌水器出水口	0.159	—

3. 灌水器控堵效应评估

图 4-28～图 4-31 分别为两种逐级泥沙调控模式下灌水器 Dra、CU 动态变化。整体而言，两种模式所有灌水器的 Dra 保持75%以上的时间分别为540 h 和600 h 及以上，而 CU 保持80%以上的时间分别可达480 h 和420 h 及以上，这表明两种泥沙调控模式对泥沙的去除均有良好的控制效果。

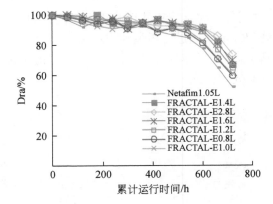

图 4-28　模式一泥沙调控模式下 Dra 动态变化

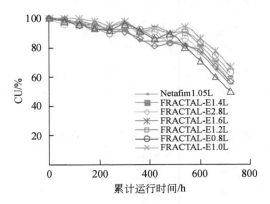

图 4-29　模式一泥沙调控模式下 CU 动态变化

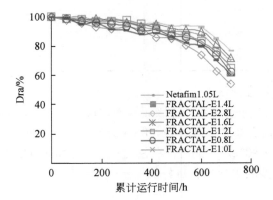

图 4-30　模式二泥沙调控模式下 Dra 动态变化

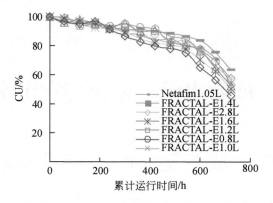

图 4-31　模式二泥沙调控模式下 CU 动态变化

第 5 章　滴灌水肥一体化与农田水盐调控

5.1　膜下滴灌水肥一体化技术

5.1.1　不同水文年典型作物膜下滴灌灌溉制度

不同水文年典型作物灌水量受气候因素影响较大。采用频率法分析临河九庄试验区 1957～2014 年的降水频率，得到多年平均降水量为 132.5 mm，2012 年、2013 年和 2014 年分别代表了临河九庄试验区的丰水年、平水年及枯水年，降水量 2012 年为 152.4 mm、2013 年为 106.9 mm、2014 年为 65.4 mm。因此，这三年的灌水施肥制度可以代表该地区不同水文年典型作物的灌水施肥制度。

2012～2014 年在临河九庄试验区分别开展了玉米和向日葵的膜下滴灌试验，灌溉水源为地下水，矿化度为 1.007 g/L，采用张力计控制灌水下限，当张力计显示值达到设定基质势(-10 kPa、-20 kPa、-30 kPa 和-40 kPa)时，灌水量为 22.5 mm，表中 CK 为当地大田灌溉，其灌溉方式为井渠结合灌溉，不同水文年不同灌水控制下限玉米和向日葵膜下滴灌灌溉制度见表 5-1。

表 5-1　典型作物不同水文年不同灌水控制下限玉米和向日葵膜下滴灌灌溉制度

试验作物	灌水下限	2012 年		2013 年		2014 年	
		灌溉次数	灌溉定额/mm	灌溉次数	灌溉定额/mm	灌溉次数	灌溉定额/mm
玉米	CK	4	375.0	4	419.0	4	450.0
	-10 kPa	16	360.0	17	382.5	19	427.5
	-20 kPa	13	292.5	14	315.0	15	337.5
	-30 kPa	11	247.5	12	270.0	13	292.5
	-40 kPa	8	180.0	9	202.5	11	247.5
向日葵	CK	2	315.0	2	345.0	2	360.0
	-10 kPa	13	292.5	13	292.5	14	315.0
	-20 kPa	10	225.0	11	247.5	12	270.0
	-30 kPa	8	180.0	9	202.5	10	225.0
	-40 kPa	6	135.0	8	180.0	9	202.5

注：表中 CK 代表传统井灌模式大田灌溉；2012 年、2013 年、2014 年的降水量分别为 152.4 mm、106.9 mm、65.4 mm。

从表 5-1 中可以看出，不同土壤基质势下，作物灌水量有较明显的差异，土壤基质势与灌水量并非呈线性变化，而是呈指数变化，即土壤基质势每下降 10 kPa 灌水量呈差值逐渐减小，同一基质势下，不同水文年灌水量随水文年型变化。丰水年较枯水年少灌水两次即 45 mm，较平水年少灌水一次即 22.5 mm。在同一作物生长阶段，受气候、降雨影响，同一基质势下，不同水文年灌水量差异较大。

玉米和向日葵不同水文年不同试验处理的产量见表 5-2，灌溉定额过大和过小均不利于玉米和向日葵产量的提高，生育期内作物产量随着灌溉定额的增大呈先增大后减小的趋势。不同水文年-20 kPa 灌水下限对应玉米膜下滴灌产量最大，不同水文年-30 kPa 灌水下限对应向日葵膜下滴灌产量最大。

表 5-2 不同水文年不同试验处理典型作物产量 （单位：kg/hm²）

试验作物	年份	CK	-10 kPa	-20 kPa	-30 kPa	-40 kPa
玉米	2012	13269	14092.5	14700	14595	13527
	2013	10448	13823	14681	13859	12974
	2014	14681	14231	16511	14964	13805
向日葵	2012	3150	2938.5	3619.5	3670.5	3519
	2013	3528	3162	3886.5	4081.5	3769.5
	2014	3369	3039	3772.5	3931.5	3739.5

不同水文年作物产量变化较大，但灌水量与产量之间均呈现二次抛物线关系，且相关系数均大于0.9。膜下滴灌因其覆膜和局部灌溉，在一定程度上减少了蒸发和提高了灌水利用效率，极大地减少了灌溉水量。通过对不同基质势指导下的灌水量进行差值计算，得到适宜灌水量对应的土壤基质势，以作物产量最大化确定适宜灌水量，见表 5-3～表 5-5。

表 5-3 不同水文年不同灌水控制下限灌溉水生产效率 （单位：kg/m³）

试验作物	玉米			向日葵		
	2012 年	2013 年	2014 年	2012 年	2013 年	2014 年
CK	3.54	2.49	3.26	1.00	1.02	0.94
-10 kPa	3.91	3.61	3.33	1.00	1.08	0.96
-20 kPa	5.03	4.66	4.89	1.61	1.57	1.40
-30 kPa	5.90	5.13	5.12	2.04	2.02	1.75
-40 kPa	7.52	6.41	5.58	2.61	2.09	1.85

表 5-4 不同水文年向日葵产量与灌水量关系对应表

测试年份	2012 年	2013 年	2014 年
拟合方程	$y = -0.0856x^2+33.412x+467.77$	$y = -0.2694x^2+116.92x-8546$	$y = -0.148x^2+70.119x-4361$
相关系数 R^2	0.9796	1	0.9828
适宜灌水量/mm	195	217	237
最大产量/（kg/hm^2）	3728.2	4139.9	3944.2
相应基质势/kPa	-26.7	-26.8	-27.3

注：表中拟合方程中 x 为作物灌水量（mm），y 为作物产量（kg/hm^2）。

表 5-5 不同水文年玉米产量与灌水量关系对应表

测试年份	2012 年	2013 年	2014 年
拟合方程	$y = -0.1103x^2+62.667x+5825.50$	$y = -0.2651x^2+165.65x-11276$	$y = -0.2712x^2+186.77x-15984$
相关系数 R^2	0.9993	0.9582	0.9086
适宜灌水量 /mm	284.08	312	344
最大产量/（kg/hm^2）	14726.57	14600.95	16172.19
相应基质势 /kPa	-22.7	-21	-19

注：表中拟合方程中 x 为作物灌水量（mm），y 为作物产量（kg/hm^2）。

向日葵在土壤基质势为-27 kPa 左右时不同水文年型产量基本呈最大值，玉米在-20 kPa 时产量最大。因此，将此土壤基质势对应的实测灌水制度作为适宜灌溉制度（表 5-6、表 5-7）。

表 5-6 不同水文年向日葵最适宜灌溉制度

项目	播种—出苗 (6.5~7.9)	出苗—拔节 (7.9~8.1)	拔节—抽穗 (8.1~8.20)	抽穗—灌浆 (8.20~9.4)	灌浆—成熟 (9.4~10.10)	合计灌水次数	灌水定额/mm	灌溉定额/mm
丰水年	2	2	2	1	1	8	24	192
平水年	3	2	3	1		9	24	216
枯水年	2	2	2	3	1	10	24	240

注：表中 6.5~7.9 是指 6 月 5 日至 7 月 9 日，下同。

表 5-7　不同水文年玉米最适宜灌溉制度

项目	播种—出苗 (5.4~6.8)	出苗—拔节 (6.8~7.8)	拔节—抽穗 (7.8~7.25)	抽穗—灌浆 (7.25~8.25)	灌浆—成熟 (8.25~10.1)	合计灌水次数	灌水定额/mm	灌溉定额/mm
丰水年	2	3	3	4	1	13	22	286
平水年	2	3	3	5	1	14	22	308
枯水年	3	4	3	4	1	15	22	330

5.1.2　玉米膜下滴灌水肥一体化制度

试验以玉米为供试作物，试验于 2015 年和 2016 年进行，灌水和施肥为两个控制因素，设-20 kPa（$W1$）、-30 kPa（$W2$）和-40 kPa（$W3$）共 3 个灌水下限，设 345 kg/hm^2（$N5$）、300 kg/hm^2（$N4$）、262.5 kg/hm^2（$N3$）、225 kg/hm^2（$N2$）、180 kg/hm^2（$N1$）和 0（$N0$）共 6 个施氮处理，采用张力计指导灌溉，研究了施氮水平对玉米产量构成因素、玉米收获指数、玉米水分利用效率、玉米净收益的影响。

以水氮投入作为自变量，籽粒产量、水分利用效率和净收益的二元二次回归方程见表 5-8，其决定系数均在 0.8 以上，均达显著性水平（Ajdary et al.，2007；Ayars et al.，1999）。设定灌水量的上下限分别为两年 W1 和 W3 处理的灌水量，施氮量的上下限分别为两年 N1 和 N5 处理的施氮量，用 MATLAB 分别求解表 5-8 中的最大值，可以计算得出 2015 年和 2016 年的最大籽粒产量、水分利用效率以及净收益所需的水氮投入量（表 5-8）。经计算，2015 年获得最大籽粒产量所需的灌水量和施氮量分别为 334.44 mm 和 242.69 kg/hm^2（表 5-9）；获得最大水分利用效率所需的灌水量和施氮量分别为 240.00 mm 和 255.00 kg/hm^2，但净收益为 27994.02 元/hm^2，与其余两组组合相比少了 2100 元左右。2016 年获得最大籽粒产量所需的灌水量和施氮量分别为 323.25 mm 和 230.85 kg/hm^2；获得最大水分利用效率所需灌水量和施氮量分别为 288.23 mm 和 231.66 kg/hm^2，但净收益为 26922.17 元/hm^2，与其余两组组合相比少了 3200 元左右（任中生等，2016a；2016b）。不同水文年型下作物实际耗水量不同，在枯水年，作物本身通过根系吸收的水分要大于平水年与丰水年，在满足作物需水的前提下，枯水年作物的干物质质量、产量等指标要高于平水年与丰水年。因此，枯水年满足作物生长所需养分也高于平水年与丰水年。

表 5-8　水氮投入与籽粒产量、水分利用效率和净收益的回归方程

年份	输出变量	回归方程	R^2	F
	籽粒产量	$Y=-9081.86+139.88W+43.01N-0.183W2-0.039N2-0.072WN$	0.84	4.28**
2015	水分利用效率	$Y=4.332+0.002W+0.008N-7.96\times10^{-6}W2-1.26\times10^{-5}N2-9.04\times10^{-6}WN$	0.85	7.37**
	净收益	$Y=-19746.18+235.98W+94.25N-0.32W2-0.11N2-0.12WN$	0.88	5.29**
	籽粒产量	$Y=-41026.24+378.12W+57.25N-0.61W2-0.014N2-0.15WN$	0.90	20.61**
2016	水分利用效率	$Y=-13.17+0.13W+0.02N-4.33\times10^{-6}W2-4.98\times10^{-6}WN$	0.89	8.81**
	净收益	$Y=-27840.64+346.15W+25.53N-0.58W2-0.02N2+0.02WN$	0.84	10.57**

注：W 为因变量灌水量；N 为因变量施氮量；$W2$ 指灌水下限为-30kPa 时的灌水量；$N2$ 指施氮量为 225kg/hm²。

从表 5-9 可以看出，籽粒产量、水分利用效率和净收益无法同时达到最大值，在实际应用中必将有所取舍，因此需要进一步研究得出以籽粒产量、水分利用效率和净收益综合效益最大为目标的水氮投入组合。由于籽粒产量和水分利用效率难以同时达到最大值，且具有不同的量纲，不能直接比较，因此将籽粒产量、水分利用效率以及净收益进行归一化处理，即各处理籽粒产量、水分利用效率以及净收益分别除以籽粒产量最大值和水分利用效率最大值，可得到水氮投入与相对籽粒产量、相对水分利用效率和相对净收益的关系。

表 5-9　最大籽粒产量、最大水分利用效率和最大净收益及其所需的灌水施氮量

年份	目标	灌水量 /mm	施氮量 /（kg/hm²）	籽粒产量 /（kg/hm²）	水分利用效率 /（kg/m³）	净收益 /（元/hm²）
	最大籽粒产量	334.44	242.69	19528.20	4.58	30037.81
2015	最大水分利用效率	240.00	255.00	17973.72	5.02	27994.02
	最大净收益	321.25	253.18	19502.02	4.64	30089.01
	最大籽粒产量	323.25	230.85	18738.55	4.89	29768.03
2016	最大水分利用效率	288.23	231.66	16778.10	5.08	26922.17
	最大净收益	312.10	241.88	19272.04	4.78	30211.95
	C1	328.33	222.00	18282.22	4.28	28566.65
2015	C2	398.26	345.00	17992.71	4.56	30913.71
	C3	364.66	276.75	18335.05	4.30	28720.66
	C1	286.00	175.50	18126.50	4.61	28660.49
2016	C2	308.42	259.97	18318.05	4.40	30671.45
	C3	307.21	187.89	18165.87	4.62	28744.83

注：C1、C2、C3 分别指在参数估计中不同似然函数的组合方式。

综上所述,结合二元二次回归分析与归一化分析结果,平水年(2015 年)和丰水年(2016 年)灌水量分别为 328.33 mm 和 286.00 mm,施氮量分别为 222.00 kg/hm² 和 175.50 kg/hm² 时可以使籽粒产量、水分利用效率和净收益的综合效益最大化。

5.1.3 典型作物不同水质膜下滴灌水肥一体化技术

在临河九庄试验区开展不同水质(1.0 g/L、2.0 g/L、3.0 g/L、4.0 g/L)非盐碱地典型作物膜下滴灌试验,以玉米和向日葵为供试作物,采用张力计指导灌溉,2013年试验主要针对不同水质(1.0g/L、2.0g/L、3.0g/L、4.0g/L)膜下滴灌水盐运移情况进行试验研究,试验在同一灌溉制度下进行。2014 年针对水盐调控技术进行研究,试验设置了不同水质、不同土壤基质势处理。灌溉下限为-10 kPa、-20 kPa、-30 kPa和-40 kPa,试验灌溉制度见表 5-10 和表 5-11,以作物产量为目标推荐最优不同水质膜下滴灌制度。

表 5-10 向日葵不同水质灌溉试验灌水量

项目		播种—出苗	出苗—现蕾	现蕾—开花	开花—灌浆	灌浆—成熟	合计灌水次数/次	合计灌水量/mm
		2013 年						
		6.4~7.7	7.7~8.1	8.1~8.23	8.23~9.8	9.8~10.5		
水质 1.0g/L		3	2	3	1		9	202.5
水质 2.0g/L		3	2	3	1		9	202.5
水质 3.0g/L		3	2	3	1		9	202.5
水质 4.0g/L		3	2	3	1		9	202.5
		2014 年						
		6.9~7.4	7.4~7.20	7.20~7.28	7.28~8.28	8.28~10.1		
水质 1.0g/L	-10kPa	67.5	67.5	90.0	67.5	22.5	14	315
	-20kPa	45.0	67.5	67.5	67.5	22.5	12	270
	-30kPa	45.0	45.0	45.0	67.5	22.5	10	225
	-40kPa	22.5	45.0	45.0	45.0		7	157.5
水质 2.0g/L	-10kPa	45.0	45.0	67.5	67.5	22.5	11	247.5
	-20kPa	45.0	45.0	67.5	67.5	22.5	10	225
	-30kPa	45.0	45.0	45.0	45.0		8	180
	-40kPa	22.5	45.0	45.0	45.0		7	157.5
水质 3.0g/L	-10kPa	45.0	45.0	45.0	67.5	22.5	10	225
	-20kPa	45.0	45.0	45.0	45.0	22.5	9	202.5
	-30kPa	45.0	45.0	45.0	45.0		8	180
	-40kPa	22.5	45.0	45.0	45.0		7	157.5
水质 4.0g/L	-10kPa	45.0	45.0	45.0	67.5	22.5	10	225
	-20kPa	45.0	45.0	45.0	45.0	22.5	9	202.5
	-30kPa	45.0	45.0	45.0	45.0		8	180
	-40kPa	22.5	45.0	45.0	45.0		7	157.5

表 5-11　玉米不同水质灌溉试验灌水量

项目		播种—出苗	出苗—现蕾	现蕾—开花	开花—灌浆	灌浆—成熟	合计灌水次数/次	合计灌水量/mm
		2013 年						
		5.4~6.4	6.4~7.8	7.8~7.25	7.25~8.25	8.25~10.1		
水质 1.0g/L		2	3	3	5	1	14	315
水质 2.0g/L		2	3	3	5	1	14	315
水质 3.0g/L		2	3	3	5	1	14	315
水质 4.0g/L		2	3	3	5	1	14	315
		2014 年						
		5.1~6.3	6.3~7.8	7.8~7.25	7.25~8.20	8.20~10.1		
水质 1.0g/L	−10kPa	67.5	157.5	90.0	90.0	22.5	19	427.5
	−20kPa	67.5	90.0	67.5	90.0	22.5	15	337.5
	−30kPa	45.0	90.0	67.5	67.5	22.5	13	292.5
	−40kPa	45.0	67.5	45.0	67.5	22.5	11	247.5
水质 2.0g/L	−10kPa	67.5	135.0	90.0	90.0	22.5	18	405
	−20kPa	45.0	90.0	67.5	67.5	22.5	13	292.5
	−30kPa	45.0	67.5	67.5	67.5	22.5	12	270
	−40kPa	45.0	67.5	45.0	67.5	22.5	11	247.5
水质 3.0g/L	−10kPa	67.5	112.5	67.5	90.0	22.5	16	360
	−20kPa	45.0	90.0	67.5	67.5	22.5	13	292.5
	−30kPa	45.0	67.5	67.5	67.5	22.5	12	270
	−40kPa	45.0	67.5	45.0	67.5	22.5	11	247.5
水质 4.0g/L	−10kPa	67.5	90.0	67.5	90.0	22.5	15	337.5
	−20kPa	45.0	90.0	67.5	67.5	22.5	13	292.5
	−30kPa	45.0	67.5	67.5	67.5	22.5	12	270
	−40kPa	67.5	157.5	90.0	90.0	22.5	19	427.5

　　当矿化度为 3.0 g/L 时，作物产量相对较高，说明低矿化度微咸水能增加作物产量。一定矿化度微咸水灌溉会因改善土壤结构、增加土壤通透性和根部吸水功能，为作物生长提供较好的条件。试验土壤较肥沃，但缺乏部分微量元素，微咸水中含有的多种营养物质能补充作物所需元素，对作物生长有利，从而增加作物产量。

　　作物产量受水分和盐分的双重影响，当灌水量小于 250 mm 时，矿化度 3.0 g/L 以上微咸水灌溉会因盐分胁迫致使作物减产；当灌水量大于 300 mm 时，矿化度 4.0 g/L 以下微咸水灌溉不会造成作物减产（表 5-12）。当灌水量较小时，不能将盐分排到作物主根系区以外，作物受水分和盐分胁迫造成减产；当灌水量较大时，膜下滴灌高频灌溉，能将盐分排到主根系区以外来保证主根系区的生长条件，进而保证作物产量（Chen et al.，2009；杨树青等，2009）。

表 5-12　不同矿化度水质灌溉试验作物产量

水质	灌水下限	向日葵产量/（kg/hm²）	水质	灌水下限	玉米产量/（kg/hm²）
1.0 g/L	-10 kPa	3038.4	1.0 g/L	-10 kPa	14230.2
	-20 kPa	3772.1		-20 kPa	16511.0
	-30 kPa	3931.7		-30 kPa	14964.4
	-40 kPa	3739.9		-40 kPa	13804.0
2.0 g/L	-10 kPa	2938.2	2.0 g/L	-10 kPa	16082.4
	-20 kPa	3619.5		-20 kPa	16687.2
	-30 kPa	3670.5		-30 kPa	16236.0
	-40 kPa	3519.0		-40 kPa	16139.3
3.0 g/L	-10 kPa	3085.6	3.0 g/L	-10 kPa	16615.2
	-20 kPa	3886.8		-20 kPa	17629.0
	-30 kPa	4081.7		-30 kPa	17584.8
	-40 kPa	3769.9		-40 kPa	15874.4
4.0 g/L	-10 kPa	2988.3	4.0 g/L	-10 kPa	15372.7
	-20 kPa	3695.8		-20 kPa	16362.2
	-30 kPa	3801.1		-30 kPa	14519.5
	-40 kPa	3629.45		-40 kPa	12598.8

以灌溉定额为自变量、作物产量为因变量，拟合二次抛物线方程，对实际土壤基质势指导下灌水量进行差值计算，找出产量最大时对应灌水量的土壤基质势，结果见表 5-13。当地下水中矿化度增高时，最大产量对应的土壤基质势有不同程度的提高，在此土壤基质势指导灌溉下，不同水质在滴头 30 cm 范围内盐分均较低，为较为理想的膜下滴灌水盐运移调控灌溉模式。

表 5-13　玉米和向日葵不同水质灌溉试验作物产量与灌水量的关系

作物	水质	拟合方程	相关系数 R^2	最大产量/（kg/hm²）	灌水量/mm	土壤基质势/kPa
玉米	1.0 g/L	$y = -0.2712x^2 + 186.77x - 15984$	0.9086	16172.19	344	-20
	2.0 g/L	$y = -0.0903x^2 + 59.058x + 6991.2$	0.9082	16497.72	368	-15
	3.0 g/L	$y = -0.5348x^2 + 329.98x - 32886$	0.8984	18014.71	309	-17
	4.0 g/L	$y = -1.0739x^2 + 660.83x - 85297$	0.9766	16364.30	308	-15
向日葵	1.0 g/L	$y = -0.0897x^2 + 38.136x - 55.254$	0.9828	3998.131	212.58	-24.4
	2.0 g/L	$y = -0.2742x^2 + 105.65x - 6367.7$	0.9332	3809.108	192.65	-27.1
	3.0 g/L	$y = -0.5496x^2 + 200.24x - 14139$	0.9991	4099.685	182.50	-36.7
	4.0 g/L	$y = -0.4341x^2 + 157.05x - 10352$	0.9869	3852.505	180.89	-39.8

非盐碱地玉米不同矿化度水质最佳灌水下限为-20kPa，最佳灌溉制度及施肥制度见表5-14和表5-15。

表5-14　玉米不同矿化度水质灌溉制度

水质	播种— 出苗 （5.4～6.4）	出苗— 拔节 （6.4～7.8）	拔节— 抽穗 （7.8～7.25）	抽穗— 灌浆 （7.25～8.25）	灌浆— 成熟 （8.25～10.1）	合计灌 水次数/ 次	合计灌 水量/mm
1.0g/L	67.5	90.0	67.5	90.0	22.5	15	337.5
2.0g/L	45.0	90.0	67.5	67.5	22.5	13	292.5
3.0g/L	45.0	90.0	67.5	67.5	22.5	13	292.5
4.0g/L	45.0	90.0	67.5	67.5	22.5	13	292.5

表5-15　玉米不同矿化度水质施肥制度

项目	播前	播种—出 苗 （5.4～6.4）	出苗— 拔节 （6.4～7.8）	拔节— 抽穗 （7.8～7.25）	抽穗— 灌浆 （7.25～8.25）	灌浆— 成熟 （8.25～10.1）	合计施 肥次数/ 次	施肥量/ （kg/亩）	施肥定额/ （kg/亩）
磷酸二铵	1						1	40	40
尿素		1	2	2	2	1	8	5	40
硝酸钾					1		1	6	6

非盐碱地向日葵不同矿化度微咸水最佳灌水下限为-20kPa，最佳灌溉制度及施肥制度见表5-16和表5-17。

表5-16　向日葵不同矿化度水质灌溉制度

水质	播种— 出苗 （6.5～7.9）	出苗— 现蕾 （7.9～8.1）	现蕾— 开花 （8.1～8.20）	开花— 灌浆 （8.20～9.4）	灌浆— 成熟 （9.4～10.10）	合计灌水 次数/次	合计灌水量 /mm
1.0g/L	45.0	67.5	67.5	67.5	22.5	12	270
2.0g/L	45.0	45.0	45.0	45.0		8	180
3.0g/L	22.5	45.0	45.0	45.0		7	157.5
4.0g/L	22.5	45.0	45.0	45.0		7	157.5

表5-17　向日葵不同矿化度水质施肥制度

项目	播前	播种— 出苗 （6.5～ 7.9）	出苗— 现蕾 （7.9～ 8.1）	现蕾— 开花 （8.1～ 8.20）	开花— 灌浆 （8.20～ 9.4）	灌浆— 成熟 （9.4～ 10.10）	合计施 肥次数 /次	施肥量/ （kg/亩）	施肥定额/ （kg/亩）
磷酸二铵	1						1	25	25
尿素		1	1	1	1	1	5	4	20
硝酸钾			1		1		2	5	10

5.1.4　盐碱地典型作物微咸水膜下滴灌水肥一体化技术

　　2015～2016 年在长胜试验站和五原盐碱地改良站开展了盐碱地典型作物微咸水膜下滴灌试验，试验以玉米和向日葵为供试作物，采用张力计指导灌溉，灌溉水源为地下微咸水（3.0 g/L），以作物产量为目标函数，推荐最优微咸水膜下滴灌制度。试验处理"一井 10Y""一井 20Y""一井 30Y""一井 40Y"分别表示以玉米为供试作物，在灌水下限为-10kPa、-20 kPa、-30 kPa、-40 kPa 时，一年春汇一次；"两井 20Y""两井 30Y""两井 40Y"分别表示以玉米为供试作物，在灌水下限为-20 kPa、-30 kPa、-40 kPa 时，两年春汇一次；"一井 20K""两井 20K"分别表示以向日葵为供试作物，在灌水下限为-20 kPa 时，一年、两年春汇一次；"黄漫 Y""黄漫 K"分别表示以玉米、向日葵为供试作物，采用传统地面灌溉模式。春汇定额以及黄河水地面灌溉处理的灌溉制度和施肥制度均参照当地传统的春汇定额、灌溉制度及施肥制度。

1. 玉米微咸水膜下滴灌灌水制度

　　生育期内根据不同灌水下限进行滴灌，具体灌溉施肥情况见表 5-18 和表 5-19。

表 5-18　2015 年玉米微咸水膜下滴灌试验灌溉制度　（单位：m³/hm²）

时间	一井 10Y	一井 20Y	一井 30Y	一井 40Y	黄漫 Y
4 月下旬	2250	2250	2250	2250	2250
6 月上旬	0	0	0	0	
6 月中旬	225	225	225	225	
6 月下旬	0	0	0	0	2250
7 月上旬	450	450	675	675	
7 月中旬	900	675	225	225	
7 月下旬	675	225	225	225	
8 月上旬	900	450	450	225	2250
8 月中旬	600	600	300	300	
8 月下旬	600	600	600	300	
9 月上旬	225	225	225	0	
合计	6825	5700	5175	4425	6750

表 5-19　2016 年玉米微咸水膜下滴灌试验灌溉制度（单位：m³/hm²）

时间	一井 20Y	一井 30Y	一井 40Y	两井 20Y	两井 30Y	两井 40Y	黄漫 Y
4 月下旬	2250	2250	2250	1125	1125	1125	2250

续表

时间	一井 20Y	一井 30Y	一井 40Y	两井 20Y	两井 30Y	两井 40Y	黄漫 Y
6 月上旬	225	225	225	112.5	112.5	112.5	
6 月中旬	225	225	225	225	225	240	
6 月下旬	225	225	225	225	112.5	112.5	2250
7 月上旬	450	450	225	450	562.5	562.5	
7 月中旬	225	225	225	562.5	225	225	
7 月下旬	450	450	225	450	450	337.5	
8 月上旬	450	225	225	562.5	450	225	2250
8 月中旬	300	300	300	450	300	300	
8 月下旬	300	300	300	450	450	300	
9 月上旬	225	225	225	225	225	112.5	
合计	5325	5100	4650	4837.5	4237.5	3637.5	6750

注：表中两年春汇处理的灌溉制度为两年总的灌溉制度平均分配到每一年。

玉米微咸水膜下滴灌相比玉米黄河水地面灌溉施入的尿素量约减少 600 kg/hm^2，复合肥约减少 15 kg/hm^2，且其生育期灌水量明显减少，表明微咸水膜下滴灌具有较大的节水减肥效益。仅考虑节约水效益，玉米微咸水膜下滴灌灌水下限小于 −10 kPa 处理的灌溉制度较玉米传统黄河水地面灌溉制度更节水，且灌水下限越低，节水效益越明显；虽然在作物生育期内一年春汇处理较两年春汇处理节水，但从全年灌溉总水量角度来看，两年春汇处理相对于一年春汇处理更节水；考虑节约淡水效益，两年春汇较一年春汇更节约淡水（表 5-20 和表 5-21）。

表 5-20　玉米微咸水膜下滴灌试验施肥制度（单位：kg/hm^2）

年份	肥料种类	5 月中旬	6 月下旬	7 月上旬	7 月中旬	7 月下旬	8 月上旬	8 月中旬	8 月下旬	合计
2015	磷酸二铵	375								375
	45%硫酸钾	300								300
	尿素		45	90	125	125	45	45		475
	复合肥		45			45		45		135
2016	磷酸二铵	375								375
	45%硫酸钾	300								300
	尿素		75	75	75	75		75	75	450
	复合肥		45		45			45		135

表 5-21　玉米黄河水地面灌溉对照试验施肥制度 （单位：kg/hm²）

年份	肥料种类	5 月中旬	6 月下旬	7 月上旬	7 月中旬	7 月下旬	8 月上旬	8 月中旬	8 月下旬	合计
2015	磷酸二铵	375								750
	45%硫酸钾	300								300
	尿素	300	750							1050
	复合肥		150							150
2016	磷酸二铵	375								375
	45%硫酸钾	300								300
	尿素	300	750							1050
	复合肥		150							150

2. 向日葵微咸水膜下滴灌灌水制度

2015 年和 2016 年试验期间向日葵微咸水膜下滴灌灌水施肥情况见表 5-22～表 5-25。

表 5-22　2015 年向日葵微咸水膜下滴灌试验灌溉制度 （单位：m³/hm²）

时间	一井 10K	一井 20K	一井 30K	一井 40K	黄漫 K
4 月下旬	2250	2250	2250	2250	2250
6 月上旬					
6 月中旬					
6 月下旬					1500
7 月上旬	450	225	225	225	
7 月中旬	450	450	225	225	
7 月下旬	225	225	225	225	
8 月上旬	675	450	225	225	1000
8 月中旬	600	600	600	300	
8 月下旬	600	300	300	300	
9 月上旬	225	225	225	225	
合计	5475	4725	4275	3975	4750

表 5-23　2016 年向日葵微咸水膜下滴灌试验灌溉制度 （单位：m³/hm²）

时间	一井 20K	一井 30K	一井 40K	两井 20K	两井 30K	两井 40K	黄漫 K
4 月下旬	2250	2250	2250	1125	1125	1125	2250

续表

时间	一井 20K	一井 30K	一井 40K	两井 20K	两井 30K	两井 40K	黄漫 K
6 月上旬							
6 月中旬							
6 月下旬				112.5	112.5	112.5	1500
7 月上旬	225			337.5	225	225	
7 月中旬	225	225	225	450	225	225	
7 月下旬	225	225	225	337.5	337.5	225	
8 月上旬	450	225	225	450	225	225	1000
8 月中旬	600	600	300	600	600	450	
8 月下旬	300	300	300	300	300	300	
9 月上旬	225	225	225	225	225	225	
合计	4500	4050	3750	3937.5	3375	3112.5	4750

注：表中两年春汇处理的灌溉制度为两年总的灌溉制度平均分配到每一年。

表 5-24　向日葵微咸水膜下滴灌试验施肥制度　（单位：kg/hm²）

年份	肥料种类	5 月中旬	6 月下旬	7 月上旬	7 月中旬	7 月下旬	8 月上旬	8 月中旬	8 月下旬	合计
2015	磷酸二铵	375								375
	45%硫酸钾	300								300
	尿素		45	45	90	45	45	45	45	360
	复合肥		45				45			90
2016	磷酸二铵	375								375
	45%硫酸钾	300								300
	尿素		75		75		75		75	300
	复合肥		45				45			90

表 5-25　向日葵黄河水地面灌溉对照试验施肥制度（单位：kg/hm²）

年份	肥料种类	5 月中旬	6 月下旬	7 月上旬	7 月中旬	7 月下旬	8 月上旬	8 月中旬	8 月下旬	合计
2015	磷酸二铵	375								375
	45%硫酸钾	300								300
	尿素	300	300							600
	复合肥		150							150

续表

年份	肥料种类	5月中旬	6月下旬	7月上旬	7月中旬	7月下旬	8月上旬	8月中旬	8月下旬	合计
2016	磷酸二铵	375								375
	45%硫酸钾	300								135

与黄河水地面灌溉相比，向日葵微咸水膜下滴灌施入尿素量约减少 240 kg/hm^2，复合肥约减少 60 kg/hm^2，且其生育期灌水量明显减少，具有较大的节水减肥效益。灌水下限越低，节水效益越明显，虽然在作物生育期内一年春汇处理较两年春汇处理节水，但从全年灌溉总水量角度来看，两年春汇处理相对一年春汇处理更节水；考虑节约淡水效益，两年春汇较一年春汇更节约淡水。

3. 盐碱地典型作物微咸水膜下滴灌最佳灌溉制度

从表 5-26 中可以看出，一年春汇各处理的出苗率均大于两年春汇各处理的出苗率。2015 年一年春汇-10 kPa 处理对应玉米产量最高，一年春汇-40 kPa 处理对应玉米产量最低。相比黄河水地面灌溉处理，仅一年春汇-10 kPa 处理增产 0.87%，一年春汇-20 kPa、-30 kPa、-40 kPa 分别减产 0.63%、3.1%、16.3%。2016 年黄河水地面灌溉处理产量最大，为 12214.75 kg/hm^2，相比黄河水地面灌溉处理，一年春汇-20 kPa、-30 kPa、-40 kPa 分别减产 8.79%、10.16%、15.40%，两年春汇-20 kPa、-30 kPa、-40 kPa 分别减产 22.83%、16.37%、26.15%。

表 5-26　玉米产量分析表

年份	处理	种植密度/（株/hm^2）	出苗率/%	非生育期灌水量/（m^3/hm^2）	生育期灌水量/（m^3/hm^2）	总灌水量/（m^3/hm^2）	产量/（kg/hm^2）
2015	一井 10Y	75000	99.2	2250	4575	6825	12075.4
	一井 20Y	75000	99.3	2250	3450	5700	11895.6
	一井 30Y	75000	99.2	2250	2925	5175	11605.2
	一井 40Y	75000	99.1	2250	2175	4425	10018.05
	黄漫 Y	75000	99.8	2250	4500	6750	11970.95
2016	一井 20Y	75000	99.52	2250	3075	5325	11140.80
	一井 30Y	75000	99.53	2250	2850	5100	10973.94
	一井 40Y	75000	99.51	2250	2400	4650	10333.96
	两井 20Y	75000	95.12	1125	3975	5100	9425.78
	两井 30Y	75000	94.74	1125	3300	4425	10214.78
	两井 40Y	75000	94.66	1125	2850	3975	9020.75
	黄漫 Y	75000	99.53	2250	4500	6750	12214.75

相对于黄河水地面灌溉处理，除一年春汇-10 kPa 处理增产约 0.87%外，一年春汇其他处理及两年春汇处理均减产，一年春汇灌水下限越低越有利于保产，两年春汇处理对应灌水下限-30 kPa 减产最小。从产量最大化角度来看，推荐采用一年春汇-10 kPa 灌水下限对应的微咸水灌溉制度。

向日葵微咸水膜下滴灌试验产量分析见表 5-27。

表 5-27　向日葵产量分析表

年份	处理	种植密度 / （株/hm^2）	出苗率 /%	非生育期灌水量 / （m^3/hm^2）	生育期灌水量 / （m^3/hm^2）	总灌水量 / （m^3/hm^2）	产量 / （kg/hm^2）
2015	一井 10K	41250	90.71	2250	3225	5475	6588
	一井 20K	41250	90.67	2250	2475	4725	6678
	一井 30K	41250	90.72	2250	2025	4275	7236
	一井 40K	41250	90.64	2250	1725	3975	6166
	黄漫 K	41250	90.82	2250	2500	4750	6711
2016	一井 20K	41250	90.67	2250	2250	4500	7020
	一井 30K	41250	90.72	2250	1800	4050	7763
	一井 40K	41250	90.64	2250	1500	3750	6630
	两井 20K	41250	86.56	1125	2925	4050	4764
	两井 30K	41250	90.02	1125	2250	3375	5233
	两井 40K	41250	85.34	1125	2025	3150	4310
	黄漫 K	41250	91.12	2250	2500	4750	6468

2016 年两年春汇各处理间的出苗率差别明显，且各处理间的出苗率普遍低于一年春汇各处理和黄河水漫灌处理，这说明春汇对向日葵出苗率影响明显。2015 年一年春汇-40 kPa 处理和 2016 年两年春汇-40 kPa 处理向日葵产量最低。2016 年一年春汇各处理向日葵产量均大于两年春汇各处理。相比黄河水地面灌溉处理，2015 年一年春汇-30 kPa 处理向日葵产量增加 7.8%，一年春汇-10 kPa、-20 kPa、-40 kPa 处理向日葵产量分别减少 1.8%、0.49%、8.1%。同黄河水地面灌溉处理相比，2016 年一年春汇-20 kPa、-30 kPa、-40 kPa 分别增产 8.5%、20.0%、2.5%，两年春汇-20 kPa、-30 kPa、-40 kPa 分别减产 26.3%、19.1%、33.4%。从产量角度来看，一年春汇-30 kPa 处理对应微咸水灌溉制度最有利于向日葵增产。

综合考虑微咸水灌溉的保产、节水效益，玉米微咸水膜下滴灌试验节约灌溉用淡水时可保持产量,确定两年春汇-30 kPa 处理对应灌溉制度最优,即每两年引黄河水春汇一次,春汇定额 2250 m^3/hm^2,春汇时间为每年 4 月下旬,玉米生育期内微咸水膜下滴灌灌溉制度和施肥制度分别见表 5-28 和表 5-29。

表 5-28 玉米微咸水膜下滴灌灌溉制度

灌水时间	灌水次数	灌水定额/(m^3/hm^2)	灌溉定额/(m^3/hm^2)
苗期	3	225	675
拔节期	4	225	900
抽穗期	3	225	675
灌浆期	2	300	600
乳熟期	2	225	450
合计	14		3300

表 5-29 玉米微咸水膜下滴灌施肥制度

施肥时间	尿素			复合肥		
	施肥次数	施肥定额/(kg/hm^2)	施肥量/(kg/hm^2)	施肥次数	施肥定额/(kg/hm^2)	施肥量/(kg/hm^2)
苗期	1	75	75	1	45	45
拔节期	3	75	225	1	45	45
抽穗期	0	75	0	0	45	0
灌浆期	1	75	75	1	45	45
乳熟期	1	75	75	0	45	0
合计	6		450	3		135

注:玉米播前施入 1 次底肥,磷酸二铵 375 kg/hm^2,45%硫酸钾 300 kg/hm^2。

综合考虑微咸水灌溉的保产、节水效益,向日葵微咸水膜下滴灌试验确定两年春汇-30 kPa 处理对应灌溉制度最优,即每两年引黄河水春汇一次,春汇定额 2250 m^3/hm^2,春汇时间为每年 4 月下旬,向日葵生育期内微咸水膜下滴灌灌溉制度和施肥制度分别见表 5-30 和表 5-31。

表 5-30 向日葵微咸水膜下滴灌灌溉制度

灌水时间	灌水次数	灌水定额/(m^3/hm^2)	灌溉定额/(m^3/hm^2)
苗期	2	225	450
现蕾期	2	225	450
花期	2	225	450

续表

灌水时间	灌水次数	灌水定额/（m³/hm²）	灌溉定额/（m³/hm²）
灌浆期	3	300	900
蜡熟期	1	225	225
合计	10		2475

表 5-31　向日葵微咸水膜下滴灌施肥制度

施肥时间	尿素			复合肥		
	施肥次数	施肥定额/（kg/hm²）	施肥量/（kg/hm²）	施肥次数	施肥定额/（kg/hm²）	施肥量/（kg/hm²）
苗期	1	75	75	1	45	45
现蕾期	1	75	75	0	45	0
花期	1	75	75	1	45	45
灌浆期	1	75	75	0	45	0
蜡熟期	0	75	0	0	45	0
合计	4		300	2		90

注：向日葵播前施入 1 次底肥，磷酸二铵 375 kg/hm²，45%硫酸钾 300 kg/hm²。

5.2　膜下滴灌水盐分布及作物响应规律

5.2.1　玉米膜下滴灌水盐分布及作物响应规律

2014 年在内蒙古河套灌区临河区双河镇进步村九庄农业合作社试验基地进行了玉米膜下滴灌水盐分布及作物响应规律试验研究。灌溉所用的地下水含盐量为 1.07 g/L，分别设置基质势-10 kPa、-20 kPa、-30 kPa、-40 kPa 4 个灌水下限处理，简记为 D1、D2、D3、D4，灌溉定额分别为 518.0 mm、444.7 mm、368.3 mm、268.3 mm。

1. 玉米膜下滴灌水盐分布规律

玉米抽雄期需水量最大，根系活动范围最大，频繁的灌水会使滴灌湿润体的影响半径达到生育期最大值。由图 5-1 可知，D1、D2、D3、D4（膜下滴灌灌水下限分别为-10 kPa、-20 kPa、-30 kPa、-40 kPa）土壤质量含水率均值分别为 25.16%、22.72%、22.36%、21.44%，越靠近地表且远离滴头处，水分含量越低。D1、D2、D3、D4 土壤水分垂直方向急剧变化的土层深度范围（白色框线内部分）分别是 25～40 cm、33～48 cm、37～52 cm、30～52 cm，D1、D2、D3 深度随基质势减小而增加，其范围大小基本一致，而 D4 范围增大。在靠近地表土层，即白色框以上部分不同处理膜内（距滴头距离 0～30 cm）土壤水分以水平变化为主，膜边缘及膜外（黑框内部分）土壤水分由下层向上层、由膜内向膜外依次递减。由土壤水分集水线可知，D1、D2 以剖面水分最大值为界，上层土壤水分有由深层向地表、由膜内向膜外运动的趋势，下层土壤水分向下运动。D3、D4 整个剖面土壤水分由下层向上层依次递减，灌水前土壤水分在蒸发蒸腾作用下经由地表散失（图 5-1）。

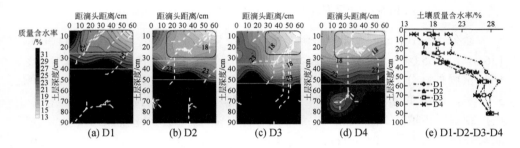

图 5-1　玉米抽雄期灌水前土壤水分剖面分布

D1～D4 分别表示膜下滴灌灌水下限为-10 kPa、-20 kPa、-30 kPa、-40 kPa，下同。白色短划线表示土壤集水线，黑色框是土壤水分由下层向上层、由膜内向膜外依次递减的区域；白色框是土壤水分垂直方向急剧变化的区域；

（e）为各处理水平方向距滴头不同距离位置处土壤质量含水率

　　玉米生育期末对应的土壤剖面盐分分布状况是整个生育期内土壤盐分随水分迁移运动积累的结果，如图 5-2 所示。D1 土壤盐分在距滴头 0～20 cm 正下方范围内基本低于 0.3 dS/m，在距滴头水平距离 20～60 cm 范围内，盐分自深层至表层依次增加，在地表 0～20 cm，从膜内至膜外盐分逐渐积累。D2 土壤盐分剖面分布与 D1 类似，但膜内滴头下方盐分低值区和膜外盐分高值区范围相对较小。D3 在距滴头 0～40 cm 正下方 0～40 cm 范围内形成一个盐分低于 0.3 dS/m 的环状范围，在深度 40～80 cm 及 0～20 cm 膜外位置处盐分积累。D4 在距滴头水平距离 0～30 cm 地表下 50～80 cm 及距滴头水平距离 20～60 cm 地表下 0～30 cm 位置处盐分明显高于其他位置。将图 5-1 黑框平移至图 5-2，此范围内土壤盐分变化与土壤水分变化规律近乎相反，即膜下滴灌土壤盐分在地表浅层膜边缘及膜外范围内由下层向上层、由膜内向膜外依次递增，这可能是滴灌膜内及深层土壤水分经膜边缘及膜外散失，盐分迁移运动趋于地表积累的结果。

　　膜下滴灌不同灌溉制度下 0～100 cm、0～60 cm、0～40 cm 土体总盐分，膜内、膜外生育期盐分改变量如图 5-3 所示。土体总盐分及膜外生育期盐分在 0～100 cm、0～60 cm、0～40 cm 土层均是增加的，-10 kPa、-20 kPa、-30 kPa、-40 kPa

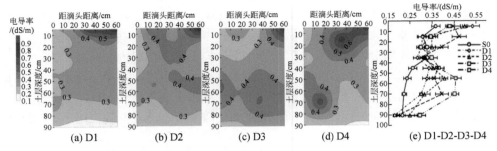

图 5-2　不同灌溉制度下生育期末土壤剖面盐分分布图

土体盐分 0～100 cm 增加量占灌溉水引入土壤盐分总量的 38.83%、84.36%、146.01%、165.04%，说明-10 kPa 和-20kPa 可有效淋滤 0～100 cm 土体盐分。0～100 cm 膜外盐分增加量占盐分总增加量的百分比分别为 97.25%、78.30%、70.69%、57.34%，说明在滴灌局部湿润和强烈的蒸发作用下，盐分由膜内向膜外运移，土壤控制基质势越高（D1 最高），灌水越频繁，灌溉水向膜外浸润范围越大，越多的盐分迁移到膜外。0～60 cm 土壤盐分较播种前增加量占总增加量的 85.42%、65.63%、43.50%、65.71%，膜外增加量占 0～60 cm 总增加量的 106.38%、78.50%、71.85%、81.19%。0～40 cm 增加量分别占总增加量的 47.83%、44.50%、20.94%、65.27%，膜外增加量占 0～40 cm 总增加量的 145.84%、93.46%、144.12%、102.53%，基本是基质势控制水平越高，运移积累到膜外地表裸地的盐分越多。

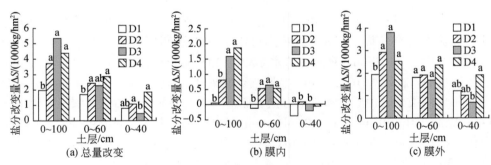

图 5-3　玉米生育期不同滴灌制度下土体盐分平衡图

柱状图中标注的字母相同表示没有差异性，不相同表示差异性显著

2. 滴灌制度对玉米产量品质的影响

不同滴灌制度对玉米百粒质量、秃尖长度、产量、品质的影响见表 5-32。D2 处理秃尖长度最短，D2 和 D3 处理百粒质量、产量较高（分别为 16511.0 kg/hm² 和 14964.4 kg/hm²），与 D1、D4 产量差异性显著，分别高 16.03%、19.61%（$P<$

0.05）。由于品质检测使用各处理重复的混合样，故未做显著性分析。总体来看，D1、D2、D3、D4 处理粗脂肪、粗淀粉、粗蛋白的总量分别占总产量的 81.79%、75.82%、80.51%、88.69%，差别不大。

表 5-32 不同滴灌制度下玉米产量品质

滴水下限	百粒质量/g	秃尖长度/mm	产量/（kg/hm²）	品质		
				粗脂肪/%	粗淀粉/%	粗蛋白/%
D1	34.0b	6.1b	14230.2b	8.96	65.07	7.76
D2	35.4a	3.6c	16511.0a	10.4	57.31	8.11
D3	34.9a	5.2b	14964.4ab	8.9	63.34	8.27
D4	33.9b	8.1a	13804.0b	9.92	70.69	8.08

5.2.2 微咸水膜下滴灌水盐分布及作物响应规律

1. 微咸水膜下滴灌灌水量分析

表 5-33 和表 5-34 为微咸水膜下滴灌玉米和向日葵的灌水量表，2013 年主要针对不同水质（1.0 g/L、2.0 g/L、3.0 g/L、4.0 g/L）微咸水膜下滴灌水盐运移情况进行试验研究。2014 年针对水盐调控技术进行研究，试验设置了不同水质、不同土壤基质势处理。其中，水质矿化度 1.0 g/L 为当地地下水。从表 5-33 和表 5-34 中可以看出，同一水质下随土壤基质势减小，灌水次数及灌水量均减少；不同水质在同一土壤基质势下灌水量变化不同，除 1.0 g/L 水质灌溉外，总体表现为土壤基质势较大（≥−20 kPa）时，灌水量随灌水水质矿化度的增大而减少，当土壤基质势＜−30 kPa 时，同一土壤基质势不同水质作物生育期内灌水次数及灌水量无变化。

表 5-33 玉米不同水质灌溉试验灌水次数

项目		播种—出苗	出苗—拔节	拔节—抽穗	抽穗—灌浆	灌浆—成熟	合计灌水次数/次	合计灌水量/mm
		2013 年						
		5.4~6.4	6.4~7.8	7.8~7.25	7.25~8.25	8.25~10.1		
水质 1.0g/L	−20kPa	2	3	3	5	1	14	315
水质 2.0g/L		2	3	3	5	1	14	315
水质 3.0g/L		2	3	3	5	1	14	315
水质 4.0g/L		2	3	3	5	1	14	315
		2014 年						
		5.1~6.3	6.3~7.8	7.8~7.25	7.25~8.20	8.20~10.1		
水质 1.0g/L	−10kPa	3	7	4	4	1	19	427.5
	−20kPa	3	4	3	4	1	15	337.5
	−30kPa	2	4	3	3	1	13	292.5
	−40kPa	2	3	2	3	1	11	247.5

续表

项目		播种—出苗	出苗—拔节	拔节—抽穗	抽穗—灌浆	灌浆—成熟	合计灌水次数/次	合计灌水量/mm
水质2.0g/L	-10kPa	3	6	4	4	1	18	405
	-20kPa	2	4	3	3	1	13	292.5
	-30kPa	2	3	3	3	1	12	270
	-40kPa	2	3	2	3	1	11	247.5
水质3.0g/L	-10kPa	3	5	3	4	1	16	360
	-20kPa	2	4	3	3	1	13	292.5
	-30kPa	2	3	3	3	1	12	270
	-40kPa	2	3	2	3	1	11	247.5
水质4.0g/L	-10kPa	3	4	3	4	1	15	337.5
	-20kPa	2	4	3	3	1	13	292.5
	-30kPa	2	3	3	3	1	12	270
	-40kPa	2	3	2	3	1	11	247.5

表 5-34 向日葵不同水质灌溉试验灌水次数

项目		播种—出苗	出苗—拔节	拔节—抽穗	抽穗—灌浆	灌浆—成熟	合计灌水次数/次	合计灌水量/mm
		2013年						
		6.4~7.7	7.7~8.01	8.01~8.23	8.23~9.8	9.8~10.5		
水质1.0g/L	-20kPa	3	2	3	1		9	202.5
水质2.0g/L		3	2	3	1		9	202.5
水质3.0g/L		3	2	3	1		9	202.5
水质4.0g/L		3	2	3	1		9	202.5
		2014年						
		6.9~7.4	7.5~7.20	7.20~7.28	7.28~8.28	8.28~10.1		
水质1.0g/L	-10kPa	3	3	4	3	1	14	315
	-20kPa	2	3	3	3	1	12	270
	-30kPa	2	2	2	3	1	10	225
	-40kPa	1	2	2	2		7	157.5
水质2.0g/L	-10kPa	2	2	3	3	1	11	247.5
	-20kPa	2	2	2	3	1	10	225
	-30kPa	2	2	2	2		8	180
	-40kPa	1	2	2	2		7	157.5
水质3.0g/L	-10kPa	2	2	2	3	1	10	225
	-20kPa	2	2	2	2	1	9	202.5
	-30kPa	2	2	2	2		8	180
	-40kPa	1	2	2	2		7	157.5

续表

项目		播种— 出苗	出苗— 拔节	拔节— 抽穗	抽穗— 灌浆	灌浆— 成熟	合计灌水 次数/次	合计灌水量 /mm
水质 4.0g/L	−10kPa	2	2	2	3	1	10	225
	−20kPa	2	2	2	2	1	9	202.5
	−30kPa	2	2	2	2		8	180
	−40kPa	1	2	2	2		7	157.5

在相同条件下用矿化度较高的微咸水灌溉，由于溶质势的影响，矿化度高的灌溉水必造成土壤水势较低，土壤吸力增大，因而作物较难利用土壤中的水分，在长期盐分胁迫下，作物某些器官衰竭，耗水能力下降，灌水量随之减少；当灌溉水水质矿化度较低时，土壤水势较高，作物容易吸收土壤水分，在一定范围内基质势变化较频繁，在张力计的指导下，增加了灌水频率，也导致灌水量增加；当土壤基质势较小时，作物长期受水分胁迫，耗水能力随之下降，灌水量也随之减少。因此，土壤基质势较大（≥−20 kPa）时，灌水量随灌水水质矿化度的增大而减少。按相关文献，3.0 g/L 及以下水质灌溉不会引起盐渍化。

2. 微咸水膜下滴灌盐分分布规律

1）不同矿化度微咸水膜下滴灌制度下玉米土壤盐分分布

图 5-4 为 2014 年不同处理土壤剖面盐分分布，各灌溉水矿化度条件下，从左到右依次为−10 kPa、−20 kPa、−30 kPa 和−40 kPa 灌水下限土壤剖面盐分分布图，等值线的疏密表示盐分在该区域的变化剧烈水平。在土壤基质势−10 kPa 条件下，在距滴头水平距离 40～60 cm 处的土壤剖面积盐明显，当灌溉水矿化度≥3.0 g/L 时，在地下 50～80 cm 处盐分增大；在土壤基质势−20 kPa 条件下，除水质为 1.0 g/L 灌溉水处理在距滴头水平距离 35～60 cm 处的土壤剖面积盐明显外，灌溉水矿化度≥3.0 g/L 时，在地下 40 cm 处盐分明显增大，且在 4.0 g/L 水质条件下，距滴头水平距离 10～20 cm 和 40～55 cm 处形成一个盐分较高的盐壳；在土壤基质势−30 kPa 条件下，1.0 g/L 灌水在水平方向盐分变化与−10 kPa 相似，但在滴头下方 50～80 cm 处有盐分明显聚集，2.0 g/L 与 1.0 g/L 相似，3.0 g/L 的盐分分布与−20 kPa 灌水下限 4.0 g/L 灌溉水矿化度盐分变化相似；在土壤基质势−40 kPa 条件下，4.0 g/L 灌水下整个土壤剖面盐分分布较均匀，没有明显的积盐区域（李金刚等，2017）。

2）不同矿化度微咸水膜下滴灌制度下向日葵土壤盐分分布

图 5-5 和图 5-6 为灌溉水矿化度 1.0 g/L 及 3.0 g/L 时，不同土壤基质势的向日葵土壤盐分分布图。向日葵在整个生育期内灌水量较少，在滴头下方竖直方向产生积盐区域，主要可能是由于淋滤水量少，盐分未完全淋洗至根层外。灌溉水矿化度一定，当土壤基质势控制水平较高时（−10 kPa 和−20 kPa），主根区（0～40 cm）

土壤含盐高值区有远离滴头的趋势，当土壤基质势控制水平较低时（-30 kPa 和 -40 kPa），主根区土壤含盐高值区有向滴头靠近的趋势。另外，基质势控制水平较低时，次根区（40～80 cm）土壤含盐高值区有向上运移的趋势；土壤基质势一定，随着灌溉水矿化度增大（1.0～4.0 g/L），主根区土壤含盐量减小，次根区土壤含盐量增大。

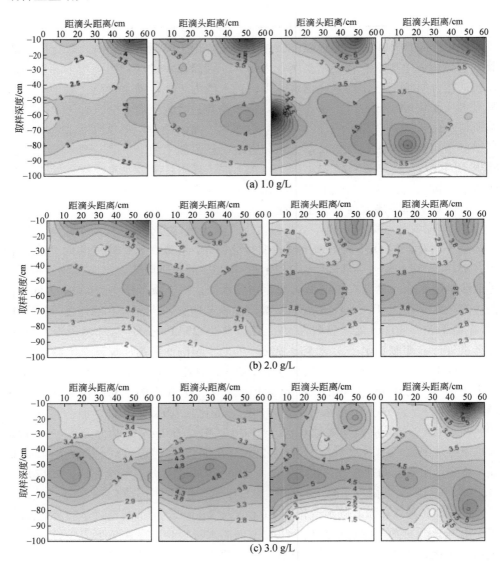

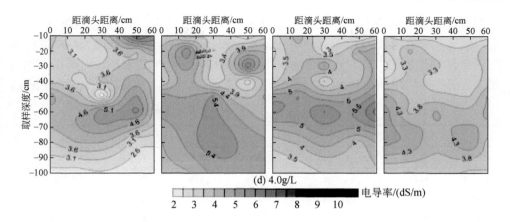

图 5-4 膜下滴灌不同处理土壤剖面盐分分布

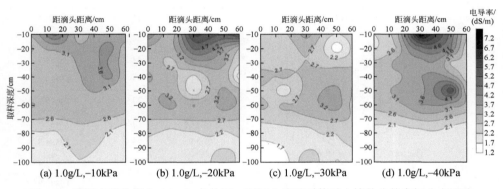

图 5-5 灌溉水矿化度为 1.0 g/L 条件下，不同土壤基质势对土壤盐分的空间分布影响

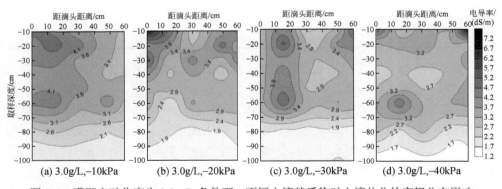

图 5-6 灌溉水矿化度为 3.0 g/L 条件下，不同土壤基质势对土壤盐分的空间分布影响

3. 微咸水膜下滴灌作物响应规律

从表 5-35 可知，2013 年在不同水质同一灌水量条件下，作物产量随灌水矿化

度的升高先增加后减小，在 2.5 g/L 灌溉水质条件下，作物产量最高。综合两年来看，灌水矿化度为 3.0 g/L 时，作物产量相对较高，说明一定矿化度微咸水灌溉不仅不会抑制作物的生长，反而会因改善土壤结构，增加土壤通透性，减小土壤容重，从而提高土壤饱和含水率，提供作物所需元素，为作物生长提供较好的条件。

表 5-35　玉米微咸水灌溉试验作物产量

2013 年			2014 年			
水质	百粒重/g	产量/（kg/hm²）	水质	土壤基质势	百粒重/g	产量/（kg/hm²）
1.0 g/L	34.9	14397.08		−10 kPa	34.0	14230.2
1.5 g/L	35.4	14714.04		−20 kPa	35.4	16511.0
2.0 g/L	35.3	15177.86	1.0 g/L	−30 kPa	34.9	14964.4
2.5 g/L	35.4	15178.85		−40 kPa	33.9	13804.0
3.0 g/L	33.1	14979.86		−10 kPa	32.8	16082.4
			2.0 g/L	−20 kPa	34.1	16687.2
				−30 kPa	33.2	16236.0
				−40 kPa	33.0	16139.3
				−10 kPa	33.9	16615.2
			3.0 g/L	−20 kPa	36.0	17629.0
				−30 kPa	35.9	17584.8
				−40 kPa	32.4	15874.4
				−10 kPa	31.4	15372.7
			4.0 g/L	−20 kPa	33.4	16362.2
				−30 kPa	29.7	14519.5
				−40 kPa	25.7	12598.8

从图 5-7 可以看出，灌水量较小时，水分和盐分均显著影响作物产量，灌水量较大时，盐分较水分对作物产量影响明显。综合分析可知，作物产量受水分和盐分的双重影响，当灌水量＜250 mm 时，用矿化度 3.0 g/L 以上微咸水灌溉会因盐分胁迫致使作物减产，即灌水量较小时，膜下滴灌也不能将盐分排到作物主根系区以外，从而使作物受水分和盐分胁迫而减产；当灌水量＞300 mm 时，矿化度 4.0 g/L 以下微咸水灌溉不会造成作物减产，即灌水量较大时，膜下滴灌高频灌溉能将多余盐分排到主根系区以外，保证主根系区有较好的水肥条件，进而保证作物产量。

· 166 ·

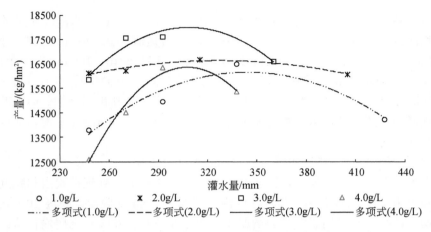

图 5-7　2014 年玉米微咸水膜下滴灌灌水量与产量变化关系

5.2.3　盐碱地微咸水膜下滴灌水盐分布及作物响应规律

1. 微咸水膜下滴灌水盐分布规律

1）玉米和向日葵微咸水膜下滴灌的土壤水分变化

玉米和向日葵微咸水膜下滴灌两年春汇各处理膜内、膜外表层 20 cm 土层土壤含水率明显大于一年春汇处理对应的土壤含水率；玉米生育期内两年春汇 −20 kPa、−30 kPa、−40 kPa 处理相对各一年春汇处理分别增加灌溉定额 24%、13% 和 10%，向日葵生育期内两年春汇 −20 kPa、−30 kPa、−40 kPa 处理相对各一年春汇处理分别增加灌溉定额 25%、25% 和 32.5%，作物生育期内由于更高频率滴灌湿润作用，两年春汇处理对应表层 20 cm 土壤含水率更高。

地表以下 0～100 cm，相对一年春汇处理，由于两年春汇处理在非春汇灌溉年未做春汇灌溉处理，滴灌湿润深度无法抵达 40 cm 以下，自播种至玉米拔节期（向日葵现蕾期）深层土壤含水率低，故相应土壤含水率变化趋势相反。一年春汇各处理灌水控制下限越高，膜内相同深度或膜外相同深度的土壤含水率越大；相同土层深度内，膜内土壤含水率大于膜外；随着土层深度的增加，土壤含水率逐渐增大，土壤含水率变化幅度逐渐减小。

2）玉米和向日葵微咸水膜下滴灌的土壤盐分变化

玉米和向日葵试验中除传统黄河水漫灌对照处理外，各试验处理膜外 0～40 cm 和 40～100 cm 土壤含盐量随着玉米生育期的延长而持续增加，相同时段各处理膜外土壤含盐量均大于黄河水漫灌对照处理。但玉米试验苗期至拔节期、抽穗期至灌浆期土壤含盐量均减少，向日葵试验苗期至现蕾期、花期至灌浆期土壤含盐量均减少，且相同时段各处理土壤含盐量均大于传统黄河水漫灌对照处理。

相同春汇制度下，各处理灌水下限越高，同时段膜外 0～40 cm 土壤含盐量越大；相同处理同时段膜外 0～40 cm 土壤含盐量大于膜外 40～100 cm 土壤含盐量；玉米试验黄河水漫灌处理在苗期至拔节期和灌浆期至乳熟期膜外 0～40 cm 和 40～100 cm 土壤含盐量均减少，其他各时段膜内土壤含盐量均增加。向日葵传统黄河水漫灌对照处理在苗期和花期膜外 0～40 cm 和 40～100 cm 土壤含盐量均减少，其他各时段膜内土壤含盐量均增加。

3）玉米和向日葵微咸水膜下滴灌的土壤盐分累积

玉米和向日葵生育期内，微咸水膜下滴灌一年春汇各处理在膜内和膜外 0～100 cm 均积盐；两年春汇各处理在膜内表层 0～20 cm 均脱盐，膜内 20～100 cm 土层均积盐且积盐量随着深度的增加而增加，膜外 0～100 cm 土层均积盐；随着土层深度的增加，黄河水漫灌对照处理在膜内同一年春汇各处理具有相同的变化趋势，在膜外同一年春汇和两年春汇各处理具有相同的变化趋势，但膜外黄河水漫灌对照处理各土层土壤积盐量均小于一年春汇和两年春汇各处理相应土层土壤积盐量；一年春汇各处理中-30 kPa 处理在膜内表层 40 cm 土层土壤积盐量最小。

作物生育期内，相对于传统黄河水地面灌溉处理，相同春汇制度下 100 cm 土体积盐量随着灌水控制下限的降低而增加，两年春汇处理小于一年春汇处理。玉米生育期内，相对于传统黄河水地面灌溉，一年春汇处理增加积盐量 62.61%～103.53%，两年春汇处理增加积盐量 28.95%～62.42%；向日葵生育期内，相对于传统黄河水地面灌溉，一年春汇处理增加积盐量 60.97%～76.73%，两年春汇处理增加积盐量 35.56%～55.23%。造成一年春汇处理和两年春汇处理差别的主要原因是一年春汇处理播种期间的土壤经过春汇灌溉处理，土壤含盐量较低，而两年春汇处理未经过春汇灌溉处理，播种期间土壤含盐量较高，而生育期内由于棵间蒸发等因素影响，作物生育期末各处理土壤含盐量均较高。

玉米和向日葵微咸水膜下滴灌相对传统黄河水地面灌溉的综合效益见表 5-36。

表 5-36 综合效益分析表 （单位：%）

处理	玉米			向日葵		
	相对节水率	相对增产率	相对积盐率	相对节水率	相对增产率	相对积盐率
一井 20Y/K	5.26	8.79	60.96	21.11	8.50	62.61
一井 30Y/K	14.74	10.16	68.23	24.44	20.00	69.18
一井 40Y/K	21.05	15.40	76.73	31.11	2.50	103.53
两井 20Y/K	17.11	-22.83	35.56	28.33	-26.50	28.94

续表

处理	玉米			向日葵		
	相对节水率	相对增产率	相对积盐率	相对节水率	相对增产率	相对积盐率
两井 30Y/K	28.95	-16.37	38.25	37.22	-19.10	31.59
两井 40Y/K	34.47	-26.15	55.23	46.11	-33.40	62.42

注：表中"相对节水率"针对的是全年总灌溉水量；"相对积盐率"指各处理作物生育期内积盐量相对传统黄河水地面灌溉生育期内积盐量的增加比率。

从表 5-36 中可以看出，综合节水、保产、控盐效益，玉米和向日葵两年春汇 -30 kPa 处理对应灌溉制度最佳。

2. 微咸水膜下滴灌作物响应规律

1）微咸水膜下滴灌对玉米生长的影响

2015 年、2016 年微咸水膜下滴灌玉米试验茎粗、株高、叶面积分别如图 5-8 和图 5-9 所示。

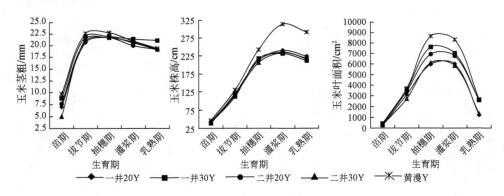

图 5-8　2015 年玉米茎粗、株高、叶面积变化图

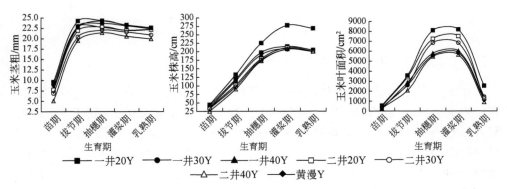

图 5-9　2016 年玉米茎粗、株高、叶面积变化图

　　玉米从苗期至抽穗期各处理茎粗平均增长率为219.2%，黄河水漫灌对照处理和2016年一年春汇各处理茎粗在拔节期达到最大，2016年两年春汇各处理茎粗在抽穗期达到最大；随后茎粗均有所减小，平均减小率为6.3%；相同生育期内黄河水漫灌处理茎粗最大。

　　2）微咸水膜下滴灌对向日葵生长的影响

　　2015年、2016年地下微咸水膜下滴灌向日葵试验茎粗、株高、叶面积分别如图5-10和图5-11所示。

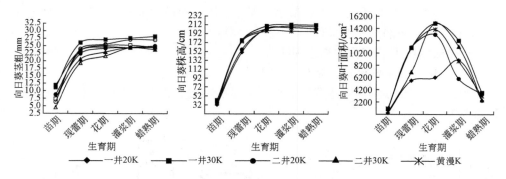

图5-10　2015年向日葵茎粗、株高、叶面积变化图

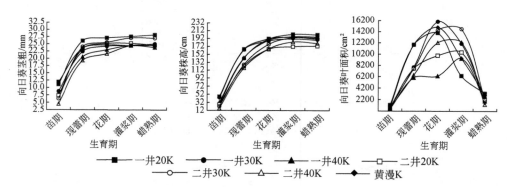

图5-11　2016年向日葵茎粗、株高、叶面积变化图

　　在向日葵生育期内，各处理向日葵茎粗、株高均随着生育期的延长而增加，在蜡熟期达到最大，2016年，在相同的生育期内一年春汇-20 kPa处理茎粗最大，整体来看2016年灌浆期之前两年春汇-40 kPa处理茎粗最小，灌浆期之后一年春汇-40kPa处理茎粗最小。在向日葵生育期内，一年春汇各处理向日葵株高-20 kPa处理＞-40 kPa处理＞-30 kPa处理，两年春汇各处理向日葵株高-30 kPa处理＞-40 kPa处理＞-20 kPa处理。

各处理叶面积均先增加后减少，自播种开始至日葵叶面积达到最大值所用时间一年春汇-40 kPa 处理最短，一年春汇-20 kPa 处理最长，一年春汇各处理随着灌水下限的降低叶面积达到最大值所需时间逐渐变长。

5.2.4 不同灌溉模式下土壤水盐分布及作物响应规律

灌溉模式分别指黄河水地面灌溉（黄灌，H）、井水地面灌溉（井灌，J）、井水滴灌（滴灌，D）。试验在内蒙古临河九庄试验基地开展，以玉米为供试作物，研究不同灌溉模式下土壤水分、盐分变化规律以及不同灌溉模式对玉米生长及产量的影响。

1. 不同灌溉模式下土壤水分变化规律

不同灌溉模式下地下水埋深总体呈下降趋势，整个生育期内地下水处于消耗状态，不同灌溉模式下生育期内地下水埋深变化如图 5-12 所示。

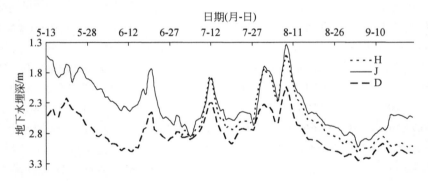

图 5-12 不同灌溉模式下地下水埋深变化过程

不同灌溉模式下土壤含水率变化过程如图 5-13 所示。

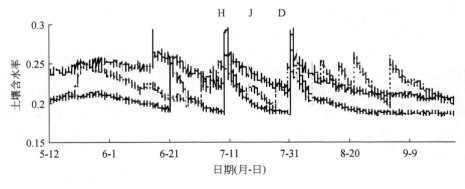

图 5-13 不同灌溉模式下土壤含水率变化过程

H、J、D 处理地下水埋深受区域来水影响均较大，而实际的灌溉试验对自身的地下水埋深影响较小，说明在上述灌溉制度下每次灌溉水的深层渗漏小，小范围的灌溉不至于引起地下水的波动，而区域渠水地面灌溉存在着过量灌溉的行为，灌溉水大量补给了地下水。整个生育期，地下水位分别下降 1.39 m、1.01 m、0.61 m，生育期内地下水对土壤水的补给量分别为 64.0 mm、46.5 mm、27.9 mm。H 处理灌水次数少，灌水定额大，灌水间隔时间长，作物对地下水的利用量大，而 J 处理，特别是 D 处理频繁灌溉则削弱了作物对地下水的利用。

土壤水分的变化也进一步说明了上述结论。H 处理在两次灌水之间，土壤含水率下降至较低水平；J 处理灌水频率相对较大，间隔较短，所以土壤水分下降缓慢，地下水消耗减少；D 处理由于灌溉间隔最短，土壤含水率波动频繁，始终保持在相对较高的水平且下降缓慢，同时地下水消耗最少。

2. 不同灌溉模式对土壤盐分的影响

不同灌溉模式下 0～60 cm、0～100 cm 灌水前后土体盐分差值 ΔS（kg/hm²），结果如图 5-14 所示。灌水后 H 处理膜内 0～60 cm（M60）、0～100 cm（M100），膜外 0～60 cm（X60）、0～100 cm（X100）土体盐分较灌前分别下降 300.22 kg/hm²、604.24 kg/hm²、266.69 kg/hm²、437.70 kg/hm²，总盐分 0～60 cm（Z60）、0～100 cm（Z100）分别下降 566.91 kg/hm²、1041.94 kg/hm²。J 处理灌水后 M60、X60、Z60、M100、X100、Z100 土体盐分较灌水前分别下降 149.16 kg/hm²、253.80 kg/hm²、402.96 kg/hm²、−50.35 kg/hm²、−23.07 kg/hm²、−73.43 kg/hm²。D 处理灌水后 M60、X60、Z60、M100、X100、Z100 土体盐分分别下降-9.98 kg/hm²、153.71 kg/hm²、143.73 kg/hm²、−175.26 kg/hm²、−90.59 kg/hm²、−265.88 kg/hm²。H 处理灌水后各土体盐分均下降；J 处理则是 0～60 cm 盐分下降，0～100 cm 盐分增加，滴灌 0～60 cm 膜内盐分增加，膜外降低，0～100 cm 膜内膜外均增加。H、J、D 处理灌水后盐分增减不一主要是由灌溉水量和灌水方式所决定的，特别是 H、J 处理盐分变化的差异是由作物根层淋滤水量决定的（孙贯芳等，2016）。

3. 不同灌溉模式对玉米生长及产量的影响

玉米株高、叶面积在生育期内的动态变化如图 5-15 所示，玉米株高随生育期推进呈"S"形曲线变化。从拔节期开始，各处理株高差异逐渐明显，表现为 D＞J＞H。各处理在吐丝期（R1）达到最大，随后缓慢降低。从整个生育期来看，三种灌溉模式下的玉米株高均为 D 处理最大。玉米叶面积指数（LAI）随生育期推进呈单峰型曲线变化，拔节期（V6～V12）LAI 上升迅速且幅度较大，在吐丝期（R1）达到最大值，D、J、H 三个处理下的 LAI 分别为 7.14、6.37、6.05，D 处理下 LAI 较 J、H 处理分别高 12.09%、18.01%；吐丝期（R1）后 LAI 下降速率先慢后快，表现为 H＞J＞D，D 处理 LAI 后期下降速率最慢，保持叶片绿色时间最久，促进了后期籽粒灌浆，从而提高了籽粒产量。

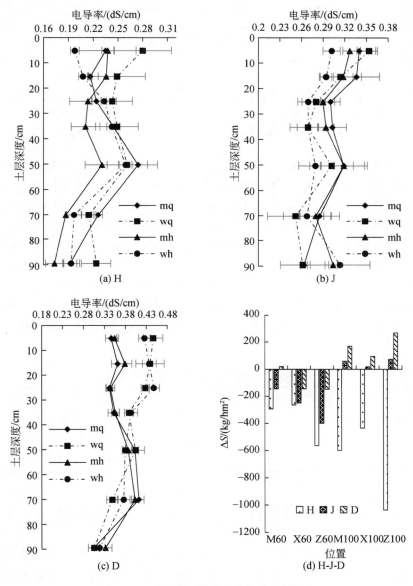

图 5-14　不同灌溉模式对土壤盐分的影响

mq、wq、mh、wh 分别表示灌前膜内、灌前膜外、灌后膜内、灌后膜外土壤盐分含量

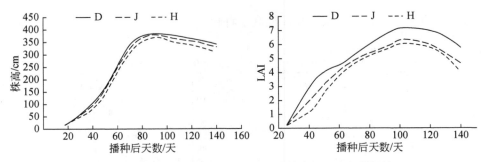

图 5-15　不同灌溉模式下生育期玉米株高、LAI 变化规律

　　玉米的产量及构成因素见表 5-37。各处理产量表现为 D>J>H。与地下水畦灌处理相比较，滴灌条件下的玉米产量提高 11.68%。在地面灌条件下，与井灌处理相比，黄灌下的玉米产量减少 3.43%，产量减少主要源于灌水时间的差异。对产量构成因子进行方差分析，结果表明，在灌溉水源（黄河水或地下水）相同的条件下，不同灌水方式对玉米的穗行数、行粒数的影响并不显著，对百粒重以及地上部分干物质量的影响显著；在灌水方式相同的条件下，不同灌溉水源对玉米的各产量构成因素的影响显著。在灌溉水源相同的条件下，不同灌水方式对籽粒干物质积累的影响大于对籽粒数量形成的影响；在灌水方式相同的条件下，灌溉水源对其产量以及产量构成因素的影响显著，其差异主要源于黄河水灌溉与地下水灌溉的时间差异。

表 5-37　玉米产量及产量构成因素分析

处理	穗行数/行	行粒数/粒	百粒重/g	地上部分干物质量/g	产量/（kg/hm²）
D	17.50±0.93a	42.50±2.31b	40.20±2.46a	555.84a	20606.80a
J	15.50±1.41b	46.57±1.41a	38.71±1.47a	548.18a	18450.75ab
H	16.00±1.41b	43.67±1.72b	36.24±1.49b	456.88b	17817.10b

5.3　长期引黄滴灌水盐动态预测

　　本节使用 HYDRUS-EPIC 模型，并结合中国农业大学、内蒙古农业大学、武汉大学田间试验、野外试验和室内土柱试验的研究结果，对引黄滴灌不同管理模式下作物产量、土壤水盐动态过程进行模拟预测。

5.3.1　无秋浇条件下黄河水滴灌水盐动态预测

　　无秋浇情景下的模拟条件如下：作物类型为玉米，采用内蒙古农业大学试验所得最优的滴灌制度（表 5-38），地下水位取值 1.9 m，其为河套灌区现状条件平均地下水位；土壤质地为粉砂壤土，地下水矿化度取 3.5 g/L，灌溉水矿化度取 0.6 g/L，气象条件选用 2014 年作为典型年（较干旱年份），模拟周期为 10 年，即经冬季冻融后 0～30 cm 深度土壤含盐量增加 15%，含水率增加 10%。

表 5-38　玉米灌溉制度

生育阶段	播种—出苗	出苗—拔节	拔节—吐丝	吐丝—灌浆	灌浆—成熟	灌溉定额/mm
时间	5.1～6.3	6.3～7.8	7.8～7.25	7.25～8.20	8.20～10.1	
灌水次数	3	4	3	4	1	337
灌溉定额/mm			337			

在上述灌溉制度的基础上，增设 5 组灌溉定额，结果见表 5-39。

表 5-39　灌溉定额表

序号	增幅	灌溉定额/mm	灌水次数	单次灌水量/mm
1	+0%	338	15	22.50
2	+10%	371	15	24.75
3	+20%	405	15	27.00
4	+30%	439	15	29.25
5	+40%	473	15	31.50
6	+50%	506	15	33.75

图 5-16 为不同灌溉量条件下土壤盐分动态和作物产量变化情况。从图 5-16 中可以看出，无秋浇情况下，不同灌溉定额多年滴灌后土壤含盐量均增加；当灌溉量小于 405 mm 时，土壤积盐迅速，经过 4～5 年的盐分累积后，土壤从非盐化土变成轻度盐化土或盐化土；当灌溉量大于 405 mm 时，由于没有秋浇措施，第二年

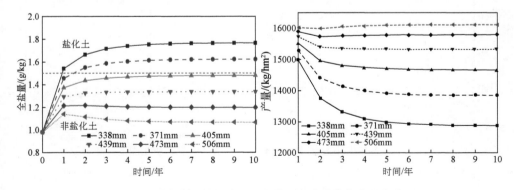

图 5-16　不同灌溉量条件下土壤盐分含量及作物产量变化图

土壤含盐量迅速增加，经过 3~4 年盐分累积逐渐趋于平衡，但由于灌溉量相对较大，经过 10 年耕作后土壤总体含盐量能控制在非盐化土范畴（1.5 g/kg）以内。

图5-17为不同灌溉定额条件下土壤剖面盐分变化图。由于没有秋浇洗盐措施，土壤剖面盐分含量均呈不同程度的增加；当灌溉定额较小时［图5-16（a）~图5-16（c）］，盐分累积主要在 0~40 cm，其中 20~40 cm 累积最大；随着灌溉定额的

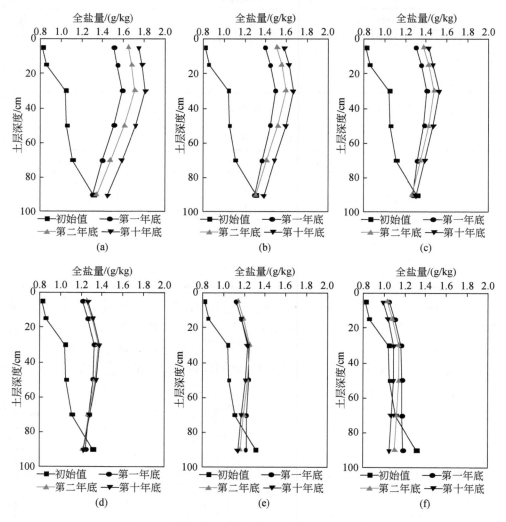

图 5-17　不同灌溉定额条件下土壤剖面盐分变化图

（a）灌溉定额 338 mm；（b）灌溉定额 371 mm；（c）灌溉定额 405 mm；（d）灌溉定额 439 mm；

（e）灌溉定额 473 mm；（f）灌溉定额 506 mm

增大[图 5-17（d）～图 5-17（f）]，逐渐表现出灌溉洗盐效果，土壤盐分达到平衡时为非盐化土；当灌溉定额超过 506 mm 时，表层土壤含盐量低于底层，表明生育期的大灌溉量可以达到控盐的目的，但其总灌溉水量已经接近或超过生育期与秋浇期灌溉量的总和，达不到节水控盐的目的。

综上所述，综合考虑土壤节水、控盐双重目标，无秋浇情景下灌溉定额可选 439 mm 或 473 mm，但仍需要其他农艺及耕作措施配合保障。

5.3.2 秋浇条件下引黄滴灌水盐动态预测

由以上分析可知，枯水年滴灌灌溉定额为 338 mm 和 371 mm 时盐分累积量较大，因此有必要进行秋浇。灌溉定额为 338 mm 时，设一年一秋浇、两年一秋浇、三年一秋浇三种模式；灌溉定额为 371 mm 时，设五年一秋浇。综合考虑现状条件和节水灌溉的大背景，秋浇灌溉量设三种情形：270 mm（100%秋浇）、216 mm（80%秋浇）、162 mm（60%秋浇）。

1. 灌溉定额 338 mm，一年一秋浇情形

图 5-18 为不同秋浇定额下土壤盐分含量与作物产量变化情况对比，可以看出，有秋浇情形土壤平均全盐量较无秋浇情形分别低 0.318 g/kg、0.58 g/kg、0.79 g/kg，盐分淋洗效果均较好。四种情形年均灌溉水量分别为 338 mm、500 mm、554 mm、608 mm，年均产量分别为 13.3t/hm^2、15.4t/hm^2、15.9t/hm^2、16.2t/hm^2，有秋浇较无秋浇产量分别提高 16.21%、19.7%、21.8%。

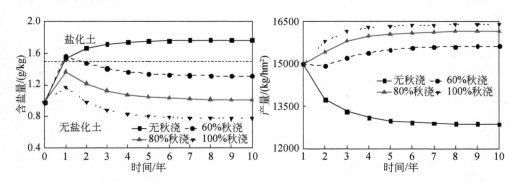

图 5-18 不同秋浇定额下土壤盐分含量及作物产量变化情况（一年一秋浇）

图 5-19 为模拟的土壤剖面盐分变化图，可以看出，秋浇对盐分的淋洗效果都较好，十年内土壤盐分均呈脱盐趋势。因此，枯水年滴灌灌溉定额为 338 mm 时，秋浇定额为 162 mm 即可满足盐分淋洗需求。

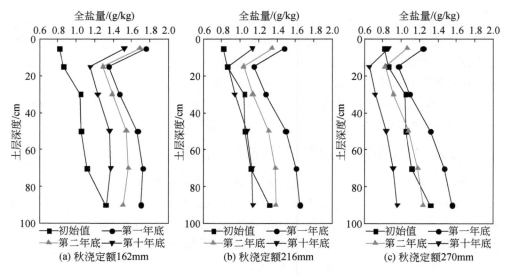

图 5-19 不同秋浇定额下土壤剖面盐分变化图（一年一秋浇）

2. 灌溉定额 338 mm，两年一秋浇情形

图 5-20 为不同秋浇定额下土壤盐分含量与作物产量变化情况对比，可以看出，三种秋浇定额年均灌溉水量分别为 419 mm、446 mm、473 mm，土壤平均全盐量较无秋浇情形分别降低 0.14 g/kg、0.30 g/kg、0.45 g/kg；产量分别为 $14.4t/hm^2$、$14.8t/hm^2$、$15.2t/hm^2$，较无秋浇情形分别提高 8.3%、11.6%、14.4%，增产效果明显。

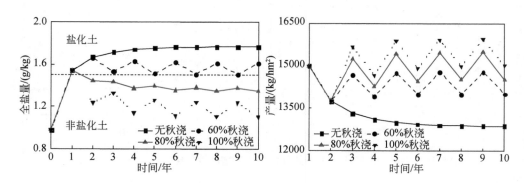

图 5-20 不同秋浇定额下土壤盐分含量及作物产量变化情况（两年一秋浇）

由图 5-21 为两年一秋浇土壤剖面盐分变化图。可以看出，60%秋浇定额对盐分的淋洗较弱，淋洗效果主要在 10～40 cm 的土层，而下层盐分明显升高，秋浇后土壤仍为轻度盐化土；而 80%和 100%秋浇定额灌溉后土壤为非盐渍化土。考虑土壤盐渍化问题及节水灌溉问题，两年一秋浇的秋浇定额可选 210 mm（80%情形，140 m³/亩）。

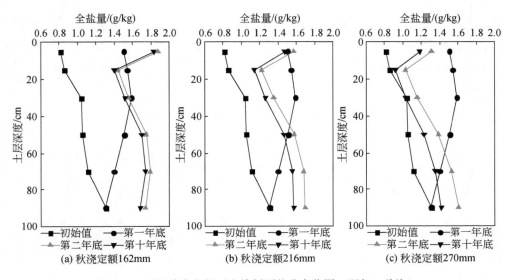

图 5-21　不同秋浇定额下土壤剖面盐分变化图（两年一秋浇）

3. 灌溉定额 338 mm，三年一秋浇情形

图 5-22 为不同秋浇定额下土壤盐分含量与作物产量变化情况对比。可以看出，三种秋浇定额下土壤全盐量较无秋浇情形分别降低 0.1 g/kg、0.21 g/kg 和 0.33 g/kg，其中 60%秋浇定额下生育末期土壤处于轻度盐化水平，盐分淋洗效果较弱；80%秋浇定额下生育末期土壤处于盐化土临界状态；100%秋浇定额下土壤平均全盐量明显下降，盐分淋洗效果明显。三种秋浇定额下年均灌溉水量分别为 386 mm、402 mm、418 mm，产量分别为 14.0t/hm²、14.3t/hm²、14.6t/hm²，较无秋浇情形分别提高 5.6%、8%、10.1%。秋浇可起到增产的目的，三年一秋浇相较于每年秋浇减少了秋浇用水。

图 5-23 为三年一秋浇土壤剖面盐分变化图，可以看出，三种秋浇定额情形下盐分总体上均呈累计状态，其中 60%和 80%秋浇定额在秋浇后土壤仍为轻度盐化土，100%秋浇定额灌溉后壤为非盐渍化土。考虑土壤盐渍化问题，三年一秋浇的秋浇定额应选 270 mm（180 m³/亩）。

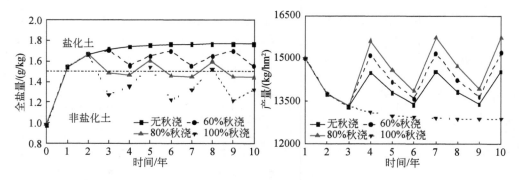

图 5-22　不同秋浇定额下土壤盐分含量及作物产量变化情况（三年一秋浇）

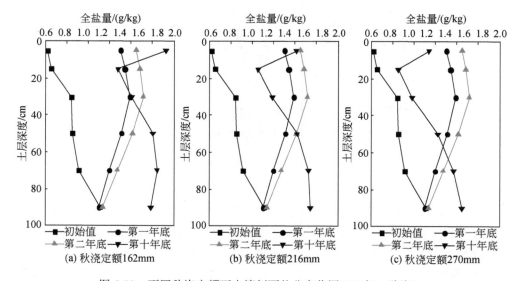

图 5-23　不同秋浇定额下土壤剖面盐分变化图（三年一秋浇）

4. 灌溉定额 371 mm，五年一秋浇情形

图 5-24 为不同秋浇定额情形下土壤盐分含量与作物产量变化情况对比。可以看出，三种秋浇定额下土壤全盐量较无秋浇情形分别降低 0.03 g/kg、0.09 g/kg 和 0.15 g/kg，除秋浇当年外土壤均为轻度盐化土壤。三种秋浇定额下年均灌溉水量分别为 420 mm、436 mm、452 mm，产量分别为 14.4t/hm²、14.5t/hm²、14.6t/hm²，较无秋浇情形分别提高 1.8%、2.8%、3.4%。秋浇起到的增产效果不明显。由上述情形可知，五年一秋浇虽然减少了年均秋浇用水量，但在总年均用水量显著增加的情况下增产却不明显，且加大了土壤盐渍化风险，此灌溉定额与秋浇年限的组合有待商榷。

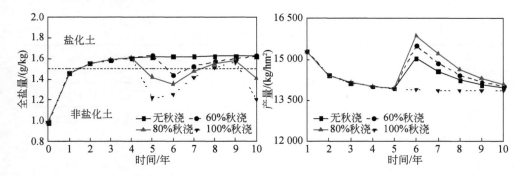

图 5-24　不同秋浇定额下土壤盐分含量及作物产量变化情况（五年一秋浇）

图 5-25 为不同秋浇定额下土壤剖面盐分变化情况，三种秋浇定额情形下盐分总体上均呈累计状态。

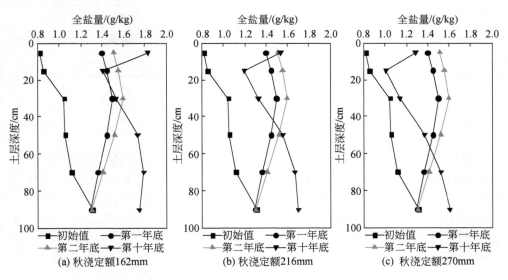

图 5-25　不同秋浇定额下土壤剖面盐分变化图（五年一秋浇）

5. 不同秋浇制度对比

不同秋浇制度对比结果见表 5-40。综合考虑产量和节水控盐要求，对于较干旱年份秋浇较优组合为：生育期灌溉定额 338 mm（225 m³/亩），两年一秋浇时秋浇定额为 216 mm（140 m³/亩）；三年一秋浇时秋浇定额为 270 mm（180 m³/亩）。

表 5-40   不同秋浇制度对比结果表

生育期灌溉定额/mm	秋浇制度	秋浇定额/mm	年均灌溉量/mm	年均产量/（kg/亩）	0～60 cm 土层盐渍化情况
338	无秋浇	0	337	884	非盐化土→轻度盐化土
	一年一秋浇	162	500	1028	非盐化土→非盐化土
		216	554	1059	非盐化土→非盐化土
		270	608	1077	非盐化土→非盐化土
	两年一秋浇	162	419	958	非盐化土→轻度盐化土
		216	446	987	非盐化土→轻度盐化土（交替）
		270	473	1011	非盐化土
	三年一秋浇	162	387	934	非盐化土→轻度盐化土
		216	403	955	非盐化土→轻度盐化土
		270	419	975	非盐化土→轻度盐化土（交替）

注：表中所有平均值均为十年平均值。

5.3.3   地下水滴灌水盐动态预测

地下水滴灌模拟条件如下：地下水位（1.9 m、2.4 m），灌溉定额（338 mm、506 mm），灌溉水矿化度（淡水 1.0 g/L，微咸水 2.0 g/L、2.5 g/L，半咸水 3.5 g/L），模拟年限 10 年。灌溉制度采用内蒙古农业大学田间试验所得最优滴灌制度，同时将秋浇水量的 50%平均分配到生育期的灌溉中，得到两种灌溉制度，见表 5-41。

表 5-41   玉米灌溉制度

生育阶段	播种—出苗（5.1～6.3）	出苗—拔节（6.3～7.8）	拔节—吐丝（7.8～7.25）	吐丝—灌浆（7.25～8.20）	灌浆—成熟（8.20～10.1）	灌水次数	灌溉总量/mm
灌水次数	3	4	3	4	1	15	338 506

滴灌模拟得到的产量和土壤盐分结果见表 5-42 和表 5-43。

表 5-42　滴灌作物产量表

灌溉定额/mm	地下水埋深/m	灌溉水矿化度/(g/L)	第一年/(kg/hm²)	第二年/(kg/hm²)	第三年/(kg/hm²)	第四年/(kg/hm²)
338	1.9	1.0	14639	13441	12921	12807
		2.0	13618	11386	10792	10527
		2.5	13072	10396	9593	9250
		3.5	11958	8566	7490	7044
	2.4	1.0	14592	13074	12773	12674
		2.0	13425	10841	10049	9709
		2.5	12806	9816	8875	8483
		3.5	11564	7948	6830	6382
506	1.9	1.0	15766	15670	15826	15913
		2.0	14840	13848	13658	13590
		2.5	14237	12765	12412	12291
		3.5	12895	10607	10043	9875
	2.4	1.0	15807	15613	15661	15699
		2.0	14747	13561	13257	13154
		2.5	14064	12403	11990	11862
		3.5	12577	10183	9649	9511

表 5-43　滴灌土壤全盐量表

灌溉定额/mm	地下水埋深/m	灌溉水矿化度/(g/L)	第一年/(g/kg)	第二年/(g/kg)	第三年/(g/kg)	第四年/(g/kg)
338	1.9	1.0	1.63	1.68	1.67	1.66
		2.0	1.83	2.00	2.06	2.08
		2.5	1.92	2.14	2.21	2.25
		3.5	2.10	2.39	2.51	2.57
	2.4	1.0	1.53	1.64	1.66	1.67
		2.0	1.74	1.94	2.01	2.04
		2.5	1.83	2.07	2.15	2.19
		3.5	2.02	2.31	2.43	2.49
506	1.9	1.0	1.27	1.22	1.17	1.15
		2.0	1.56	1.64	1.66	1.66
		2.5	1.69	1.80	1.84	1.85
		3.5	1.92	2.09	2.14	2.15
	2.4	1.0	1.17	1.18	1.16	1.15
		2.0	1.47	1.57	1.60	1.61
		2.5	1.60	1.73	1.76	1.77
		3.5	1.83	1.99	2.03	2.04

由表 5-42 和表 5-43 分别给出了淡水、微咸水、半咸水滴灌情景下，模拟所得到的作物产量与土壤全盐量的变化情况。两种不同地下水埋深模拟所得的产量差异较小，故当地下水埋深超过 2 m 时对作物产量的影响较小。从产量上分析，淡水灌溉时（矿化度 1.0 g/L、灌溉定额 338 mm），作物前两年产量均保持在灌区平均水平（13500 kg/hm²）或以上，故可实行两年一秋浇制度；微咸水、半咸水灌溉无秋浇时第二年则出现一定程度的减产，因此应考虑一年一秋浇的灌溉制度；当灌溉量为 506 mm 时，淡水灌溉则可以不秋浇，但其总用水量已超过两年一秋浇的情形。从土壤盐分累积上分析，地下水埋深较深则全盐量值较低；当灌溉定额为 338 mm 时，淡水灌溉全盐量接近轻度盐化土的标准，故可以选择两年一秋浇的模式；微咸水、半咸水灌溉时土壤盐渍化风险高，建议选择一年一秋浇模式。当灌溉定额为 506 mm 时，淡水灌溉土壤处于非盐渍化土状态；微咸水、半咸水灌溉时，均有不同程度的盐分累积，故建议采取一年一秋浇模式。

综上所述，小灌溉定额（338 mm）时，淡水灌溉适宜采取两年一秋浇模式；微咸水、半咸水灌溉适宜采取一年一秋浇模式。大灌溉定额（506 mm）时，淡水灌溉配合适宜的耕作和农艺措施可无秋浇；微咸、半咸水灌溉均有不同程度的盐分累积，故建议采取一年一秋浇模式（表 5-44）。

表 5-44　微咸水滴灌与引黄滴灌对比情况表

灌溉条件		小灌溉定额（338mm）			大灌溉定额（506mm）		
		0.6g/L	2.0g/L	2.5g/L	0.6g/L	2.0g/L	2.5g/L
产量/ （kg/hm²）	第一年	15000	13617	13072	16021	14840	14236
	第二年	13748	11386	10396	15987	13848	12764
	第三年	13321	10791	9592	16041	13657	12411
	第四年	13107	10526	9250	16072	13590	12290
积盐量/ （g/kg）	第一年	0.5613	0.8494	0.9414	0.1589	0.5783	0.7075
	第二年	0.1237	0.1669	0.2139	-0.0241	0.0779	0.1141
	第三年	0.0509	0.0599	0.0785	-0.0215	0.0198	0.0337
	第四年	0.0250	0.0270	0.0351	-0.0123	0.0076	0.0134
积盐率/ %	第一年	57.3	86.7	96.1	16.2	59.0	72.2
	第二年	8.0	9.1	11.1	-2.1	5.0	6.8
	第三年	3.1	3.0	3.7	-1.9	1.2	1.9
	第四年	1.5	1.3	1.6	-1.1	0.5	0.7
十年产量平均/(kg/hm²)		13266	10825	9633	16074	13723	12507
十年盐分平均/（g/kg）		1.6565	1.9609	2.1043	1.0746	1.5910	1.7527
盐分达到稳定年限/年		6	4	5	1	3	4

5.4　膜下滴灌田间水盐调控技术

5.4.1　膜下滴灌生育期适宜灌溉控盐制度

1. 滴灌制度对土壤水盐的影响

抽雄期玉米需水量大，根系活动范围大，吸水旺盛，频繁的灌水会使滴灌湿润体的影响半径达到生育期最大值，对此时期灌前土壤剖面水分状况的分析有利于进一步明确土壤水分的散失过程及下一时刻灌水后土壤水分的运动趋势。在 D1（-10 kPa）、D2（-20 kPa）、D3（-30 kPa）、D4（-40 kPa）不同灌水下限中，土壤质量含水率均值分别为 25.16%、22.72%、22.36%、21.44%，表现为越靠近地表且远离滴头，水分含量越低。由玉米生育期末即秋浇前对应的土壤盐分剖面分布状况可知，灌水下限 D1、D2 土壤盐分在距滴头 0～20 cm 正下方范围内盐分基本低于 0.3 dS/m，在距滴头水平距离 20～60 cm 范围内，盐分自深层至表层依次增加，地表 0～20 cm 从膜内至膜外盐分逐渐积累，但 D2 膜内滴头下方盐分低值区和膜外盐分高值区范围相对较小。D3 在距滴头 0～40 cm 正下方 0～40 cm 范围内形成一个盐分低于 0.3 dS/m 的环状范围，在深度 40～80 cm 及 0～20 cm 膜外位置处盐分积累。D4 在距滴头水平距离 0～30 cm 地表下 50～80 cm 及距滴头水平距离 20～60 cm 地表下 0～30 cm 位置处盐分明显高于其他位置。在距离滴头半径 0～30 cm 范围内，土壤盐分变化与土壤水分变化规律近乎相反，这可能是滴灌膜内及深层土壤水分经膜边缘及膜外散失、盐分迁移运动趋于地表积累的结果。生育期土体总盐分及膜外盐分均是增加的，D1、D2、D3、D4 土体盐分增加量分别占灌溉水引入土壤盐分总量的 38.83%、84.36%、146.01%、165.04%，说明 D1、D2 可有效淋滤 0～100 cm 土体盐分，而 D3、D4 土体盐分高于灌溉水引入土壤盐分的原因可能是河套灌区 5 月底 6 月初土壤盐分"返浆"及作物对含盐地下水利用的结果。

膜下滴灌有明显的盐随水走的趋势，不同滴灌制度下土壤剖面盐分分布极不均匀，各处理盐分均由膜内向膜外地表裸露区定向迁移，趋于膜外地表积累。控制灌水下限为-10 kPa（D1 处理）可有效淋滤 0～100 cm 土壤盐分，而其他处理对 0～100 cm 土层盐分的影响差异性在短期内不明显。河套灌区膜下滴灌土壤盐分调控建议分为生育期滴灌灌溉和非生育期洗盐灌溉双重调控，在一年一秋浇的条件下，玉米生育期膜下滴灌灌水下限宜以作物高产为目标，玉米灌水下限可为-30 kPa。不同灌溉制度对玉米生长指标及品质影响较大，D2 处理秃尖长度最小，D2、D3 处理产量较高，分别为（16511.0 kg/hm^2 和 14964.4 kg/hm^2）。

通过模型模拟，无秋浇情况下，不同灌溉定额多年滴灌后土壤含盐量均呈不同程度的增加趋势；当灌溉定额较小时，盐分累积主要在 0～40 cm，其中 20～40 cm 累积最大；随着灌溉定额的增大，逐渐表现出灌溉洗盐的效果，土壤盐分达到平衡时为非盐化土；当灌溉定额超过 506 mm 时，总灌溉水量已经接近或超过生育期与秋浇期灌溉量的总和，达不到节水控盐的目的。

综上所述，综合考虑土壤节水、控盐双重目标，无秋浇情形下灌溉定额可选 439 mm 或 473 mm，但仍需要其他农艺及耕作措施配合保障。

2. 微咸水膜下滴灌对土壤水盐的影响

1）微咸水膜下滴灌对玉米土壤盐分分布的影响

总体来看，灌水矿化度≤2.0 g/L 时，在土壤基质势为-20 kPa 灌水下，没有明显的积盐现象（表 5-45），灌水矿化度≥3.0 g/L 时，则应适当增加灌水量或灌水频率。

表 5-45　玉米微咸水滴灌水质与盐分变化情况

灌水水质/（g/L）	灌水基质势/kPa	盐分分布效果
1.0	>-20	剖面盐分无积累
2.0	<-30	50～70 cm 处盐分较高
3.0	>-20	主根区无积盐、次根区积盐
	<-30	整个剖面积盐，并有表聚趋势
4.0	-10	主根区无积盐、次根区积盐
	-20/-30	整个剖面积盐，并有表聚趋势
≤2.0	-20	剖面盐分无积累

2）微咸水膜下滴灌对向日葵土壤盐分分布的影响

向日葵微咸水滴灌试验中，灌溉水矿化度一定，当土壤基质势控制水平较高时（-10 kPa 和-20 kPa），主根区（0～40 cm）土壤含盐高值区有远离滴头的趋势，当土壤基质势控制水平较低时（-30 kPa 和-40 kPa），主根区土壤含盐高值区有向滴头靠近的趋势。另外，基质势控制水平较低时，次根区（40～80 cm）土壤含盐高值区有向上运移的趋势；土壤基质势一定时，随灌溉水矿化度的增大（1.0～4.0 g/L），主根区土壤含盐量减小，次根区土壤含盐量增大。

3. 盐碱地微咸水对土壤水盐的影响

1）玉米和向日葵微咸水膜下滴灌的土壤水分变化

玉米和向日葵微咸水膜下滴灌两年春汇各处理膜内、膜外表层 20 cm 土层土壤含水率明显小于一年春汇处理对应的土壤含水率；一年春汇各处理灌水控制下限越高，膜内相同深度或膜外相同深度的土壤含水率越大；相同土层深度内，膜内土壤含水率大于膜外；随着土层深度的增加，土壤含水率逐渐增大，土壤含水率变化幅度逐渐减小；地表以下 0～100 cm 内，向日葵两年春汇各处理与向日葵一年春汇各处理自播种至现蕾期相应土壤含水率变化趋势相反。

2）玉米和向日葵微咸水膜下滴灌的土壤盐分及其累积变化

玉米和向日葵微咸水膜下滴灌膜内、膜外 0～100 cm 土壤盐分均大于黄河水漫灌对照处理；相同春汇制度下灌水下限越高，同时段膜内 0～40 cm 土层含盐量越小，膜外 0～40 cm 土层含盐量越大，膜内 40～100 cm 土层含盐量越大；膜外 0～40 cm 土层含盐量大于膜外 40～100 cm 土层含盐量；相同时段膜内土层含盐量小于膜外相应土层含盐量。

玉米和向日葵微咸水膜下滴灌一年春汇各处理在膜内和膜外 0～100 cm 均积盐；两年春汇各处理在膜内表层 0～20 cm 均脱盐，在膜内 20～100 cm 土层均积盐且积盐量随着深度的增加而增加，在膜外 0～100 cm 土层均积盐。膜外黄河水漫灌对照处理各土层土壤积盐量均小于一年春汇和两年春汇各处理相应土层土壤积盐量；一年春汇各处理中-30 kPa 处理在膜内表层 0～40 cm 土层土壤积盐量最小。

5.4.2 膜下滴灌秋浇储水控盐技术研究

秋浇对土壤环境效应影响试验于 2014 年 5 月～2015 年 5 月在内蒙古河套灌区临河九庄试验基地（107°18′E，40°41′N）进行，秋浇灌溉水量 180 mm。次年播种前后的土壤盐分状况是评价秋浇灌水制度优劣的主要依据。本书以次年春播前土壤盐分含量与秋浇前盐分含量的差值来近似评估秋浇洗盐的效果。分别在春播前、生育期末收获后、次年春播前取土样测试土壤盐分，根据不同取样点控制质量加权计算土壤含盐总量。秋浇对整个土壤剖面及膜内、膜外 0～100 cm 土层盐分的影响见表 5-46。由表 5-46 可知，秋浇后各处理土壤盐分变异系数较秋浇前均明显降低，盐分分布更加均匀，这可能与土壤含盐量越高淋滤效果越好有关，各土层盐分最大值均降至非盐渍化水平（Liu et al.，2013a）。秋浇前 D1 处理 0～100 cm 土壤盐分不论在整个剖面还是在膜外均显著小于其余 3 个处理（$P<0.05$），说明控制灌水下限为-10 kPa 可有效淋滤 0～100 cm 土层盐分。秋浇前 0～100 cm 膜内土壤盐分 D1、D2 明显低于 D3、D4（$P<0.05$），且 D1、D2 处理差异不显著（$P>0.05$），说明生育期内控制灌水下限为-10 kPa、-20 kPa 可有效地淋滤 0～100 cm 膜内土壤盐分。但总体而言，生育期内 D1 处理对盐分淋洗效果最明显，而 D2、D3、D4 处理对 0～100 cm 土层盐分影响的差异性在短期内不明显。秋浇后各处理间土壤电导率差异不显著（$P>0.05$），且土壤电导率变异系数较秋浇前均明显降低，表明秋浇后盐分分布更加均匀，这与土壤含盐量越高淋滤效果越好有关，各土层盐分均降至非盐渍化水平。

表 5-46　滴灌灌水下限及秋浇对 0～100 cm 土层土壤盐分的影响

时间	取土位置	各滴灌下限土壤电导率/(dS/m)			
		10 kPa	20 kPa	30 kPa	40 kPa
秋浇前	膜外	0.36b	0.40a	0.41a	0.39a
	膜内	0.27b	0.30b	0.34a	0.34a
	平均	0.32b	0.35a	0.37a	0.37a
	变异系数/%	41	30	42	41
秋浇后	膜外	0.27	0.32	0.31	0.34
	膜内	0.23	0.30	0.27	0.29
	平均	0.25	0.31	0.29	0.32
	变异系数/%	17	21	18	19
秋浇前后盐分变化/%		22.77 (P=0.01)	10.86 (P=0.04)	26.14 (P=0.01)	12.59 (P=0.03)

秋浇盐分的淋洗效果一是受秋浇定额的影响，秋浇定额越大，洗盐效果越好；二是受秋浇前地下水位埋深的影响，埋深越大，秋浇越能将盐分淋洗至土壤深层，淋洗效果也越好。另外，冻融作用对秋浇土壤盐分淋洗过程也有复杂的影响。在冻结期，由于冻结是一个自上而下逐渐进行的过程，其间非饱和土壤的排水过程会使得盐分随水分向下迁移，这在一定程度上抑制了冻结期地下水及其下层土壤中盐分的上移。在土壤冻结期间，在冻结和排水的共同作用下，冻结层储盐总量变化不大，冻结层返盐率与地下水的排水排盐条件是密切相关的，排水排盐条件越好，田间储盐量减少越多，其会使得冻结层返盐率越低，甚至会出现脱盐现象。在消融期，一般认为，在冻结层以下部分土壤水转化为地下水，土壤处于排水状态，盐分也会随之淋洗，冻结层以上由于蒸发作用，表层会积盐。因此，秋浇前至次年春播前土壤盐分的变化是秋浇和冻融共同作用的结果。

非生育期洗盐灌溉（秋浇）效果显著，秋浇灌黄河水 180 mm 后，次年春播前 0～100 cm 土壤盐分下降 10.86%～26.14%，土壤改为非盐渍化土，且剖面分布较均匀，是干旱半干旱地区控制膜下滴灌土壤盐分的有效途径。结合模型模拟结果，两年一秋浇的秋浇定额可选 216 mm（80%情形，140 m³/亩）。三年一秋浇，100%秋浇定额（270 mm）灌溉后土壤为非盐渍化土。考虑土壤盐渍化问题，三年一秋浇的秋浇定额应选 270 mm（180 m³/亩），其既可以满足洗盐效果，又可以达到节约黄河水的目的。

5.4.3　膜下滴灌春汇储水控盐技术研究

春汇制度对土壤环境效应的研究主要在内蒙古乌拉特前旗试验站开展,试验主要研究不同春汇定额（0、1125 m^3/hm^2、2250 m^3/hm^2）和不同春汇方式（一年一春汇、两年一春汇）对土壤环境水分、盐分、养分、pH、土壤温度和作物出苗的影响。

受到冻结和蒸发的影响（11 月中旬至次年 4 月中旬）,土壤中盐分含量随着距地表深度的增加而减少,次年4月中旬各层土壤含盐量较前一年11月初均增加。春汇对土壤淋盐效果明显,春汇定额越大,对土壤盐分淋洗越充分,表层 60 cm 脱盐率越大;碱解氮和速效钾易淋失,土壤中速效磷主要是吸附态磷和有机磷,难以淋失,春汇期间土壤速效磷含量反而增加,在表层 30 cm 内,春汇定额越大,淋失率和淋失效率越大;引黄河水春汇灌溉可以减少表层土壤中 CO_3^{2-} 和 HCO_3^- 的含量,使得土壤由碱性向中性过渡;春汇定额越大,表层 10 cm 土壤温度越低,表层 20 cm 土壤含水率越高;春汇灌溉具有保证作物出苗率和出苗时间的作用。

两年春汇处理在非春汇灌溉年未能通过引黄河水灌溉有效淋洗表层土壤盐分,导致 0～100 cm 各层土壤含盐量均大于一年春汇处理,玉米、向日葵出苗率相对一年春汇处理减小 4%左右;两年春汇处理在灌溉年通过引黄河水 2250 m^3/hm^2 可以有效改善表层 40 cm 土壤盐分状况,在春播前达到一年春汇处理表层 40 cm 的土壤含盐状况。为了淋洗盐碱地表层土壤盐分,防止农田土壤次生盐碱化,在前一年秋季农作物收获后未做任何处理的情况下,需要制定科学的春汇制度,引黄河水灌溉农田,确保农田盐分安全,保证作物正常出苗和苗期正常生长发育。每年 4 月中旬,耕地自前一年冬季封冻后消融至地表以下 80 cm,综合考虑春汇定额及春汇制度对表层土壤盐分、养分、pH、作物出苗和农艺措施的影响,2014～2016 年春汇试验初步确定:最佳春汇制度为两年一春汇,春汇时间为每年 4 月中旬,春汇定额为 2250 m^3/hm^2。

第 6 章　河套灌区滴灌实施后水盐动态预测与调控

6.1　灌区实施井渠结合滴灌后的地下水位变化分析

6.1.1　井渠结合地下水均衡分析

本书的研究根据河套灌区 1990～2013 年的水利统计资料（包括净引水量、排水量、降水量、地下水埋深等）分析了灌区现状水资源均衡特征（表 6-1，图 6-1），由该结果可知，近年来河套灌区的引水量逐年减少，从 1990 年的 53.259 亿 m³ 减少到 2013 年的 47.16 亿 m³，根据实际引水量的变化趋势和地区水资源的形势，预测未来几年灌区的引水量仍会大幅度减少。整个灌区面积上的平均降水量为 18.19 亿 m³，降水量的变化趋势不大，但是年际降水量的变化明显。灌区的排水量有逐年减小的趋势，排水量减少增大了水资源的利用效率，但同时减少了灌区的排盐量，这对于灌区的盐分均衡不利。

表 6-1　河套灌区现状水资源均衡计算

年份	引水量/亿 m³	降水量/亿 m³	山前地表径流/亿 m³	山前侧渗/亿 m³	黄河侧渗/亿 m³	排水量/亿 m³	工业及生活用水/亿 m³	地下水埋深/m	地下水储水量变化/亿 m³	实际腾发量/亿 m³
1990	53.259	19.496	1.288	1.407	0.008	6.02	0.514	1.641	-0.577	69.504
1991	54.051	16.324	1.288	1.407	0.008	4.57	0.572	1.828	1.207	66.727
1992	50.973	20.602	1.288	1.407	0.008	5.00	0.630	1.708	-0.773	69.423
1993	52.991	11.786	1.288	1.407	0.008	5.14	0.688	1.708	0.000	61.650
1994	50.023	23.506	1.288	1.407	0.008	7.13	0.746	1.629	-0.510	68.867
1995	48.819	26.070	1.288	1.407	0.008	7.76	0.804	1.582	-0.305	69.332
1996	49.916	19.765	1.288	1.407	0.008	5.99	0.869	1.588	0.044	65.482
1997	50.738	21.390	1.288	1.407	0.008	6.25	0.934	1.639	0.326	67.318
1998	52.848	17.684	1.288	1.407	0.008	5.93	0.999	1.717	0.501	65.807

续表

年份	引水量 /亿 m³	降水量 /亿 m³	山前地表径流 /亿 m³	山前侧渗 /亿 m³	黄河侧渗 /亿 m³	排水量 /亿 m³	工业及生活用水 /亿 m³	地下水埋深/m	地下水储水量变化 /亿 m³	实际腾发量 /亿 m³
1999	54.448	12.845	1.288	1.407	0.008	5.13	1.065	1.798	0.522	63.282
2000	51.783	12.409	1.288	1.407	0.008	4.98	1.130	1.899	0.653	60.132
2001	48.955	20.387	1.288	1.407	0.008	4.72	0.974	1.810	-0.577	66.929
2002	50.688	17.658	1.288	1.407	0.008	4.87	0.818	1.869	0.381	64.976
2003	41.014	22.909	1.288	1.407	0.008	3.62	0.816	1.859	-0.065	62.259
2004	45.289	22.139	1.288	1.407	0.008	4.67	1.099	1.791	-0.436	64.794
2005	49.386	8.059	1.288	1.407	0.008	3.43	1.345	1.916	0.805	54.566
2006	48.786	17.003	1.288	1.407	0.008	2.55	1.451	1.956	0.261	64.235
2007	48.114	20.941	1.288	1.407	0.008	3.39	1.468	1.820	-0.882	67.780
2008	44.661	24.824	1.288	1.407	0.008	3.74	1.509	1.830	0.066	66.875
2009	52.491	12.280	1.288	1.407	0.008	2.88	1.508	1.899	0.446	62.638
2010	48.395	16.668	1.288	1.407	0.008	3.18	1.844	2.007	0.697	62.042
2011	45.381	7.744	1.288	1.407	0.008	2.62	1.943	2.144	0.881	50.386
2012	40.363	29.888	1.288	1.407	0.008	3.65	2.717	1.88	-1.701	68.289
2013	47.16	14.282	1.288	1.407	0.008	3.00	1.455	1.936	0.361	59.331
平均	49.19	18.19	1.288	1.41	0.008	4.59	1.16	1.81	0.06	64.276

　　灌区的引水量、降水量和排水量是灌区实际观测的主要的水资源均衡项，其他的水资源均衡项（如山前地表径流、山前侧渗、黄河侧渗以及灌区内部的工业及生活用水）与引水量和降水量相比较小，尽管这些数据的观测误差较大，但对灌区整体水量平衡分析结果精度的影响较小。灌区的整体消耗项是腾发量（蒸散量），通过对以上水均衡项的分析，以年为水量均衡期，可以比较精确地计算灌区的平均腾发量，多年平均的灌区年实际腾发量为 64.276 亿 m³。地下水埋深随时间呈现较为明显的增加趋势。由此表明，当外界大气条件无显著变化时，随着灌区引水量的减少，补给地下水量相应减少，土壤水和地下水消耗量增加，地下水位下降，灌区蒸发蒸腾量也相应受到影响，呈现减少趋势。

　　引水量和降水量是灌区的主要来水量，灌区的来水量、潜水蒸发量和地下水埋深具有密切的关系。图 6-2 表明，灌区引水量与降水量之和与地下水埋深间具有较明显的线性关系。由此可以得到，若不考虑外界大气条件变化（即降水量保持稳定时），灌区引水量减少 1 亿 m³，地下水埋深约降低 0.0325 m。

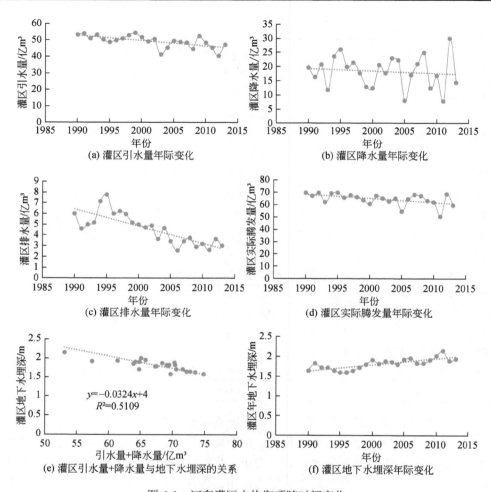

图 6-1　河套灌区水均衡项随时间变化

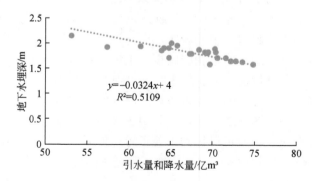

图 6-2　引水量和降水量与地下水埋深的关系曲线

在对灌区水资源均衡特征分析的基础上，采用河套灌区 1990～2013 年的水利统计资料，分别建立了井渠结合后全灌区、非井渠结合区、井渠结合区地下水均衡预测模型（图 6-3），通过计算各区域潜水蒸发量，求得井渠结合后灌区地下水埋深。同时，利用数学解析法（图 6-4），结合井渠结合区地下水埋深，计算长期井渠结合条件下渠灌区和井灌区的地下水埋深。

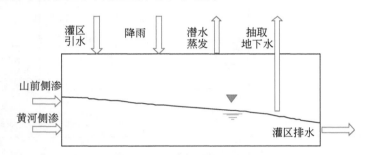

图 6-3　地下水均衡预测模型

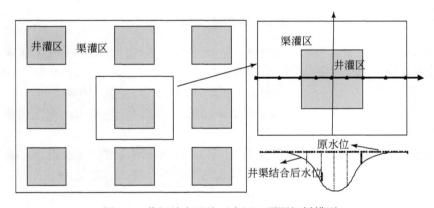

图 6-4　井渠结合区地下水埋深预测解析模型

研究结果表明，井渠结合膜下滴灌（渠井结合面积比为 3）实施后，河套灌区平均地下水埋深由 1.870 m 增加至 2.050 m，地下水位下降 0.18 m。非井渠结合区地下水埋深由原来的 1.870 m 增至 1.902 m，井渠结合的实施对灌区内非井渠结合区的平均地下水埋深影响很小。井渠结合区由于地下水的开采引起地下水位平均下降了 0.503 m，地下水埋深增至 2.373 m。井渠结合渠灌区地下水埋深为 2.279 m，水位下降了 0.409 m；井渠结合井灌区地下水埋深为 2.654 m，水位下降 0.784 m，该计算结果与隆盛井渠结合实施后井灌区下降的观测结果一致，计算得到的隆盛井渠结合井灌区与渠灌区的水位差与实测值仅相差 0.018 m，说明水均衡法结合解析法可以很好地计算井渠结合渠灌区和井灌区地下水埋深。河套灌区实施井渠结合后，各分区地下水位变化情况如图 6-5 所示。

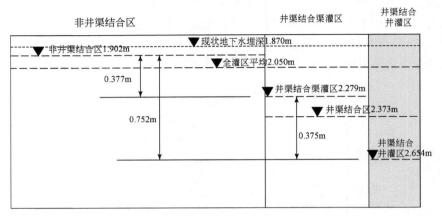

图 6-5　井渠结合膜下滴灌实施后河套灌区地下水埋深示意图

6.1.2　井渠结合地下水动态数值模拟

本书研究的区域为整个河套灌区，在全面搜集河套灌区 2006～2013 年水文地质、地下水位、水文气象、种植结构等资料的基础上，应用 Visual MODFLOW 软件（王康等，2007；Liu et al.，2013a；张斌，2013；马玉蕾，2014），构建了河套灌区地下水动态数值模型，预测了井渠结合后河套灌区的地下水动态变化及水资源均衡状况。

冻融期间（12 月 1 日至次年 5 月 31 日），地下水埋深变化与温度存在明显的相关关系，通过实测数据拟合两者数学表达式，得到埋深与温度关系式，并由温度变化推算地下水位变化情况（图 6-6）。

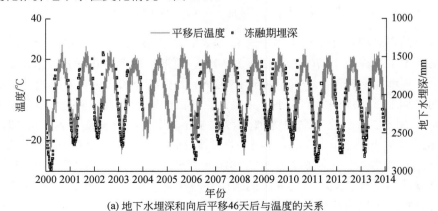

(a) 地下水埋深和向后平移46天后与温度的关系

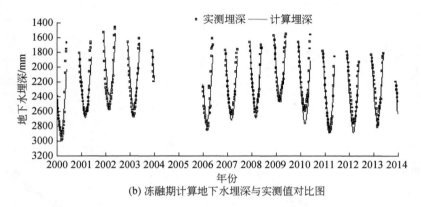

(b) 冻融期计算地下水埋深与实测值对比图

图 6-6　冻融期地下水埋深与温度关系及根据温度预测的地下水位结果

　　由地下水变化值与对应区域的平均给水度的乘积估算时段内的源汇项净值，冻融期间，将该值作为模型的上边界通量。非冻融期间，则输入各源汇项的实际统计值进行计算。模型率定期与验证期全区的平均水位计算值与观测值对比（图 6-7）较吻合，不同时期地下水流场计算值与观测值吻合度较高（图 6-8），说明模型计算结果准确合理。

　　通过以上率定和验证可得到模型参数，河套灌区全区入渗系数生育期平均为0.281，秋浇期为0.344，全年平均为0.301，各分区之间稍有差别，其中总干南部分区由于总干渗漏影响，综合补给系数较大。另外，生育期 5 月由于月初冻土融化对地下水补充的影响，也相应地增大了该月份的入渗系数。第一层弱透水层给水度为 0.02~0.03，第二、第三层给水度为 0.04~0.06，弹性释水系数为 0.000005~0.00005m^{-1}，结果表明，除南部沿河区域土质偏砂土、给水度偏大、释水系数偏小外，各区差别不大。该参数结果符合地下水文土壤参数指标，结果可信。全区整个含水层的水平渗透系数在全区为南部大、北部小，数值在 2.0~13.0 m/d。

　　将验证的模型用于河套灌区井渠结合地下水动态模拟，井渠结合前后典型井渠结合井灌区与井渠结合渠灌区的地下平均水位如图 6-9 所示。井渠结合后，井渠结合井灌区在作物生育期抽取地下水灌溉，地下水位大幅下降；在秋浇期，井渠结合井灌区采用两年一灌，地下水位上升达到全年最大值，上升幅度较井渠结合前稍有减小。井渠结合后井渠结合渠灌区受井渠结合井灌区的影响，地下水位也相应下降。除冻融期外，井渠结合渠灌区地下水位始终高于井渠结合井灌区，井渠结合渠灌区地下水位变化趋势与井渠结合前接近，生育期初与秋浇期均有明显的上升。

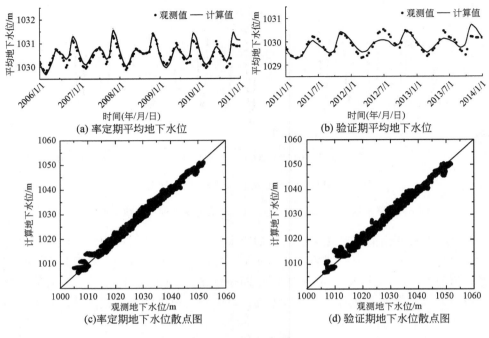

图 6-7　全灌区模拟地下水位与观测地下水位对比

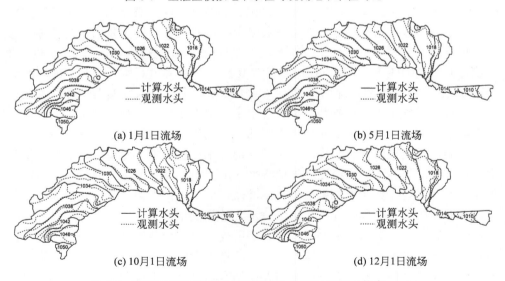

图 6-8　不同时期计算水头与观测水头分布对比图（单位：m）

图 6-9　井渠结合前后地下水位变化

井渠结合后生育期井渠结合井灌区内形成明显的下降漏斗，降深受单个井渠结合井灌区面积、灌溉定额、地下水补给系数、周边补给条件等因素的影响。将矿化度小于 2.5 g/L 的地下水作为可开采区，按照渠井结合面积比为 3，单个井灌区面积为 10000 亩，秋浇期两年一灌时，全灌区地下水位下降约 0.38 m，地下水位埋深为 2.08 m；井渠结合区地下水位下降约 1.00 m，地下水位埋深为 2.70 m；井渠结合井灌区地下水位下降约 1.30 m，地下水位埋深为 2.89 m；井渠结合渠灌区地下水位下降约 0.91 m，地下水位埋深为 2.52 m。井渠结合后各区地下水位变化如图 6-10 所示。

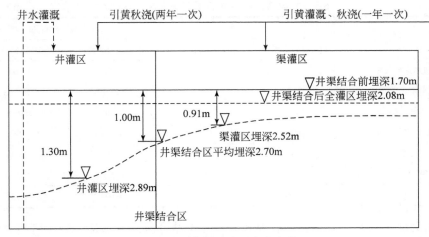

图 6-10　井渠结合区水位变化

井渠结合后全区水资源均衡见表 6-2，全灌区每年地下水开采量约为 1.76 亿 m^3，年均潜水蒸发约减少 1.69 亿 m^3，为主要节水来源。黄河侧渗量和湖泊侧渗量变化较小，灌区内地下水水量总体稳定，水量处于均衡状态。井渠结合后每年可减少引水量 3.8 亿 m³ 左右，节水效果显著。

表 6-2　河套灌区井渠结合前后水资源均衡表（单位：亿 m³）

项目	井渠结合前	井渠结合后
储量变化量	-0.34	-0.06
潜水蒸发量	-13.24	-11.55
入渗补给量	13.65	13.20
地下水开采量	0.00	-1.76
湖泊侧渗量	0.04	0.05
黄河侧渗量	0.98	1.12
排水沟	-0.96	-0.77
合计	0.13	0.23

典型井渠结合井灌区和井渠结合渠灌区水均衡计算结果见表 6-3 和图 6-11，井渠结合井灌区和井渠结合渠灌区潜水蒸发量比井渠结合前分别减少了 66.5%和 43.2%，它们是主要的节水来源。根据用水需求，9375 亩井渠结合的井灌区需要抽取 126.40 万 m³ 地下水，井渠结合渠灌区与井渠结合井灌区水量交换的变化量 125.81 万 m³，两个区域水量平衡。

表 6-3　井渠结合前后井灌区与渠灌区水均衡对比（单位：万 m³）

项目	井渠结合前		井渠结合后	
	井渠结合井灌区	井渠结合渠灌区	井渠结合井灌区	井渠结合渠灌区
储水量变化量	-0.90	17.72	2.63	14.63
潜水蒸发量	-65.29	-184.18	-21.90	-104.63
入渗补给量	76.75	230.24	32.03	230.24
地下水开采量	0.00	0.00	-126.40	0.00
排水量	0.00	-76.48	0.00	-25.48
与井（渠）灌区交换量	-12.20	12.20	113.61	-113.61
合计	-1.64	-0.50	-0.03	1.15

河套灌区实施井渠结合灌溉模式后，井渠结合区地下水位下降，可能导致未开采地下水的咸水区地下水向井渠结合区流动，引起咸水入侵，即矿化度大于 2.5 g/L 的地下水进入井渠结合区，造成原可开采区的地下水水质变差，从而影响井渠结合区地下水长期开采利用。为研究这一问题，本书在咸淡水分界线处布置

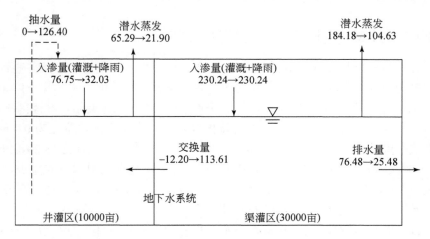

图 6-11　井渠结合前后井灌区和渠灌区水量变化（单位：万 m³）

了大量的示踪粒子，通过观测示踪粒子的运移情况来了解咸淡水界面的运动情况，示踪粒子在初期和末期位置如图 6-12 所示。计算结果表明，示踪粒子的运动速度每年为 0.5～1.1 m，运动方向由南向北，从淡水区流向咸水区，因此不会发生咸淡水界面往淡水区移动的情况。

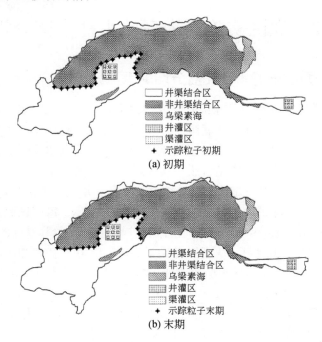

图 6-12　井渠结合区边界示踪粒子运动示意图

6.1.3　井渠结合地下水动态预测结果

综合均衡分析与 Visual MODFLOW 动态分析结果可知,井渠结合实施后,河套灌区平均地下水埋深下降 0.2～0.38 m,井渠结合区平均地下水埋深下降 0.5～1.0 m,井渠结合渠灌区平均地下水埋深下降 0.4～0.9 m,井渠结合井灌区平均地下水埋深下降 0.8～1.3 m,井渠结合井灌区与井渠结合渠灌区水位差为 0.4 m。

采取井渠结合灌溉制度后,全灌区潜水蒸发量由井渠结合前的 13.24 亿 m³ 减少为 11.55 亿 m³,潜水蒸发减少 1.69 亿 m³;由于黄河灌溉引水量的减少,入渗补给量由 13.65 亿 m³ 减少到 13.20 亿 m³,补给量减少 0.45 亿 m³;地下水开采量 1.76 亿 m³,其他水均衡项的变化较小,井渠结合区内水量平衡稳定。井渠结合后,井渠结合区潜水蒸发减少了 49%,地下水开采量约占现状条件下总补给量的 87%,井渠结合渠灌区与井灌区水量交换的变化量是地下水开采量的主要来源,井渠结合后主要节水来源为潜水蒸发的减少。

根据示踪粒子运动情况,地下水的运动速度为每年 0.5～1.1 m,其不会导致咸水的入侵。由于地下水的开发利用,在满足区内作物用水的条件下,引黄水减少量约 3.8 亿 m³,节水效果明显。

6.2　灌区实施滴灌后的水盐平衡分析

6.2.1　根系层淋滤水量和盐分均衡示踪分析

在河套灌区应用溴离子示踪试验研究作物根系层净淋滤水量(Flury et al.,1994;Healy,2010),根据现状灌溉制度和测得的净淋滤水量,估算不同灌溉方式下土壤盐分达到平衡时根系层的平均土壤含盐量,并以作物耐盐程度为依据,根据根系层盐分平衡确定井渠结合膜下滴灌适宜的秋浇淋盐水量大小。

本书的研究在河套灌区的塔尔湖、永联、隆胜、九庄 4 个试验基地共 10 个试验点开展了溴离子示踪试验,试验点分布如图 6-13 所示。每个试验点分别采用临空面投样法(0.5 m、1.0 m 埋深各两个对照投样)及喷洒投样法(0.5 m 埋深)进行投样。投样时间为 2014 年 9 月底,分别于 2015 年 10 月初和 2016 年 10 月初进行两次取样分析。表 6-4 为各试验点灌溉方式及作物种植情况。10 个试验点包括塔尔湖 1 个(1#),永联 3 个(2#、9#、10#),九庄 3 个(3#、4#、5#),隆胜 3 个(6#、7#、8#);灌溉方式包括井灌(地下水畦灌)、膜下滴灌(地下水滴灌)、黄灌(黄河水渠灌);种植作物包括玉米、向日葵、葫芦等。

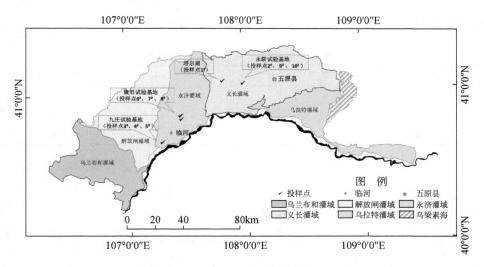

图 6-13　河套灌区示踪试验投样点分布图

表 6-4　示踪剂投放试验点灌溉方式及作物种植情况

编号	地点	2015 年		2016 年	
		灌溉方式	种植作物	灌溉方式	种植作物
1#	塔尔湖	井灌	玉米	膜下滴灌	葫芦
2#	永联	膜下滴灌	向日葵	黄灌	向日葵
3#	九庄	黄灌	加工番茄	黄灌	加工番茄
4#	九庄	黄灌	玉米	膜下滴灌	青椒
5#	九庄	膜下滴灌	玉米	膜下滴灌	玉米
6#	隆胜	黄灌	向日葵	黄灌	玉米
7#	隆胜	膜下滴灌	玉米	膜下滴灌	豆角
8#	隆胜	井灌	玉米	井灌	小麦
9#	永联	黄灌	向日葵	黄灌	向日葵
10#	永联	黄灌	向日葵	黄灌	葫芦

　　根据各取样孔两年取样测得的溴离子浓度曲线，采用基于活塞流理论的浓度峰位移法计算根系层净淋滤量（Scanlon et al.，2002）。河套灌区 41 个有效取样孔的年净淋滤量和净淋滤系数统计指标见表 6-5，各试验地的年净淋滤量如图 6-14 所示。由表 6-5 知，河套灌区根系层年净淋滤量为 40.8 mm，淋滤系数均值为 0.0607，相应的变异系数分别为 1.44 和 1.35，净淋滤量受土质、地下水埋深等与潜水蒸发相关的因素影响较大。示踪试验测得的根系层年净淋滤量与田间水均衡

分析结果 41.6 mm 十分接近，可相互验证。

表 6-5　河套灌区净淋滤量统计指标

指标	年净淋滤量/mm	输入水量/mm	净淋滤系数
均值	40.8	699.2	0.0607
标准差	58.9	1144.3	0.0819
变异系数	1.44	0.21	1.35

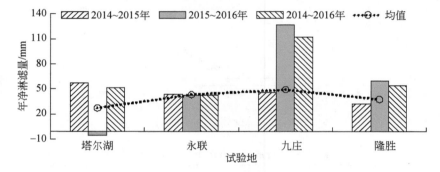

图 6-14　示踪试验计算所得各试验地年净淋滤量

建立根系层盐分平衡模型（图 6-15），盐分平衡方程可表示为 $Q_{i1}c_{i1}+Q_{i2}c_{i2}=Q_cc_d$。由灌溉引入盐量和实测根系层净淋滤量计算淋滤水矿化度 c_d，不同灌溉方式的淋滤水矿化度计算结果见表 6-6。由表 6-6 可知，若维持现状灌溉制度，当土壤盐分达到平衡时，井灌、膜下滴灌、黄灌的淋滤水矿化度均在作物耐盐程度（根层土壤溶液浓度 10～15 g/L）内，可以满足作物正常生长并维持土壤根系层的盐分平衡。

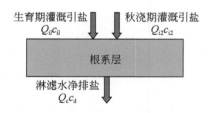

图 6-15　根系层盐分平衡示意图

表 6-6　不同灌溉方式淋滤水矿化度计算

灌溉方式	年均引入盐量/（kg/亩）	年均净淋滤量/mm	淋滤水矿化度/（g/L）
井灌	508.1	54.8	13.91
膜下滴灌	304.9	36.7	12.46
黄灌	212.4	48.5	6.57

河套灌区井渠结合膜下滴灌实施后，井灌区生育期灌溉水矿化度一定时，由田间水均衡分析和盐分平衡方程可求得秋浇定额随地下水埋深的变化曲线，如图 6-16 所示。可以看出，井灌区地下水埋深降至 2.65 m 时，若生育期使用矿化度为 1.5 g/L 的地下水滴灌，为保证根层含盐量始终不超过作物耐盐极限 10 g/L，秋浇定额应为 73 m³/亩，建议采用两年一秋浇的淋盐灌溉方式，且灌溉所用地下水矿化度每增加 1 g/L，秋浇定额需增加 33 m³/亩。

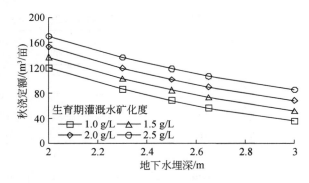

图 6-16 井渠结合膜下滴灌秋浇定额随地下水埋深变化图

6.2.2 不同水源滴灌根系层盐分均衡分析

依据河套灌区的水盐特征，以盐分平衡原理为基础，建立了河套灌区土壤根系层盐分均衡模型（图 6-17），分析计算了使土壤根系层盐分在年内保持平衡的最小秋浇定额，即临界秋浇定额。

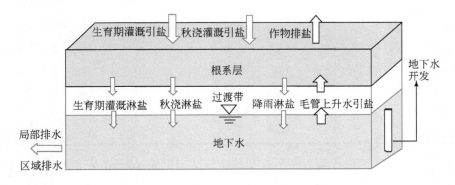

图 6-17 河套灌区根系层土壤盐分均衡模型示意图

根系层的盐分输入包括地表处灌溉水引入和根系层底部潜水蒸发带入根系层

的盐分，盐分消耗途径包括生育期灌溉淋盐、降雨淋滤、生物排盐和秋浇灌溉淋滤。盐分均衡模型里生育期灌溉定额、秋浇定额、降水量、蒸发皿蒸发量等取自灌区 2000～2013 年共 14 年的观测均值。模型计算时，按照均衡时段的不同分为两种方法，分别为将作物生育期和秋浇期合并为一个计算时段的简化计算方法和考虑生育期、秋浇期土壤盐分变化的两阶段计算方法。根系层盐分均衡计算所需参数见表 6-7。

表 6-7　根系层土壤盐分均衡所需参数表

土壤盐分均衡分析参数	井渠结合前	非井渠结合区渠灌	井渠结合渠灌区	井渠结合井灌区	非井渠结合区引黄滴灌	非井渠结合区引漳尔滴灌
$M_{i生}$ 为生育期田间净灌溉定额/（m^3/亩）	230	230	230	196	196	196
现有秋浇期灌溉定额/（m^3/亩）	120	120	120	60	120	120
$\eta_{生田间}$ 为生育期田间灌溉水利用系数	0.82	0.82	0.82	0.9	0.9	0.9
$\eta_{秋田间}$ 为秋浇期田间灌溉水利用系数	0.60	0.60	0.60	0.60	0.60	0.60
$\alpha_{i生}$ 为生育期间灌溉入渗补给系数	0.18	0.18	0.18	0.1	0.1	0.1
$\alpha_{i秋}$ 为秋浇期间灌溉入渗补给系数	0.40	0.4	0.4	0.4	0.4	0.4
Q_p 为降水量/mm	164.43	164.43	164.43	164.43	164.43	164.43
α_p 为降雨入渗补给系数	0.10	0.1	0.1	0.1	0.1	0.1
地下水平均埋深/m	1.87	1.902	2.279	2.654	1.902	1.902
E 为潜水蒸发量（5～11 月）/mm	122.01	118.557	84.508	60.346	118.557	118.557
S_{crop} 为作物排盐量/（kg/亩）	15.00	15	15	15	15	15
θ_f 为田间持水率	0.28	0.28	0.28	0.28	0.28	0.28
S_w 为重量土壤含盐量/（g/kg）	2.00	2	2	2	2	2
γ 为土壤容重/（g/cm^3）	1.50	1.5	1.5	1.5	1.5	1.5
$C_{i生}$ 为生育期灌溉水矿化度/（g/L）	0.64	0.64	0.64	1.5	0.64	1.5
$C_{i秋}$ 为秋浇期灌溉水矿化度/（g/L）	0.64	0.64	0.64	0.64	0.64	0.64
$f_生$ 为生育期淋滤系数	0.80	0.8	0.8	0.8	0.8	0.8
土壤溶液极限浓度/（g/L）	15.00	15	15	15	15	15
根系层厚度/m	0.60	0.6	0.6	0.6	0.6	0.6

　　由此参数采用简化计算方法所得到的计算结果见表 6-8。由表 6-8 可知，井渠结合条件下，非井渠结合区和井渠结合渠灌区的临界秋浇定额有不同程度的减少，其中后者减少量最大，仅为现状条件下对应临界秋浇定额的 1/4。其主要原因是灌区地下水开采，地下水位不同程度下降（全灌区下降 0.032 m，井渠结合渠灌区下降 0.409 m），使得潜水蒸发量及其带入土壤根系层的盐分减少，所需秋浇淋洗量

有不同程度的降低。注意到，井渠结合井灌区地下水降幅最大（下降 0.786 m），但一方面由于利用井水灌溉，其矿化度高于黄河水（地下水矿化度为 1.5 g/L，黄河水矿化度为 0.64 g/L），带入土壤根系层的盐分大幅度增加；另一方面，采用滴灌方式，地下水淋滤量减少，灌溉期的淋盐作用降低，根系层的总体进盐量变化不大，因而所要求的秋浇灌溉定额变化不大。

表 6-8　根系层土壤盐分均衡及建议临界秋浇定额（简化计算方法）

土壤盐分均衡分析参数	井渠结合前	非井渠结合区渠灌	井渠结合渠灌区	井渠结合井灌区	非井渠结合区引黄滴灌	非井渠结合区引淖尔滴灌
生育期排水矿化度/（g/L）	12.13	12.13	12.13	12.30	12.13	12.30
秋浇期排水矿化度/（g/L）	12.13	12.13	12.13	12.13	12.13	12.13
建议临界秋浇定额/（m³/亩）	58	54	15	57	98	125
生育期灌溉带入盐量/（kg/亩）	179.51	179.51	179.51	326.67	139.38	326.67
秋浇期灌溉带入盐量/（kg/亩）	61.73	57.48	15.62	61.01	104.30	133.08
潜水蒸发带入盐量/（kg/亩）	986.98	959.05	683.62	491.62	959.05	965.85
生育期淋盐量/（kg/亩）	612.32	612.32	612.32	267.87	264.12	267.87
秋浇期淋盐量/（kg/亩）	467.89	435.72	118.82	462.48	790.60	1008.78
降雨淋盐量/（kg/亩）	133.01	133.01	133.01	133.96	133.01	133.96
作物带走盐量/（kg/亩）	15.00	15.00	15.00	15.00	15.00	15.00
平衡分析——进入/（kg/亩）	1228.22	1196.05	878.75	879.30	1202.73	1425.60
平衡分析——排出/（kg/亩）	1228.22	1196.05	878.75	879.30	1202.73	1425.60
生育期灌溉带入盐量比例/%	14.62	15.01	20.43	37.15	11.59	22.91
秋浇期灌溉带入盐量比例/%	5.03	4.81	1.78	6.94	8.67	9.34
潜水蒸发带入盐量比例/%	80.36	80.19	77.79	55.91	79.74	67.75
生育期淋盐量比例/%	49.85	51.19	69.68	30.46	21.96	18.79
秋浇期淋盐量比例/%	38.10	36.43	13.48	52.60	65.73	70.76
降雨淋盐量比例/%	10.83	11.12	15.14	15.23	11.06	9.40
作物带走盐量比例/%	1.22	1.25	1.71	1.71	1.25	1.05

图 6-18 为井灌区灌溉水矿化度不同时，达到根系层土壤盐分平衡所要求的临界秋浇定额。计算结果表明，地下水矿化度每增加 1 g/L，秋浇定额大约将增加 30 m³/亩，才能淋洗掉作物生育期灌溉带入的盐分，这与示踪剂试验结果十分接近。

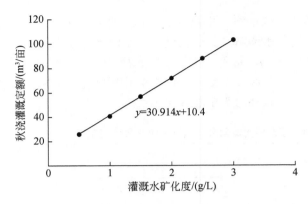

图 6-18　井渠结合井灌区不同地下水矿化度的临界秋浇定额

　　表 6-9 和图 6-19 列出了采用两种盐分均衡模型计算所得临界秋浇定额，两者相差较小。综合两种方法的计算结果可知，井渠结合前维持土壤盐分均衡的田间临界秋浇定额为 53～58 m³/亩，其小于灌区目前所采用的具有储墒和压盐双重作用的秋浇定额，仅考虑土壤盐分淋洗的秋浇灌溉可以两年秋浇一次；井渠结合渠灌区的地下水位比井渠结合前下降 0.41 m，维持根系层土壤不积盐的秋浇定额仅为非井渠结合区的 1/4～1/3，若仅考虑根系层土壤盐分平衡，井渠结合渠灌区可以 2～3 年一次秋浇；井渠结合井灌区地下水埋深平均降幅为 0.78 m，潜水蒸发带入土壤根系层的盐分较现状减少 250 kg/亩，若地下水的矿化度按 1.5 g/L 计，生育期灌溉引入土壤根系层的盐分约增加 140 kg/亩，井灌区利用膜下滴灌淋盐量约降低 120 kg/亩，三部分盐分基本均衡，井灌区的秋浇定额可保持不变即可两年秋浇一次；井渠结合区井灌地下水的矿化度增加（或降低），相应的秋浇定额也应增加（或降低），地下水的矿化度每增加 1 g/L，秋浇定额只有增加 30 m³/亩，才能维持根系层土壤盐分均衡。

表 6-9　河套灌区不同区域临界秋浇定额计算表

土壤盐分均衡分析参数		井渠结合前	非井渠结合区渠灌	井渠结合渠灌区	井渠结合井灌区	非井渠结合区引黄滴灌	非井渠结合区引淖尔滴灌
临界秋浇定额/（m³/亩）	简化计算方法	58	54	15	57	98	125
	两阶段计算方法	53	51	23	58	73	88

6.2.3　井渠结合区根系层水盐均衡分析

　　根据河套灌区气候条件，分生育期、秋浇期、冻融期 3 个阶段建立了地下水-根系层土壤盐分均衡模型。该模型利用地下水位作为指示，通过地下水均衡模型

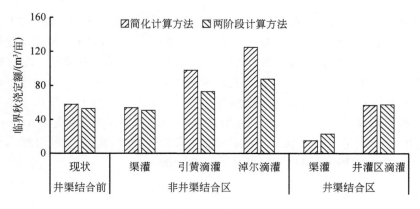

图 6-19　河套灌区不同区域临界秋浇定额

获取盐分均衡模型中根系层底部的水量交换量。根据盐分观测资料率定淋滤系数 f、土壤盐分含量及根系层交换盐分浓度转换系数 θ_{tc} 和毛管上升水矿化度折算系数 β 3 个简单参数，利用式（6.1）～式（6.3）来确定淋滤水矿化度和毛细上升水矿化度，进而根据根系层土壤盐分均衡计算来实现地下水浅埋区根系层土壤盐分长时间序列变化过程的模拟预测（Sun et al.，2019）。

根系层淋滤水矿化度主要取决于土壤溶液浓度和灌溉水矿化度，淋滤水矿化度和土壤溶液浓度可分别表示为式（6.1）和式（6.2）：

$$C_d = C_i(1 - f) + C_t f \tag{6.1}$$

$$C_t = \frac{10 S_w \rho}{\theta_{tc}} \tag{6.2}$$

式中，C_d 为计算时段内根系层淋滤水矿化度，g/L；C_t 为计算时段初根系层土壤溶液浓度，g/L；C_i 为灌溉水或降雨矿化度，g/L；f 为淋滤系数，无量纲；S_w 为计算时段初根系层土壤含盐量，g/100 g；θ_{tc} 为土壤盐分含量与根系层交换盐分浓度的转换系数。

潜水蒸发毛管上升水所带入根系层的土壤盐分应该与淋滤至下层土壤盐分的浓度密切相关，考虑到土壤盐分上下层紧密相关且平衡时趋于一致的特点，生育期、冻融期潜水蒸发毛管上升水溶液浓度采用式（6.3）表示：

$$C_e = \beta C_d \tag{6.3}$$

式中，C_e 为计算时段内毛管上升水矿化度，g/L；β 为毛管上升水矿化度折算系数，即蒸发毛管上升水浓度与淋滤水浓度的比值，无量纲。

利用隆胜试验基地 1999～2016 年共 18 年长系列的地下水埋深、土壤盐分观测资料及灌溉、降雨、蒸发等数据对模型参数进行了率定、验证（图6-20），率定和验证结果表明，模型具有较好的土壤盐分预测效果（表6-10）。模型率定期、验证期地下水埋深平均相对误差（MRE）分别为 6.96%和 10.08%，均方根误差（RMSE）分别是 0.33 m、0.37 m，决定系数（R^2）均超过 0.70，说明地下水均衡模型可较好地描述该研究区地下水埋深的变化。模型率定期与验证期土壤根系层含盐量平均相对误差分别为-17.38%和10.84%，均方根误差分别是 0.04 g/100 g、0.04 g/100 g，决定系数分别为 0.64、0.31，考虑到盐分的强变异性及样本数量的有限性，盐分均衡模型可用于区域盐分模拟预测。

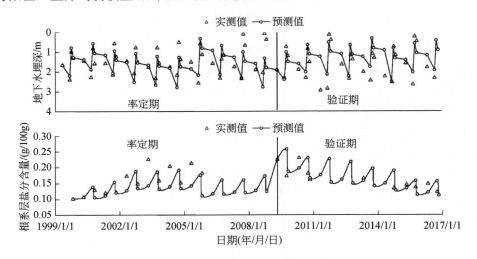

图 6-20　井渠结合根系层水盐均衡率定和验证结果

表 6-10　模型率定、验证效果统计特征表

模型	率定期（1999~2008 年）				验证期（2009~2016 年）			
	MRE/%	RMSE	b	R^2	MRE/%	RMSE	b	R^2
地下水均衡模型	6.96	0.33 m	1.01	0.71	10.08	0.37 m	0.89	0.78
根系层盐分均衡模型	-17.38		0.77	0.64	10.84	0.04 g/100 g	1.08	0.31

注：b 为回归系数。

　　盐分均衡计算结果见表6-11，隆胜试验基地现状灌溉条件下，潜水蒸发引盐是根系层土壤盐分的最大来源，占到63.93%，秋浇淋盐是盐分的主要排出项，占排盐量的58.89%，潜水蒸发和秋浇是控制根系层土壤盐分的关键环节。该区域根系层年均引盐量小于排盐量，土壤处于非常缓慢的脱盐状态，这与模拟及实测结果相吻合。

表 6-11 研究区 2009 ～ 2016 年根系层土壤盐分平衡分析

进入根系层盐分			排出根系层盐分		
引盐项	平均引盐量 / (kg/hm²)	引盐 比例/%	排盐项	平均排盐量 / (kg/hm²)	排盐 比例/%
生育期灌溉引盐	1673.62	16.98	生育期淋滤排盐	3486.83	31.57
生育期潜水蒸发引盐	6301.70	63.93	降雨淋滤排盐	828.57	7.50
秋浇灌溉引盐	1135.74	11.52	作物排盐	225.00	2.04
冻融期潜水蒸发引盐	746.82	7.58	秋浇淋滤排盐	6504.95	58.89
年均引盐量	9857.88	100.00	年均排盐量	11045.34	100.00

隆胜井灌区目前采用地面灌溉，若维持其生育期灌溉制度和灌溉方式现状，可改变其地下水位和秋浇制度，采用建立的根系层盐分均衡模型对土壤盐分变化过程进行预测，结果如图 6-21 所示。在生育期地下水埋深 1.70 m 的现状条件下，根系层土壤处于非常缓慢的脱盐状态，以生育期末土壤盐分含量为例，20 年间土壤盐分下降22.27%，平均每年脱盐率为1.11%。在地下水埋深分别为2.10 m、2.50 m 时，根系层土壤通过前 5 年的灌溉迅速脱盐，此后脱盐速率变缓，最终达到新的盐分平衡。在同样的灌溉条件下，地下水埋深的增大将会引起土壤的脱盐，根系层土壤盐分会逐渐达到新的平衡状态。以生育期地下水埋深 2.10 m 为例，分析同一地下水埋深不同秋浇定额对根系层土壤盐分的影响。秋浇定额分别设置为 209 mm、105 mm、70 mm，相当于一年一秋浇、两年一秋浇、三年一秋浇。由图 6-21（b）可知，一年一秋浇根系层土壤会一直脱盐直至平衡；两年一秋浇根系层土壤盐分基本处于平衡状态；而三年一秋浇土壤则处于积盐状态。由此可见，地下水埋深和秋浇定额决定着根系层土壤盐分状况。为维持盐分平衡，渠灌区现状条件下（埋深 1.70 m），秋浇定额应为 183.4 mm（122.3 m³/亩），地下水埋深每增大 0.1 m，秋浇定额可减少 26.5 mm（17.7 m³/亩）。通过井渠结合等措施降低生育期地下水埋深，减少潜水蒸发引盐来大幅减少秋浇水量，是控制土壤根系层盐分的有效手段。

同时，采用根系层均衡模型预测了井渠结合膜下滴灌实施后（渠灌区地下水埋深 2.28 m，井灌区 2.65 m），井灌区（生育期灌溉水矿化度 1.5 g/L，秋浇水矿化度 0.64 g/L）、渠灌区（矿化度 0.64 g/L）在不同秋浇模式下的根系层土壤盐分变化过程，如图 6-22 所示。不论渠灌区地面灌溉还是井灌区膜下滴灌，在某种秋浇制度的长期灌溉利用模式下，盐分变化过程将越来越缓慢，直至达到平衡。渠灌区在地下水埋深下降到 2.28 m 后，一年一秋浇将使土壤脱盐，最终生育期末土壤盐分稳定在 0.092 g/100 g。维持渠灌区根系层土壤盐分平衡的秋浇定额是 70 mm，

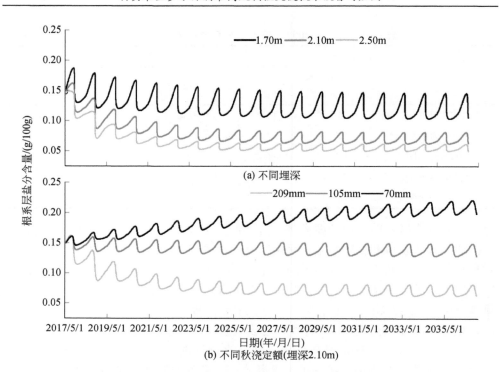

(a) 不同埋深

(b) 不同秋浇定额（埋深2.10m）

图 6-21　隆胜现状生育期灌溉条件下根系层土壤盐分变化预测

不考虑秋浇的储墒松土等作用，渠灌区可 2～3 年进行一次盐分淋洗，定额为
180 mm（120 m³/亩）。井灌区膜下滴灌一年一秋浇、两年一秋浇、三年一秋浇，
每次秋浇定额 180 mm，生育期末根系层土壤盐分最大值将分别稳定在 0.199 g/
100 g、0.380 g/100 g、0.581 g/100 g，三年一秋浇第三年时生育期土壤盐分将超过
中度盐渍土上限 0.50 g/100 g，严重影响作物生长。因此，井渠结合井灌区膜下滴
灌（生育期灌溉水矿化度为 1.5 g/L）的秋浇制度可为两年一次秋浇，定额为 180 mm
（120 m³/亩）。

　　若生育期灌水矿化度不同，则需要采用不同的秋浇定额进行盐分淋洗，本
书的研究采用根系层均衡模型计算井渠结合膜下滴灌实施后，维持生育期末土
壤盐分不超过轻度盐渍土含盐量上限 0.30 g/100 g 的最小秋浇定额，其计算结果
见表 6-12。生育期用来灌溉的地下水矿化度每升高 1 g/L，一年一秋浇、两年一秋
浇、三年一秋浇水量需分别增加 72 mm、144 mm、215 mm（48 m³/亩、97 m³/亩、
144 m³/亩）；秋浇的年限每延长一年，生育期灌溉水矿化度越高，需增加的水量
越大，如灌溉水矿化度为 1.0 g/L、2.0 g/L、3.0 g/L，秋浇年限每延长一年，水量
需分别增加 77 mm、145 mm、220 mm（51 m³/亩、100 m³/亩、147 m³/亩）。考虑

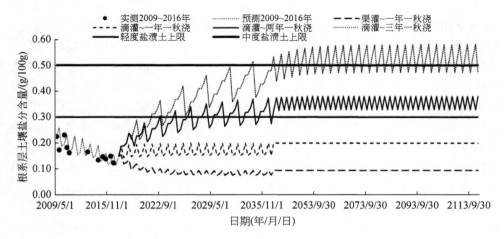

图 6-22　井渠结合膜下滴灌实施后根系层土壤盐分变化过程

到现行秋浇制度及秋浇期安全有效利用现有灌溉渠道，黄河水秋浇，地下水矿化度在 0.5～1.0 g/L 可三年一秋浇；地下水矿化度在 1.0～2.0 g/L 可两年一秋浇；地下水矿化度在 2.0～3.0 g/L 宜一年一秋浇。

表 6-12　井灌区膜下滴灌最小秋浇定额

生育期灌溉水矿化度/（g/L）	一年一秋浇		两年一秋浇		三年一秋浇	
	水量/mm	亩均/m³	水量/mm	亩均/m³	水量/mm	亩均/m³
0.5	42	28	83	55	124	83
1.0	78	52	155	103	230	153
1.5	115	77	230	153	338	225
2.0	150	100	300	200	445	297
2.5	186	124	370	247	555	370
3.0	225	150	445	297	662	441

6.2.4　区域土壤水盐演化规律

针对河套灌区井渠结合的具体情况，采用耦合 SaltMod 模型及井渠结合区长系列的观测资料，分析了井渠结合实施后井灌区和渠灌区长期的土壤水盐动态变化规律。

SaltMod 是灌区长期水资源和盐分管理的均衡模型，它以水盐均衡原理为基础，可预测不同水文地质条件和不同用水管理措施下的地下水动态变化、排水系统排水、土壤及含水层盐分变化过程等（Oosterbaan，2000；Singh et al.，2002；

Srinivasulu et al., 2004; Bahçeci et al., 2006, 2008; Singh, 2012, 2014; Yao et al., 2014; 陈艳梅等, 2012; Mao et al., 2017; 毛威等, 2018)。SaltMod 模型以季度为均衡时段, 在时间上可以将模型分为 1～4 个季度, 在空间上垂向划分为 4 个均衡体, 分别为地表均衡体、根系层、过渡层和含水层。该模型假设在根系层和过渡层所有的土壤水分运动都是垂向的, 排水系统处于过渡层。该模型综合考虑了降雨、蒸发、灌溉、排水、井水利用、径流损失等地表水文过程和深层渗漏、地下水抽水等含水层水文过程。盐分的均衡依赖于水分均衡的计算, 用电导率表示浓度值。耦合 SaltMod 模型分别采用单个 SaltMod 模型模拟井灌区和渠灌区, 再通过含水层交换水量将二者耦合 (图 6-23)。井灌区与渠灌区含水层耦合公式为

$$G_{\text{w}} \cdot S_{\text{w}} = G_{\text{c}} \cdot S_{\text{c}} \tag{6.4}$$

式中, S_{w} 为井灌区的面积, m^2; S_{c} 为渠灌区的面积, m^2; G_{w} 为单位面积井灌区含水层流入水量, m; G_{c} 为单位面积渠灌区含水层流出水量, m。耦合 SaltMod 模型既具有 SaltMod 模型的优点, 又可处理井渠结合的特殊情况。

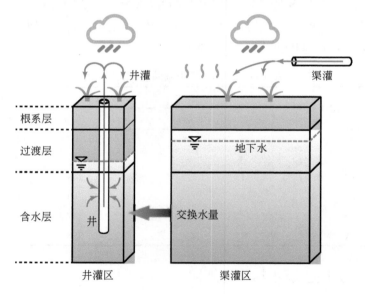

图 6-23 井渠结合水盐均衡模型结构示意图

隆胜井渠结合区井灌区和渠灌区面积分别为 8.01 km^2 和 36.67 km^2, 其中井灌区和渠灌区农业用地占比均为 76%, 即井灌区灌溉用地为 6.09 km^2, 渠灌区灌溉用地为 28 km^2。在时间上将每年划分为三个季度, 即 5～9 月为作物生育期, 10～11 月为秋浇期, 12 月至次年 4 月为休耕期。在空间上根据实际钻孔资料, 根系层取深度为 1 m, 过渡层取深度为 4 m, 含水层取深度为 95 m。

采用 2002～2005 年的实测资料进行模型率定，采用 2006～2016 年的资料进行模型验证，如图 6-24 和图 6-25 所示。根据现状条件下的实测地下水埋深和根系层土壤盐分率定井灌区与渠灌区的含水层交换水量与根系层淋滤系数，得到根系层淋滤系数为 0.6。

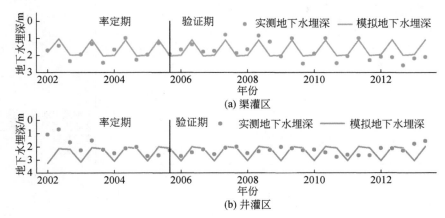

图 6-24　地下水埋深实测值与模拟值对比图

地下水位实测数据仅到 2013 年

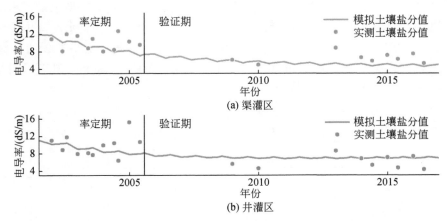

图 6-25　根系层盐分实测值与模拟值对比图

采用验证后的模型计算现状条件下隆胜井渠结合区盐分演化过程，结果如图 6-26 所示。根据现状条件下的试验数据和计算结果，隆胜井渠结合区的渠灌区灌溉用地根系层土壤盐分常年处于稳定状态，可以满足作物生长的需求（土壤全盐基本维持在 1 g/kg 左右）。井灌区灌溉用地根系层的土壤盐分处于轻微的积累状态（土壤盐分由现状的 1.3 g/kg 增加到 50 年后的 1.64 g/kg 左右），但是积累速率非常缓慢，不会影响作物的生长。渠灌区非灌溉用地根系层的蒸发作用导致土壤盐分持续积累，井灌区非灌溉用地由于其较深的地下水埋深，根系层土壤盐分含量缓慢下降。井灌区与渠灌区含水层盐分含量均缓慢增加。

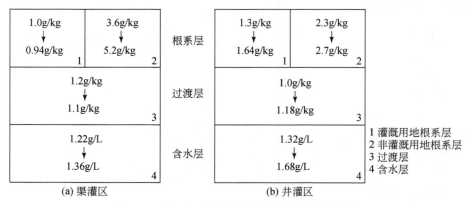

图 6-26　第 1 年至第 50 年各层盐分浓度的变化

　　典型年的各分层盐分累积量如图 6-27 所示。渠灌区每年由于灌溉和秋浇而引入大量盐分，其中大部分由排水系统排出或随含水层侧向交换水量而进入井灌区。井灌区盐分来源主要为渠灌区含水层流入井灌区含水层的侧向交换水量，小部分随秋浇进入。但是不论是井灌区还是渠灌区，盐分主要积累在含水层，由于含水层具有庞大的体积，地下水的平均矿化度提高较小，100 年后仍小于 2 g/L。适当加大井灌区的秋浇定额至 40 m^3/亩，100 年后土壤盐分约为 1 g/kg，其可以明显改善井灌区灌溉用地根系层的盐分积累。

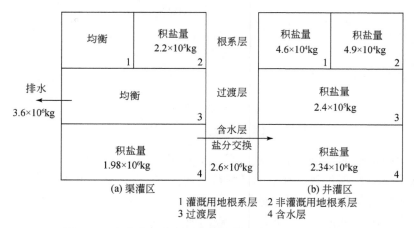

图 6-27　隆胜井渠结合区现状条件下典型年盐分累积图

　　总体来说，在现状灌溉模式条件下，隆胜井渠结合区根系层土壤盐分可得到合理控制，可以满足作物生长的需求。建议井渠结合区不要废除渠系系统，当土壤盐碱化影响到作物生长时，可以引用黄河水进行一次集中的大水压盐。如果地面灌溉系统已经荒废，如隆胜或类似于隆胜等地下水质较好的区域，也可以采用井水大水压盐。

　　当隆胜井渠结合区全部实施膜下滴灌之后，地下水埋深增加至 2.7 m，作物生育期利用地下水灌溉，灌溉定额为 120 m³/亩，地下水矿化度为 1.2 g/L，此时井灌区各区域土壤盐分含量的变化情况如图 6-28 所示。灌溉用地根系层的土壤盐分浓度呈现先降后升的趋势，土壤盐分增加缓慢，可满足作物生长要求（100 年后土壤含盐量小于 2 g/kg）。非灌溉用地的根系层则从现状条件下的升高趋势转为下降趋势，过渡层和含水层的盐分含量均处于缓慢上升状态，盐分主要累积在含水层。

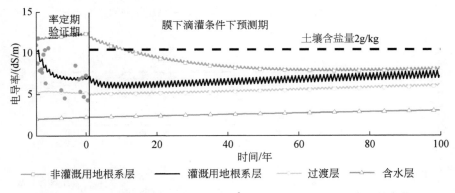

图 6-28　滴灌情况下秋浇定额 120 m³/亩时各区域土壤盐分含量的变化

　　采用隆胜井渠结合区的建模资料对井渠结合的一般情况进行探讨，且主要考虑灌溉用地根系层的土壤盐分变化情况。减小秋浇定额，结果如图 6-29 所示。当采用黄河水进行秋浇淋盐时，秋浇定额为 120 m³/亩，推荐秋浇频率为两年一次，此时可以将灌溉用地根系层盐分含量控制在较低的水平（100 年后土壤盐分含量为 2.2 g/kg），来满足作物的生长需求。作物生育期灌溉定额和地下水埋深对灌溉用地根系层盐分含量的变化影响较小。如图 6-30（a）所示，在一年一秋浇的情况下，随着地下水矿化度的增加，灌溉用地根系层土壤盐分呈现明显的累积状态。当地下水矿化度为 2.5 g/L 时，100 年后灌溉用地根系层的土壤盐分含量小于 11 dS/m（全盐为 2.0 g/kg）；当地下水矿化度为 3 g/L 时，100 年后灌溉用地根系层的土壤盐分含量约为 12 dS/m（全盐为 2.27 g/kg），可以满足多数作物的生长需求。在两年一秋浇的情况下，当地下水矿化度为 2 g/L 时，100 年后灌溉用地根系层的土壤盐分含量小于 16 dS/m（全盐小于 3.0 g/kg），基本可以满足作物的生长需求。当地下水矿化度为 2.5 g/L 时，在 60 年左右，灌溉用地根系层的土壤盐分含量达到 3.0 g/kg，此时达到作物耐盐上限，如图 6-30（b）所示。

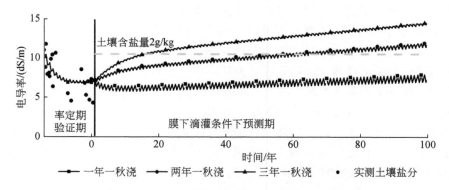

图 6-29　不同秋浇定额下滴灌区灌溉用地根系层盐分的累积情况

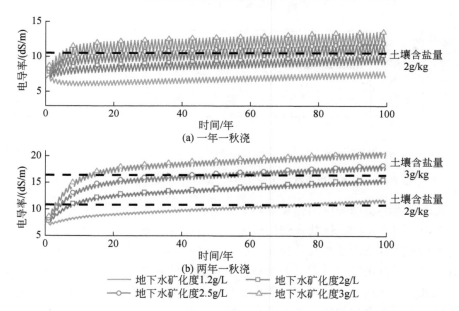

图 6-30　井渠结合膜下滴灌后不同地下水矿化度下灌溉用地根系层盐分

从全灌区而言，在地下水矿化度＜2.5 g/L 的适宜发展井渠结合的区域中，约90%的地下水矿化度＜2.0 g/L。因此，建议井灌区实施膜下滴灌的灌溉措施后，利用黄河水秋浇淋盐，秋浇定额为 120 m³/亩，秋浇频率为两年一次，且建议新建井渠结合区不要废除渠系统，当土壤盐碱化影响到作物生长时，可引用黄河水大水压盐。对于荒废地面灌溉系统的区域，也可以在适当的时候采用井水进行大水压盐，特别是对于地下水质相对较好的区域。

　　将该均衡模型应用于乌拉特前旗试验区高矿化度地下水膜下滴灌水盐试验。在该地区，每年 4 月采用春汇压盐，以便于播种。向日葵一般于 6 月初播种，于 10 月初收获，故将 6～9 月共 4 个月定为向日葵的生育期，4 月和 5 月共两个月作为春汇期，10 月到次年 3 月共 6 个月作为休耕期。根据地质调查的钻孔资料，将乌拉特前旗试验田垂向分为三层：第一层根系层厚度为 1 m，第二层过渡层厚度为 4 m，第三层含水层厚度为 55 m。在现状条件下，100 年后根系层盐分变化过程如图 6-31 所示，由该结果可见，乌拉特前旗膜下滴灌区域由于采用较高矿化度的地下水（2.95 g/L）进行灌溉，且膜下滴灌的灌溉定额较小，根系层盐分会持续累积，在 15 年左右灌溉用地根系层土壤盐分含量将达到 3 g/kg，不能满足作物生长的需求，使得这种灌溉模式难以持续。

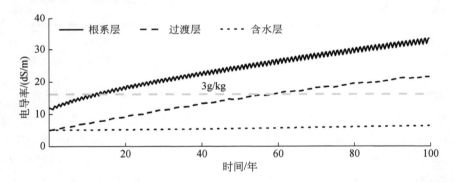

图 6-31　现状条件下 100 年膜下滴灌区各层盐分预测结果

　　采用不同的春汇制度进行盐分冲洗，其根系层盐分变化过程如图 6-32 所示。加大春汇定额虽然可以从一定程度上改善根系层土壤盐分的积累，但是效果有限，

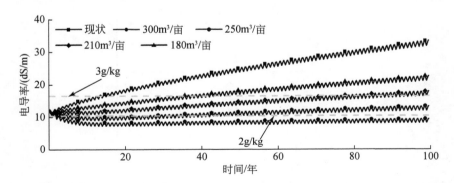

图 6-32　不同灌溉条件下膜下滴灌区根系层盐分的变化

将根系层盐分浓度控制在 3 g/kg 内的春汇定额为 250 m³/亩，所需水量过大，缺乏实际可操作性。改善该地区土壤盐渍化的另一个措施为增加地下水埋深，维持现有条件，不同地下水埋深条件下的根系层盐分变化过程如图 6-33 所示。若该地区地下水埋深增加至 3 m 以上，则在该地区继续发展微咸水膜下滴灌的条件下，土壤根系层盐分浓度应控制在 3 g/kg 内。另外，建议该地区不要废除渠系系统，当土壤盐碱化影响到作物生长时，可引用矿化度较低的黄河水集中大水压盐。

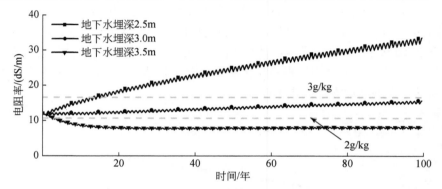

图 6-33　不同地下水埋深条件下乌拉特前旗试验区灌溉用地根系层盐分的累积情况

将 SaltMod 均衡模型应用于永济灌域，模型示意图如图 6-34 所示。永济灌域总面积 1815 km²，灌溉面积 1180 km²，土地利用系数 0.65。SaltMod 模型从上至下分为 3 层：根系层、过渡层和含水层；共 5 个均衡体（计算分区）：耕地根系层、非耕地根系层、土壤下层、浅层地下水和深层地下水。全年划分为 3 个季度：生育期（5～9 月）、秋浇期（10～11 月）、冻融期（12 月至次年 4 月）。

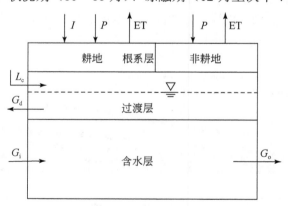

图 6-34　永济灌域 SaltMod 模型示意图

P 为降水量（L）；I 为灌水量（L）；ET 为实际蒸发量（L）；L_c 为渠系水渗漏到过渡层的水量（L）；G_d 为排水沟排出的水量（L）；G_i、G_o 分别为水平流进和流出含水层的水量（L）

根据永济灌域长系列的降雨、蒸发、地下水埋深、引排水和土壤盐分观测资料，选取 2000～2009 年共 10 年为率定期，2010～2016 年共 7 年为验证期。以实测地下水埋深和耕地根系层盐分资料率定水盐均衡参数。率定期和验证期地下水埋深和耕地根系层盐分模拟值与实测值对比如图 6-35 所示。

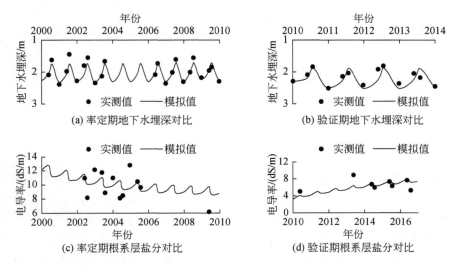

图 6-35　率定期和验证期地下水埋深与耕地根系层盐分模拟值与实测值对比图

采用验证后的模型，以 2016 年数据为初始条件，预测永济灌域现状引黄渠灌条件下未来 100 年土壤盐分演化情况，如图 6-36 所示。未来 100 年含水层盐分将持续增长，而根系层和过渡层先积盐后基本达到平衡，其中耕地根系层盐分平衡时的全盐约 1.9 g/kg（非盐化），能够保证作物正常生长。

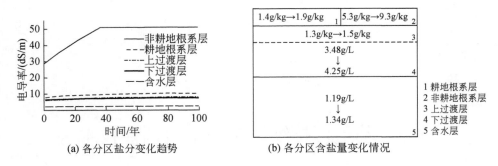

图 6-36　永济灌域未来 100 年土壤盐分演化预测

第 1 年至第 100 年灌域各分区积盐总量如图 6-37 所示。未来 100 年灌域积盐有 70%在地下水中，22%在非耕地根系层，其余 8%在耕地根系层及土壤下层，表明地下水积盐和干排盐是灌域引入盐分的主要积累途径。

图 6-37　未来 100 年各分区积盐总量

选取第 100 年绘制盐量均衡图（图 6-38），第 100 年灌域根系层盐分已均衡，过渡层轻微积盐（7.5%），绝大部分盐量（92.5%）积累到含水层。由盐分变化速率可以估计，约 150 年后，过渡层盐分也将达到均衡，由灌溉水引入的盐分将全部积累到含水层。由于含水层体积庞大，即便每年纳盐，地下水矿化度的增长也十分缓慢（矿化度增长 1 g/L 约需要 650 年），其可以满足地下水的长期开采利用。

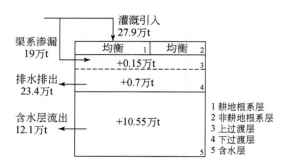

图 6-38　第 100 年灌域盐量均衡图

6.3　基于可持续发展的水盐调控技术

6.3.1　非井渠结合区土壤盐分调控技术

灌区井渠结合灌溉模式实施后，由于其对非井渠结合区的地下水位影响很小，在维持现状灌溉用水定额的条件下，要维持灌溉土地根系层土壤的盐分均衡，则秋浇的淋盐定额与实施井渠结合前相比稍有减少，但变化不大。在没有更好的储水灌溉和松土技术前，建议维持目前的秋浇灌溉方式。

6.3.2　井渠结合渠灌区土壤盐分调控技术

由于井渠结合渠灌区地下水有较大幅度的下降（井渠结合渠灌区的地下水位比井渠结合前下降 0.4～0.5 m），维持根系层土壤不积盐的秋浇定额仅为现状秋浇定额的 1/4～1/3，如果仅仅考虑根系层土壤不积盐，井渠结合渠灌区秋浇可以 3 年一次，秋浇定额为 120 m³/亩。

6.3.3　井渠结合井灌区土壤盐分调控技术

井灌区用地下水灌溉，灌溉水矿化度为 1.5 g/L，秋浇利用黄河水压盐，矿化度为 0.64 g/L。井渠结合井灌区达到土壤根系层盐分均衡的秋浇定额比实施井渠结合前稍有减少，洗盐秋浇定额为 50～60 m³/亩。因此，井渠结合区可以两年秋浇一次（定额 100～120 m³/亩）。如果地下水的矿化度增加（或降低），相应的秋浇定额也应增加（或降低），地下水的矿化度每增加 1 g/L，淋盐秋浇定额将增加 30 m³/亩。

6.3.4　直引和淖尔水滴灌的土壤水盐调控技术

根系层土壤盐分均衡的分析结果表明，在非井渠结合区采用直引黄河水和利用淖尔蓄水进行滴灌，所要求的淋盐秋浇定额比现状条件有所增加，直引滴灌的秋浇定额增加 20～40 m³/亩，淖尔蓄水灌溉的秋浇定额增加 35～67 m³/亩。秋浇淋盐定额增大的主要原因是利用膜下滴灌的灌溉模式，淋滤水量减少，需增加秋浇定额以淋洗累积在土壤中的盐分；另外，淖尔水的矿化度一般较高，利用淖尔蓄水灌溉将大幅度增加根系层的土壤盐分，因此必须增加秋浇定额以维持根系层土壤盐分平衡。建议直引滴灌和利用淖尔水滴灌，加大生育期滴灌灌水定额，以增加作物生长期的淋滤水量，具体的灌水定额大小需要进一步研究。

6.4　地下水位变化对生态环境影响分析

6.4.1　地下水位变化对盐渍化的影响

土壤盐渍化是滴灌可能诱发的重要生态环境问题。大规模实施滴灌后，不仅根系层的水盐状态发生变化，区域尺度包括滴灌区和非滴灌区的水盐动态也会发生变化，有必要结合数值模拟和遥感手段对河套灌区的盐渍化动态进行分析预测，以制定合适的水盐调控措施。本书的研究拟在定量反演河套灌区土壤含盐量的基础上，运用土壤盐分指数提取灌区不同年份不同程度的盐碱土面积，分析区域盐碱土面积与地下水埋深的关系，以预测实施井渠结合膜下滴灌后区域盐渍化变化（彭翔等，2016）。

本书的研究使用的遥感影像为 2001 年、2006 年、2009 年、2010 年、2013 年共 5 年的 Landsat-TM 和 Landsat8-OLI 影像，所有影像均进行几何校正、辐射定标、大气校正等预处理。地下水数据选用河套灌区水文局提供的与遥感影像同时期的地下水埋深观测数据。考虑遥感数据的完整性，本次研究分析范围定为 $40°59'E$~$41°6'E$，$107°30'N$~$107°41'N$，该区域盐渍土面积比较大，且分布比较集中，方便遥感提取，从而有利于研究盐渍土与地下水位的关系。

统计分析研究区不同程度盐渍化土地面积与当地地下水位，数据见表 6-13 和图 6-39。从图 6-39 可以看出，近年来随着节水改造的进行，研究区地下水位持续下降，由平均 1.57 m 下降到 3.53 m。随着地下水埋深的加大，区域土壤盐渍化程度有所改善，总盐渍化面积由 32.52%减少到 29.53%，呈减小趋势。对 2001~2013 年盐渍化土地面积占比与地下水埋深数据进行线性拟合，可以发现两者呈很高的相关性，特别是在地下水埋深小于 3.0 m 时，随着地下水埋深的增加，总体盐渍化土地面积呈现显著减少趋势，超过 3.0 m 则变化并不明显。这表明，地下水埋深由浅变深在一定程度上有利于土壤盐渍化的改善，但当地下水位下降到极限埋深以下时，继续降低地下水位已经不能够起到控制土壤盐渍化的目的。

表 6-13   2001~2013 年盐渍化土地面积占比与地下水位数据统计

项目	2001 年	2006 年	2009 年	2010 年	2013 年
轻度盐渍化/%	16.80	16.76	16.34	15.97	15.89
中度盐渍化/%	7.29	7.77	7.75	7.68	7.26
重度盐渍化/%	8.43	7.73	6.62	6.32	6.38
总盐渍土占比/%	32.52	32.26	30.71	29.97	29.53
地下水水位/m	1.57	1.28	2.05	2.33	3.53

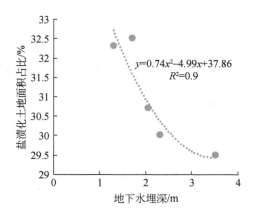

图 6-39　盐渍化土地面积占比与地下水埋深变化

6.4.2　地下水位变化对天然植被的影响

为研究实施滴灌对天然植被的影响，本书的研究以典型树种——杨树为对象，建立杨树长势与地下水埋深的关系曲线，根据预测得到的地下水埋深变化，预测天然植被变化。具体说来，空间上，通过野外调查（图 6-40），选择不同地下水埋深的杨树生长区，实地勘察地下水埋深、土壤含水量、含盐量以及杨树长势，初步建立杨树长势与地下水埋深的关系曲线；时间上，运用遥感方法提取杨树生长区历年植被指数（NDVI），建立 NDVI 与地下水埋深、盐渍化等因素的时空序列，分析其相互关系，根据预测得到的地下水埋深变化趋势，预测天然植被变化。

(a) 雷达探测地下水位　　　　　(b) 测量树木年轮　　　　　(c) 测量树高

图 6-40　野外调查实验

表 6-14 列出了 16 个样本点在不同年份的 NDVI，绘制不同年份各样本点 NDVI

与对应年份平均地下水埋深关系曲线。绘制出 2009 和 2013 年地下水埋深与 NDVI 的关系图，如图 6-41 所示，发现相关系数平方值 R^2 较高，该曲线的最高点很大程度上代表杨树生长状态的最佳点，其对应的地下水埋深为最适合杨树生长的地下水埋深。计算发现，2009 年、2010 年、2011 年、2013 年、2014 年杨树生长状态最佳点对应的地下水埋深位于 1.6～1.9 m，分别为 1.89 m、1.81 m、1.63 m、1.71 m、1.81 m，平均为 1.77。这说明最适合河套灌区杨树生长的地下水埋深为 1.6～1.9 m，低于或高于这个深度都不利于杨树的生长。

表6-14 样点 NDVI 值统计

编号	2007 年	2009 年	2010 年	2011 年	2013 年	2014 年
B1	0.657	0.569	0.615	0.448	0.510	0.765
B4	0.677	0.394	0.511	0.277	0.284	0.592
B5	0.671	0.467	0.520	0.422	0.337	0.660
B9	0.738	0.540	0.645	0.481	0.403	0.749
B10	0.577	0.425	0.703	0.323	0.433	0.753
B11	0.674	0.452	0.648	0.353	0.325	0.524
B12	0.658	0.461	0.588	0.397	0.362	0.655
B14	0.336	0.339	0.261	0.204	0.320	0.474
B16	0.639	0.485	0.513	0.360	0.481	0.719
B17	0.735	0.535	0.675	0.473	0.425	0.801
B19	0.704	0.553	0.616	0.454	0.424	0.746
B22	0.252	0.485	0.470	0.287	0.361	0.583
B25	0.504	0.425	0.528	0.436	0.346	0.599
B28	0.644	0.486	0.666	0.462	0.409	0.675
B64	0.436	0.327	0.291	0.239	0.285	0.512
B65	0.224	0.138	0.145	0.166	0.190	0.260

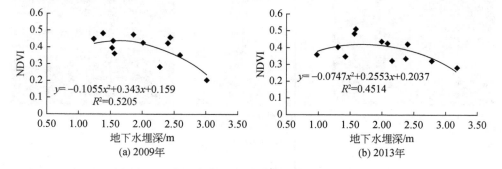

图 6-41 2009 年和 2013 年天然植被 NDVI 与地下水埋深的关系图

6.4.3　地下水位变化对湖泊水体的影响

本书的研究以湖泊（海子）和裸地为研究对象，运用遥感方法获取湖泊和裸地面积，分析其与地下水埋深之间的关系。

图 6-42 列出了 1967～2014 年湖泊和裸地两种土地利用类型的变化情况及其与地下水埋深的关系。由图 6-42 可以看出，1967～2014 年，内蒙古河套灌区地下水埋深整体呈增大趋势，湖泊面积也有较大萎缩。2010 年以后，湖泊面积变化较为平稳，只在 2012 年由于灌区发生特大洪水，湖泊面积有所增加。与此同时，随着内蒙古河套灌区经济社会的发展，裸地面积也随着农田的开垦而逐渐变少，这一点与实际情况比较相符。

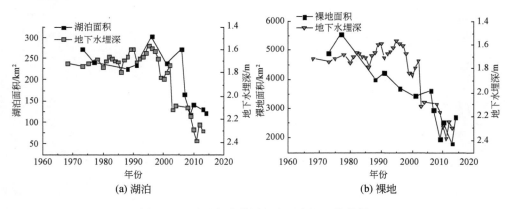

图 6-42　不同土地利用与地下水埋深的关系

6.4.4　井渠结合后生态环境变化预测

根据基于均衡法的预测结果，井渠结合膜下滴灌实施后，灌区平均地下水埋深由 1.870 m 增至 2.050 m，地下水位下降 0.18 m；非井渠结合区地下水埋深由 1.870 m 增至 1.902 m，地下水位下降 0.032 m；井渠结合区地下水埋深由 1.870 m 增至 2.373 m，地下水位下降 0.503 m；井渠结合渠灌区的地下水埋深由 1.870 m 增至 2.279 m，地下水位下降 0.409 m；井渠结合井灌区的地下水埋深由 1.870 m 增加至 2.654 m，地下水位下降 0.784 m；井渠结合井灌区与井渠结合渠灌区的地下水位差为 0.375 m。从土壤盐渍化与地下水埋深的关系来看，地下水位的下降对土壤盐渍化有正面影响，在保持合适的秋浇淋洗制度的前提下，土壤盐渍化可能会进一步朝减弱的方向发展。从天然植被生长状态与地下水埋深的关系来看，非井渠结合区天然植被基本不受影响，井渠结合渠灌区的天然植被会受到一定的影响,井渠结合井灌区的天然植被会受到比较显著的影响。从湖泊面积与地下水埋深的关系来看,井渠结合膜下滴灌实施后,井渠结合区地下水位下降明显,湖泊面积可能有所减小,非井渠结合区地下水位下降较少,湖泊面积受到的影响较小。

第7章　引黄灌区滴灌配套技术与装备

7.1　滴灌条件下生物炭减排技术

将生物炭施于土壤表层，用旋耕机将生物炭与耕层土壤均匀混合，然后对其进行田间试验研究。供试生物炭为辽宁金和福农业开发有限公司产品，该产品由当年玉米秸秆在炭化温度为 400℃与缺氧条件下燃烧 8 h 后制成。该试验设计采用灌水下限和生物炭施用量两个因素，灌水下限设有 -15 kPa（W3）、-25 kPa（W2）、-35 kPa（W1）三个水平，生物炭施用量设有 0（B0）、15 t/hm^2（B15）、30 t/hm^2（B30）以及 45 t/hm^2（B45）四个水平，总共 12 个处理，每个处理基施磷酸二铵 450 kg/hm^2，基施复合肥 337.5 kg/hm^2，追施尿素 375 kg/hm^2。

7.1.1　生物炭节水技术

通过生物炭试验分析得出，土层深度 0～10 cm 和 10～20 cm 土壤含水率随着施炭量的增加呈先增加后减少的趋势，几乎均高于对照处理（图 7-1，图 7-2）。在不同的灌溉定额下，施用生物炭提高土壤含水率在成熟期尤为显著，W2 水平下 B15、B30、B45 处 0～10 cm 的含水率分别比对照处理（B0）增加 28.73%、16.62 以及 13.46%；在 2016 年的连续监测中也表现出同样的效果，10～20 cm 的生育期平均土壤含水率分别比对照处理增加 8.28%、3.53% 和 5.36%。

施入生物炭可显著提高土壤含水率，这与尚杰等、Edward 等的研究结果相吻合。生物炭本身有巨大的比表面积，施入土壤后会减小土壤的容重，增大土壤的孔隙度，导致土壤含水率增加；此外，生物炭具有多孔结构和一定的亲水性，吸附力大，从而提高土壤的保水能力，也有可能是生物炭本身含有较高的盐分，其被施入土壤后增大了土壤盐分，而土壤盐分的增加会加大土壤的吸湿能力，从而减缓土壤水分蒸发，且随着施炭量的增加，耕层土壤各处理土壤含水率下降。施入生物炭增加了土壤孔隙度，在一定范围内，施炭量越多，孔隙度越大，孔隙度增加会导致土壤气相部分增大，土壤蒸发强度增强，从而导致土壤含水率减小。玉米进入成熟期后土壤含水率各处理差异不显著，原因为后期需水量减小，对水分敏感度下降，所以表现不出差异性。

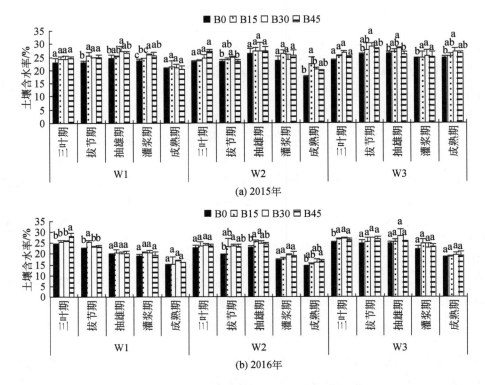

图 7-1　玉米不同处理 0～10 cm 土层土壤含水率

W1、W2、W3 为不同的灌水处理，W1 灌水最少、W3 灌水最多；图中不同字母 a、b、c、d 表示差异性显著

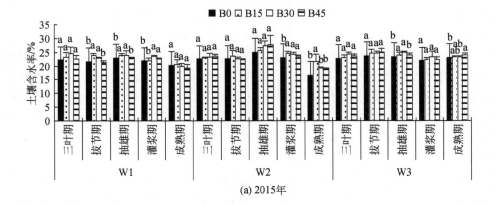

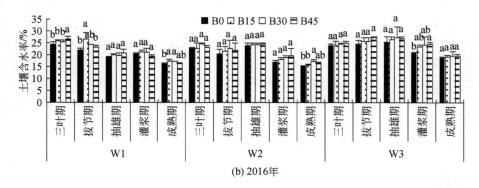

图 7-2　玉米不同处理 10～20 cm 土层土壤含水率

根据试验结果可知，生物炭施用量为 15t/hm^2 和 30t/hm^2 时土壤含水率提高幅度最高（高利华和屈忠义，2017）。

7.1.2　生物炭保肥技术

施用生物炭后，在玉米的全生育期耕层土壤有机质含量均有所提高（图 7-3）。

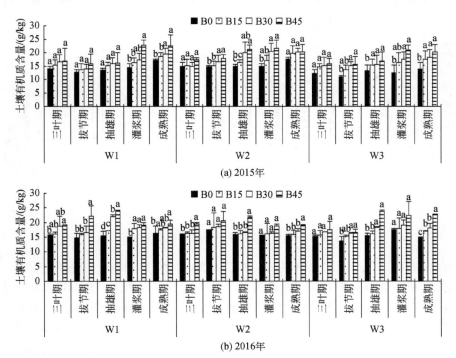

图 7-3　玉米不同处理耕层土壤有机质含量

一方面因为生物炭本身碳含量非常高，可以增加土壤中有机质的含量；另一方面因为生物质中的碳主要由生物质通过热解生成，以惰性的芳香环状结构存在，因此生物炭很难分解，据报告生物炭可以封存上千年。在玉米全生育期耕层土壤各生物炭处理的解碱氮、速效钾和有效磷含量均高于对对照处理（图 7-4 和图 7-5），这一方面是因为生物炭增大了土壤阳离子的交换量，减少了土壤中氮、磷、钾的淋溶损失；另一方面是因为生物炭具有强大的吸附能力，可将磷、硝酸盐、铵和其他水溶性盐等离子吸附，提高土壤储肥性能。

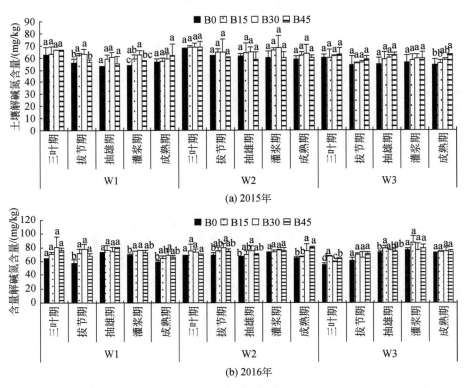

图 7-4 玉米不同处理耕层土壤解碱氮含量

结果表明，在三个灌水下限-35 kPa、-25 kPa 和-15 kPa 中，施用生物炭可以显著提高耕层土壤解碱氮和速效钾含量，且均高于对照处理（表 7-1）；相同生物炭施用量下，不同水处理耕层土壤中解碱氮含量在 2015 年和 2016 年均显著表现为-25 kPa＞-35 kPa＞-15 kPa，且-25 kPa、30t/hm² 处理解碱氮平均含量最高，平均为 70.86 mg/kg，速效钾含量在两年均表现为-35 kPa＞-25 kPa＞-15 kPa，且-35 kPa、30t/hm² 处理速效钾平均含量最高，平均含量为 217.19 mg/kg。

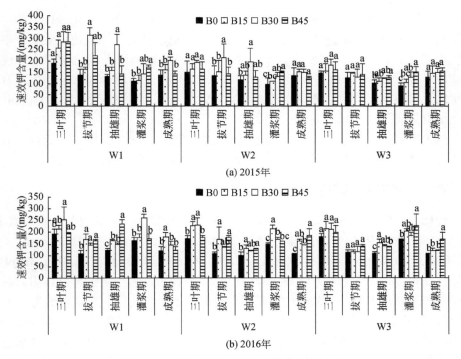

图 7-5　玉米不同处理耕层土壤速效钾含量

表 7-1　不同处理耕层土壤全生育期养分均值

处理	解碱氮/（mg/kg）		速效钾/（mg/kg）		有机质/（g/kg）		有效磷/（g/kg）	
	2015 年	2016 年	2015 年	2016 年	2015 年	2016 年	2015 年	2016 年
W1B0	56.13	64.21	141.10	141.43	14.33	15.49	8.26	17.79
W2B0	61.61	68.33	126.10	126.81	15.39	16.05	5.28	17.44
W3B0	55.41	67.34	117.70	134.51	12.56	15.29	4.76	16.88
W1B15	60.40	71.98	170.60	181.39	15.79	16.39	11.33	19.91
W2B15	64.86	75.29	142.70	180.62	16.63	16.88	8.27	19.79
W3B15	57.28	71.65	132.70	161.43	15.50	16.52	6.67	17.11
W1B30	62.28	75.55	243.00	191.38	16.61	17.73	13.88	25.52
W2B30	65.69	76.03	177.40	159.87	18.39	18.73	10.27	23.86
W3B30	58.71	70.18	141.80	154.50	16.34	16.92	8.48	21.85
W1B45	59.35	72.84	193.10	178.32	18.80	20.57	16.13	26.81
W2B45	61.37	73.82	147.50	173.34	19.62	20.80	12.17	25.60
W3B45	60.73	72.36	142.70	165.65	17.88	19.90	11.00	24.74

注：B0 为空白对照；B15、B30、B45 分别指生物炭施用量为 15t/hm^2、30 t/hm^2、45 t/hm^2；W1、W2、W3 分别指 3 个灌水下限；通过埋于滴头下方 20 cm 处的张力计控制土壤基质势分别为-35 kPa、-25 kPa 和-15 kPa。

试验结果均表明，在 W1（-35 kPa）、W2（-25 kPa）、W3（-15 kPa）中，施用生物炭可显著提高耕层土壤有机质和有效磷含量，且高生物炭施用量处理增加的幅度最大；同一生物炭施用量下，不同水处理耕层土壤有机质含量均表现为-25kPa（W2）＞-35 kPa（W1）＞-15 kPa（W3），且-25 kPa、45t/hm^2 处理有机质平均含量最高，有效磷含量表现为 W1＞W2＞W3，且处理-35 kPa、45t/hm^2 耕层土壤有效磷平均含量最高。

综上所述，在各灌水下限，生物炭均可提高耕层土壤解碱氮、速效钾、有机质和有效磷的含量。其中，30t/hm^2、45t/hm^2 的生物炭施用量比较适宜。

7.1.3 生物炭减排技术

相比于对照处理 B0，施用生物炭后 CO_2 和 N_2O 的季节累计排放总量均减少，处理 B15、B30、B45 在 2015 年分别下降 24.7%、17.6%、22.1 和 71.1%、108.3%、110.4%，在 2016 年分别下降 19.26%、25.85%、40.60%和 43.66%、46.81%、38.69%，差异性显著。适量生物炭对土壤 CO_2 和 N_2O 的排放均有一定的抑制作用。对于 CH_4，处理 B0、B15 和 B30 的季节累计排放总量均为负值，土壤表现为对 CH_4 的吸收，且处理 B15 和 B30 吸收量高于对照 B0，2015 年分别高出 260%和 182.6%，2016 年高出 3.48%和 64.43%，但是 2015 和 2016 年处理 B45 的季节累计排放总量高于对照 B0，2015 年土壤表现为对 CH_4 的排放，2016 年表现为吸收，与对照 B0 相比，施加生物炭处理促进 CH_4 的排放，各处理差异性显著，原因可能是生物炭本身巨大的比表面积和复杂的结构，施入土壤后，减小土壤的容重、改善土壤的通气性和持水能力，为 CH_4 氧化菌提供充足的氧气和生存条件，促进 CH_4 的氧化，破坏产 CH_4 菌的厌氧环境。因此，适量地施加生物炭有助于土壤对 CH_4 的吸收。

根据各处理 N_2O 和 CH_4 的季节排放总量，计算出 100 年尺度下 CH_4 和 N_2O 的全球增温潜势（GWP），2015 年和 2016 年处理 B15、B30 和 B45 的 GWP 值均小于对照处理 B0，其中 2015 年处理 B30 和 B45 的 GWP 值为负值，不具有增温效应，2016 年各处理均为正值。处理 B15、B30 和 B45 的综合增温潜势相比对照 B0，2015 年分别降低 88.2%、123.2%、109.9%，2016 年分别降低 44.98%、49.99%、38.30%，各处理间差异性显著，表明施用生物炭可以降低 GWP，其中，处理 B30 降幅最大。

适量的生物炭可以有效地降低玉米农田的温室气体排放强度（GHGI）。根据玉米产量和 GWP 计算出 GHGI，GHGI 越低，表明单位经济产出的温室气体排放量越低。由表 7-2 可知，2015 年和 2016 年各处理中温室气体排放强度最低的为处理 B30，3 个生物炭处理均低于对照 B0，且各处理间差异显著，处理 B15、B30 和 B45 的温室气体排放强度相比对照 B0，分别降低 88.86%、121.6%、100.03%，

2016 年分别降低 45.78%、53.51%、40.21%。

表 7-2　2015 年和 2016 年不同处理土壤温室气体排放总量、GWP、产量和 GHGI

| 年份 | 处理 | 产量 / (t/hm²) | 温室气体季节累计排放总量 | | | 100 年 GWP | GHGI / (kg/t) |
			CO_2 / (kg/hm²)	N_2O / (kg/hm²)	CH_4 / (kg/hm²)	(N_2O+CH_4) / (kg/hm²)	
2015	B0	14.166b	5360.904a	0.336a	−0.195a	95.250a	6.724a
	B15	15.056a	4038.770b	0.097b	−0.702b	11.283b	0.749b
	B30	15.204a	4417.148c	−0.028b	−0.551c	−22.129c	−1.455c
	B45	14.413b	4174.782d	−0.035c	0.039d	−9.394d	−0.002d
2016	B0	11.757c	19696.27a	1.207a	−0.402b	349.595a	29.736a
	B15	11.930c	15902.66ab	0.680c	−0.416bc	192.362c	16.124c
	B30	12.648a	14604.408bc	0.642c	−0.661c	174.829c	13.823c
	B45	12.133c	11699.65c	0.740b	−0.191a	215.711b	17.779b

注：表中数值后不同字母表示在 $P < 0.05$ 上差异显著。

CH_4 和 N_2O 是重要的温室气体，单位质量 CH_4 和 N_2O 的 GWP 在 100 年时间尺度上分别为 CO_2 的 25 倍和 298 倍，本书的研究发现，添加生物炭后均显著降低了 CH_4 和 N_2O 的综合增温效应，张斌（2013）研究也得出，施用生物炭可显著降低 CH_4 和 N_2O 的综合增温效应。施用生物炭后显著地降低 CH_4 和 N_2O 的排放强度，其中 B30 处理的 GHGI 最小，原因是 B30 处理的 CH_4 和 N_2O 的综合增温潜势最小，产量最大。因此，综合考虑环境效益和经济效益，30t/hm² 的生物炭施用量是比较合适的选择。

7.2　化　控　技　术

近些年，由于灌溉不合理、化肥施用量增加等因素，土壤结构变差，盐分淋洗效率降低，次生盐渍化加重，加之河套灌区特殊的气候条件，蒸发量大、降水量少、风频风大等，土壤保水性、保肥性、透气性逐渐降低，滴灌条件虽然改变了大水漫灌的灌水方式，但还是存在土壤板结等问题。针对上述现象，笔者在示范区与监测区开展了化控技术研究，主要以土壤调理剂（PAM）与保水剂为试验材料，在临河九庄、磴口包日浩特开展大田施用技术示范研究。

磴口宝日浩特示范区地处乌兰布和沙漠边缘，土壤质地以沙土为主，气候条件常年多风，特别是在作物出苗时，细小的沙粒在风的作用下搬运侵蚀幼苗，造成幼苗大面积死亡，也使得农民反复补种，增加了大量成本及劳动力。为解决这项难题，笔者开展 PAM 撒施喷水试验，有效地缓解风蚀作用。通过监测 6～9 月地表 0～100 cm 积沙分布，如图 7-6 所示，PAM 处理可以显著减少土壤可蚀性颗粒物和降低近地面风速，有效地控制土壤风蚀。6～9 月 0～10 cm 平均积沙量是 307.07 g，而 PAM 处理后的积沙量仅为 132.66 g，降低了 57%，有效地改善了土壤表层结构，加强了表层土粒的稳定性，较显著地提高了土壤抗风蚀能力。

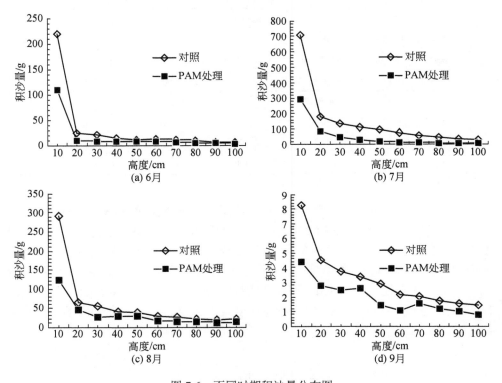

图 7-6　不同时期积沙量分布图

实用技术模式：试验结果表明，PAM 按 3 kg/亩（45 kg/hm^2）与沙子混合后，均匀地撒在膜间，施用后用喷药机反复喷水两次，用水量为 340～400L/亩，作物出苗率增加 45%。

7.3　干种湿出技术

秋浇是引黄灌区多年的生产实践形成的一种储水洗盐的手段，主要有三方面的作用：一为来年的春播作物提供好的墒情；二为淋洗作物根层积累盐分；三通过冻融疏松土壤，便于播种前土地平整。但是秋浇也造成了水资源的大量浪费，每年秋浇水量占到河套灌区引黄水量的 30%左右。春汇与秋浇的作用基本相同，主要用于对没有秋浇的地块保墒洗盐，在灌溉面积和水量上相对秋浇小，其盐分淋洗作用明显不如秋浇。有近 3 亿 m³秋浇水通过渗漏、蒸发浪费掉，因而减少秋浇、春汇水量与次数，对引黄灌区节水意义重大。然而，在传统漫灌条件下，取消秋浇与春汇，作物出苗率难以保证。由于每年春天气候变化较大，难以掌握适宜播种时间，播种早会因为气温较低出现坏籽现象，播种晚土壤墒情难以保证，如何选择适宜的播种时间是很伤农民脑筋的事情。采用滴灌实施干播湿出技术，可有效解决上述难题。干播湿出是在前茬作物收获后进行深翻犁地整平，在无须秋浇的条件下第二年春天在干地上直接进行播种，待温度适宜种子萌芽时，使用滴灌进行灌溉保障出苗这项一项新技术。

7.3.1　对土壤水分、地温的影响

通过对干播湿出+滴灌、春汇+滴灌两种保证出苗处理对土壤含水率的影响进行研究，得出干播湿出和春汇不同处理土壤含水率变化，如图 7-7 所示，各生育期土壤含水率均随着土壤深度的增加而升高，80～90 cm 土壤含水率达到最大，为 26%～28%，干播湿出土壤各层土壤含水率在苗期低于春汇，但在抽穗期、灌浆期、成熟期土壤含水率没有差异，说明干播湿出技术在后期对土壤含水率没有影响。作物传统的灌溉方式是在秋收后秋浇（秋浇水量 100～120 m³/亩），开春后进行春汇（春汇水量 60 m³/亩），两次的灌溉水量为 160～180 m³/亩，而干播湿出只是在秋收后进行深翻旋耕，来年开春滴灌出苗水 15 m³/亩，相对应传统灌溉和春汇+滴灌分别节约水量 145～165 m³/亩、45 m³/亩，它们占总水量的 90%、75%，这项技术既解决了春汇水量紧缺问题也节约了秋浇水量。通过 3 年的试验总结，采用干播湿出技术，滴灌出苗水为 15 m³/亩。

掌握地温的日变化规律对于调节地温、精确确定适时灌溉时间、为作物创造一个适当的土壤温度环境是很有必要的。土壤表层温度受太阳辐射和地表覆盖强烈影响，北方寒冷地区春播期土壤温度通常较低，覆膜可以提高土壤温度，使作物提前出苗，并利于苗期作物生长，最终提高作物产量。对比干播湿出与春汇滴灌地温变化，如图 7-8 所示，可以看出，播种后地温总体呈现上升趋势，到达 21 天之后地温趋于平缓，81 天后起气温开始降低（8 月、9 月地温逐渐呈下降趋势），前 61 天干播湿出+滴灌的地温均高于春汇+滴灌。

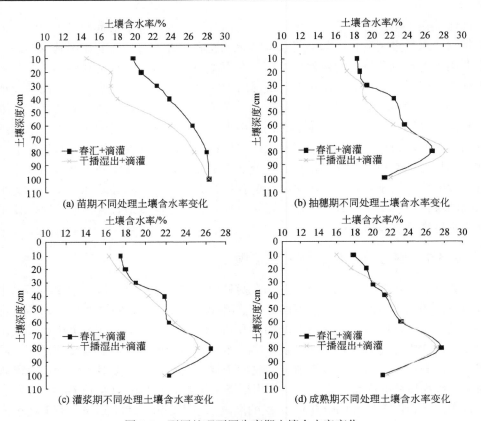

图 7-7 不同处理不同生育期土壤含水率变化

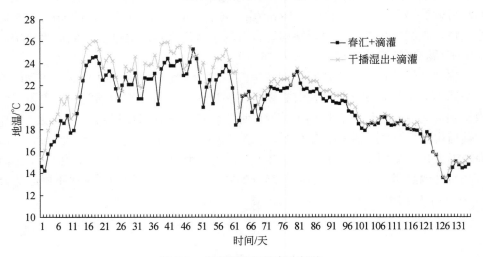

图 7-8 生育期地温的变化趋势

通过土壤温度传感器连续长系列自动监测作物生长期内 0～5 cm、5～10 cm、10～20 cm 和 20～40 cm 土层地温变化，干播湿出+滴灌处理较春汇+滴灌前期约高 1.5℃。7 月以后各处理间地温的差异减小，其主要原因是植株的覆盖度增大，影响太阳辐射，减小了地表接受光照的面积。表 7-3 为 0～20 cm、20～40 cm 不同处理 5～8 月地温平均值，5 月 0～20 cm 干播湿出+滴灌各处理较春汇+滴灌高 1.53℃，20～40 cm 高 1.23℃，且随着深度的增加土壤温差减小。6 月地温与 5 月地温规律相似，但随着月份的增加，0～20 cm、20～40 cm 地温变化差异减小，对比发现，5 月、6 月各处理地温增加的幅度明显。河套灌区由于干燥多风，土壤水分蒸发量较大，干播湿出这种耕作方式可以提高土壤地温，主要在苗期及地表覆盖度较小的时候。干播湿出处理增温效果较好，其原因可能是土壤结构疏松、孔隙较好，对太阳辐射的反射率低于板结土壤，因而增温快、地表温度高。

表 7-3　不同处理下 5～8 月地温平均值

处理	5 月		6 月		7 月		8 月	
	0～20 cm	20～40 cm	0～20 cm	20～40 cm	0～20 cm	20～40 cm	0～20 cm	20～40 cm
春汇+滴灌	20.34	18.97	22.95	22.13	21.49	21.25	19.59	19.46
干播湿出+滴灌	21.87	20.20	24.29	23.31	22.26	21.78	20.25	19.94

7.3.2　对作物产量的影响

玉米产量构成因子主要包括穗行数、行粒数、百粒重、理论产量。从表 7-4 可以看出，不同处理玉米产量构成因子中穗行数、行粒数、百粒重、理论产量之间基本没有差异。春汇+滴灌玉米理论产量约 1035 kg，干播湿出+滴灌玉米理论产量约为 1038 kg，方差分析后两者差异不显著（$P>0.05$）。对试验数据对比可以得出，干播湿出技术对作物产量影响较小，即在减少秋浇水量、春汇水量的条件下，作物不会减产。

表 7-4　不同处理对向玉米产量构成因子的影响

处理	穗行数/行	行粒数/粒	百粒重/g	理论产量/（kg/亩）
春汇+滴灌	15.80±1.4	42.30±2.61	35.98±0.52	1035.15±38.9
干播湿出+滴灌	15.80±1.08	40.50±3.26	35.18±0.49	1038.41±21.80

7.3.3　干播湿出控制指标

通过三年的技术研究，干播湿出技术的主要控制指标为翻耕时土壤含水率、地温、滴水量、机械马力。结合大田，在临河九庄、磴口包日浩特示范区研究得出，翻耕时黏壤土、壤砂土土壤含水量应控制在 12%～15%，翻耕深度应控制在 30 cm，翻耕后晾晒一天，旋耕一遍，机械动能大于 90 马力。作物播种后当土壤积温达到 10℃时滴出苗水，滴水量控制在 20 m^3/亩。

7.4　复　种　技　术

针对传统地面灌溉单种小麦耗水量多、产量低、效益差等问题，基于春小麦膜下滴灌技术，研发春小麦复种西兰花膜下滴灌技术，建立引黄灌区一年两茬粮经作物滴灌节水增效技术模式。利用膜下滴灌技术增加土壤有效积温，有效利用小麦耐低温的特性，变终霜前的无效生长期为小麦的有效生长期，通过早播和水肥调控等，播种期比当地传统引黄渠灌提前 7 天左右，小麦在 7 月初（7 月 5 日左右）成熟收获，收获后立即移栽西兰花，可确保西兰花优质高产。另外，春小麦膜下滴灌将传统条播密植转变为覆膜穴播，这样能够有效增加光合作用、通风性及边际效应，提高小麦有效穗粒数及品质。一年两茬粮经作物的种植模式提高了小麦收获后期水土光热资源的利用效率，提升了土地产出率，增加了亩收入，为河套灌区恢复稳定小麦的种植提供了保障。

1. 膜下滴灌小麦

播种时间：地块需在每年进行秋浇，秋浇定额 120 m^3/亩，当第二年日平均气温稳定在 0～2℃时，土壤积温 5℃，土壤表层融化深度 6～7 cm（3 月 12 日）时顶凌播种。

播种量及深度：小麦品种选用永良 4 号，小麦播种用集平地、铺膜（地膜宽度 170 cm、厚 0.008 mm）、铺带（通用滴灌带 2 根）、播种一体化的联合播种机作业。播种量 15～20 kg/亩，以每膜 12 行两带穴播方式为主，穴播行距 12.5 cm、穴播株距 12.5 cm、每穴 12～18 粒。

滴灌带布设：一膜两带的布置方式，滴灌带间距 75 cm，每条滴灌带控制 6 行。

小麦水肥调控制度：①灌水。小麦膜下滴灌生育期灌水 8 次，每次灌水定额 15～32 m^3/亩，灌溉定额 145～215 m^3/亩，灌水周期 7～10 天。②施肥。结合秋翻，施入腐熟的有机肥 2000～3000 kg/亩，结合基肥或种肥施用磷酸二铵 25～30 kg/亩，尿素 3～5 kg/亩。③追肥。小麦膜下滴灌施肥采用水肥一体化。追肥前应先滴清水 15～20 min，再将提前用水溶解的固体肥加入施肥罐中，追肥完成后再滴清水 30min，清洗管道，防止堵塞滴头。生育期追肥量详见表 7-5。

表 7-5 小麦膜下滴灌施肥制度表

施肥时间	施肥次数	肥料种类	施肥量/（kg/亩）
分蘖期	1	尿素	8
拔节期	1	尿素	6
抽穗期	2	尿素	4
灌浆期	1	尿素	6

2. 小麦收获后复种西兰花

1）复种时间

经试验测定，膜下滴灌小麦产量 580 kg/亩。小麦收获后 30～35 天，在温室内培育西兰花幼苗，待幼苗生长达到 6 叶一心时开始定植移栽。要保证苗龄一致，这样才有利于采收期一致。小麦收获后（7 月 5 日左右）免耕接茬移栽至田间。

2）播种量

用点播器进行移栽，株距 50 cm、行距 30 cm，每膜移栽 4 行（膜宽 170 cm），每亩用苗量 3200 株（育苗盘 25 盘左右，每盘 128 株）。

3）滴灌带布设

仍保留小麦膜下滴灌一膜两带的布置方式，滴灌带间距 75 cm，每条滴灌带控制两行。

4）西兰花水肥调控制度

（1）灌水：移栽西兰花前灌水一次，以便西兰花移栽定植，定苗 3～5 天浇一次缓苗水，进入花蕾形成期和花球膨大期，5～6 天浇水 1 次，全生育期浇水 8～10 次。每次灌水定额 20 m³/亩，灌溉定额 160～200 m³/亩。

（2）施肥：西兰花需肥量大，除施足底肥外，生长期间应根据不同生长期适时追肥。追肥应遵循"前期促、中期控、后期攻"的原则，即苗期追施氮肥，促进营养生长，中期控制施肥，后期攻结球肥。移栽定植后到莲座期共滴施尿素两次（10 kg/亩）；结球后到花球膨大期，每亩喷施磷酸二氢钾 2～3 次，促进花球膨大，喷施磷酸二氢钾应遵循少量多次的原则。

5）虫害防治

虫害主要有小菜蛾、青菜虫、蚜虫，可用 1.8%虫螨克乳油 600 倍液，或 2.5%敌杀死乳油 2000 倍液，或 58%风雷激乳油 1000 倍液喷雾防治。

6）病虫防治

病害主要是霜霉病、黑腐病，可在发病初期用 75%百菌清可湿性粉剂 500～

600 倍液，或用 72.2 普力克水剂 600～900 倍液喷雾防治。

7）收获

当花蕾长到 11～14 cm 尚未开放时及时采收，收获方法是把花蕾连同肥嫩的花径一起割下。主茎上的腋芽能生出侧枝，当其上端生出花蕾簇时，可再次收获，一般可连续采收 2～3 次。

3. 应用效果

根据《河套灌区淖尔水资源开发与可持续利用技术研究示范效益分析报告》，淖尔水滴灌小麦复种西兰花较向日葵新增收入高 572.81～723 元/亩，较玉米新增收入高 432.81 元/亩。近年来，随着国家政策、市场导向的变化，传统主要作物（玉米、向日葵）已不能满足淖尔滴灌规模化发展及效益的发挥，应压缩传统主要作物种植面积，发展粮经饲种植结构，发展一年两茬粮经作物种植模式，并结合公司规模化经营优势，促进淖尔水滴灌的发展和效益的发挥。

7.5　配套农机具研发

7.5.1　玉米地埋滴灌铺管气吸式精量点播机

1. 功能

玉米地埋滴灌铺管气吸式精量点播机可一次性完成畦地整形、开模沟、铺滴灌管、铺地膜、膜边覆土、打孔精播、空穴盖土、种行镇压八道工序，从而实现铺膜、播种、铺管、覆土四个农艺过程。

2. 优势

该机械更符合河套灌区灌淤土的土壤状况，秋浇后播种的耕作习性能够很好地与当地现有的 40～50 马力的拖拉机动力及农艺技术相匹配。该农机研制的成功填补了当地该种类农机市场的空白。

3. 主要技术参数及应用效果

配套 40～50 马力拖拉机，地膜应铺设在地埋滴灌带正上方。通过机械化种植，全膜玉米达到：施肥深度 12～15 cm，地膜幅宽 170 cm，覆膜平整、压膜严密，无错膜现象；播种深度 4～6 cm，株距 24～27 cm（可调），行距 50 cm（可调），公顷保苗数 75000 株，空穴率≤1%，生产率 1.5～3 亩/h。该机械的应用提高了出苗率，节省了补苗的人工投入 50 元，同时也提高了 25% 的种植工作效率。

7.5.2　向日葵地埋滴灌铺管气吸式精量点播机

1. 功能

向日葵地埋滴灌铺管气吸式精量点播机可一次性完成畦地整形、开模沟、铺滴灌管、铺地膜、膜边覆土、打孔精播、空穴盖土、种行镇压八道工序，从而实现铺膜、播种、铺管、覆土四个农艺过程。

2. 优势

该机械更符合河套灌区灌淤土的土壤状况、春灌后播种的耕作习性，且能够很好与当地现有的 40～50 马力的拖拉机动力及农艺技术相匹配。该农机研制的成功填补了当地该种类农机市场的空白。

3. 主要技术参数及应用效果

配套 40～50 马力拖拉机。通过机械化种植，全膜向日葵达到：施肥深度 12～15 cm，地膜幅宽 120 cm，覆膜平整、压膜严密，无错膜现象；播种深度 4～6 cm，株距 40 cm（可调），行距 50 cm（可调），公顷保苗数 37500 株，空穴率≤1%，生产率 1.5～3 亩/h。该机械的应用提高了出苗率，节省了补苗的人工投入 50 元，同时也提高了 25%的种植工作效率。

7.5.3　小麦地理滴灌铺管气吸式精量穴播机

1. 功能

小麦地埋滴灌铺管气吸式精量穴播机可一次性完成畦地整形、开模沟、铺滴灌管、铺地膜、膜边覆土、打孔精播、空穴盖土、种行镇压八道工序，从而实现铺膜、播种、铺管、覆土四个农艺过程。

2. 优势

该机械实现了小麦密植条播到覆膜穴播机械化种植，且能够很好地与当地现有的拖拉机动力相匹配，填补了当地该种类农机的空白。

3. 主要技术参数及应用效果

小麦地理滴灌铺管气吸式精量穴播机配套 40～50 马力拖拉机。通过机械化种植，全膜小麦达到：施肥深度 12～15 cm，地膜幅宽 200 cm，覆膜平整、压膜严密，无错膜现象；播种深度 3～5 cm，株距 20 cm（可调），行距 20 cm（可调），每穴 12～18 粒。田间保苗株数在 45000～50000 株。该机械的应用节省了膜下滴灌小麦种植的人工投入，种植工作效率提高了 80%以上，为小麦膜下滴灌的推广应用提供了保障。

7.5.4　紫花苜蓿地埋滴灌精量播种机

紫花苜蓿地埋滴灌精量播种机可一次性完成开模沟、铺滴灌管、覆土、种行镇压等工序，从而实现播种、铺管、覆土、施肥四个农艺过程。

与同类产品相比较，该机械更符合河套灌区灌淤土的土壤状况、条播（15～20 cm）密植耕作习性，且能够很好地与当地现有的 40～50 马力拖拉机动力相匹配，填补了当地该种类农机的空白。

紫花苜蓿地埋滴灌精量播种机采用配套农机，播种、铺设滴灌带、开沟覆土可一次性完成。配套 40～50 马力拖拉机；播种铺管一体化，苜蓿播种行距 15～20 cm，铺管间距 40～60 cm。该农机研制的成功实现了紫花苜蓿地埋滴灌机械化种植水平及农业生产效率的提高，解决了滴灌管的地埋铺设问题，使种植效率提高了 90%以上，为紫花苜蓿地埋滴灌技术在当地的推广奠定了基础。

第8章 引黄灌区滴灌技术集成模式

8.1 黄河直引水关键技术模式

8.1.1 水源调控途径

一为利用干渠以上级渠道（总干、干渠两级渠道）作为水源，这两级渠道输水时间长，大部分时间可从渠道中直接取水，在渠道停水期间，将现有渠道作为储存水源和停水期间滴灌水源；二为渠道与修建调蓄水池相结合，即在渠道停水期间，利用蓄水池的蓄水作为滴灌水源，途径二中渠道旁边要有修建一定容积蓄水池的土地条件。河套灌区在总干渠南岸、乌兰布和沈乌干渠、一干渠和东风渠4条渠道两侧有一定面积的沙地、盐碱地以及裸露荒地，可以用于修建调蓄水池，其约占总土地面积的15%，且分布范围能满足修建调蓄水池的需要。

8.1.2 渠道调控方式

总干、干渠两级为国管渠道，可方便停水期间渠道水量储蓄。采用途径一要充分考虑三种情况：一为两级渠道停水时间大多发生在8月中下旬，该时段处于作物需水关键期；二为没有衬砌渠道段作为调蓄水源时渠道渗漏损失量较大，占到蓄水总量的50%～60%，使储蓄水源利用效率很低；三为由于各渠段现有工程条件差别较大，因此各渠段蓄水量差别较大，即使在同一渠道调蓄水量差异也比较大。考虑上述因素，应选择已做或近期实施渠道衬砌渗漏损失较小的渠道地段。

8.1.3 渠道储蓄水量计算方法

总干、干渠两级渠道停水发生概率为15%（滴灌供水保证率85%），停水天数为12～20天。计算中包括渠道停水期总蓄水量、停水期渗漏损失、水面蒸发、引黄滴灌设计供水量、渠道停水时间5个指标。采用渠道储蓄，由于储水期间水处于静止状态，因此渗漏损失加大。蓄水量计算分衬砌渠道与土渠渠道两种状况。

采用2012年实测渠道水利用系数测算渠道渗漏与蒸发两项水损。因为总干渠各渠段底宽和水深没有固定统一的参数，所以本次分析计算采用各渠段平均底宽和平均设计水深作为计算依据,统一确定各渠段平均底宽和平均设计水深,采用水库用水调节方法每 6 小时为一个时段对水量进行调节计算,分别得到停水期引黄滴灌条件下与停水期只考虑蒸发渗漏损失条件下的水量蓄水变化关系,最终确定适宜的可利用水量。通过计算渠道停水期内总蓄水量和停水期渗漏蒸发损失推导出渠道引黄滴灌总可供水量,然后根据作物需水量计算出发展规模。

低成本、高效过滤与抗堵技术:针对大田作物滴灌一次性滴灌带,在泥沙含量低于 3 kg/m^3 时,采用浅过滤—重滴头排出—辅助冲洗的滴灌带抗堵技术模式,即在泵前设置低压旋转网式过滤器(200 目),过滤掉 25%~30% 的泥沙以及悬浮杂质,过滤后水可直接进入滴灌系统,通过筛选后滴头可排出泥沙的 60%~70%,沉积在毛管内的泥沙可采用首部控制间歇式方式进行冲洗。泵前过滤:泵前低压旋转网式过滤器(200 目),由双浮筒作浮体,滤筒及旋转和反冲洗装置固定在浮筒上面,过滤器可随水位自动升降,借助滤筒上 0.6~1 m 的自然水头过滤水流。该过滤器过滤效率高,过滤粒径可达到 300 目。滴头排出:经过滤后泥沙颗粒 90% 的粒径≤0.05 mm,在滴头运行过程中,可排除进入滴灌带泥沙 60%~70%;滴灌带排沙与结构以及流量有关,经对 16 种滴头进行抗堵试验与优选,发现对黄河水排沙与堵塞适应较好的是内镶贴片式滴头,适宜流量范围在 1.7 L/h 左右。滴头流量小容易堵塞进口处,流量较大易堵塞流道内部,分行流道结构滴头抗堵性好。与传统过滤模式相比,该技术模式省去滴灌系统首部修建沉沙池占地面积大、清理费用高等弊端,至少节约一半的成本,可大量减少清理泥沙费用,避免因过滤而使黄河水中大量营养物质流失。

滴灌系统堵塞情况采用系统平均相对流量进行评估,冲洗时间由流量与滴灌系统堵塞关系的冲洗阈值决定。当泥沙含量小于 1 kg/ m^3 时,滴灌 2~3 次后冲洗一次。水源含沙量不大于 3 kg/m^3 时,宜采用间歇性冲洗方式,轮灌组完成两次灌水后冲洗 1 次,冲洗时间宜为 2.5~3.0 min,冲洗压力应控制在 0.1~0.12 MPa。水源含沙量介于 3~5 kg/m^3 时,宜采用连续性冲洗方式,冲洗流速宜为 0.05~0.1 m/s,冲洗压力应控制在 0.1~0.12 MPa。当泥沙含量小于 1 kg/m^3 时,且在灌溉季总干渠停水,停放在总干渠的黄河水经沉淀后变为清水;在作物生育期内滴灌 6~7 次黄河水,滴灌 3~4 次经黄河水沉淀后的清水后,在作物整个生育期内可以取消对毛管的冲洗措施。

冲洗阈值的表征关系:通过对滴灌带系统平均相对流量及系统均匀度(克里斯琴森均匀度系数)的数据进行拟合,得到 $Y=-0.003x^2+1.2982x+0.7504$($R^2=0.8261$,$P<0.0001$),系统平均相对流量大于 75% 时,克里斯琴森均匀度系数为 83.97%,大于微灌设计要求的 80%。

判断滴头结构抗堵性能优劣的指标:采用灌水器抗堵塞性能评估指数 I_a 表征

灌水器性能优劣,其物理意义表征灌水器堵塞程度平均每增加 1%所对应的滴灌系统工作时间。$I_a = \dfrac{t/T}{k}$,其中 t 为滴灌灌水器波动平衡阶段持续的时间,T 为滴灌系统累积运行时间,k 为堵塞发生过程中灌水器 Dra 递减的平均速度。

8.2　淖尔滴灌关键技术模式

适宜滴灌的淖尔多位于灌区低洼处,其侧部和底部由黏土等隔水层组成且靠近渠道,具有良好的蓄水及补配水条件,利用淖尔天然的"调蓄功能"发展滴灌,与直接引黄滴灌相比,其不用修建蓄水池,具有避免占地、减少投资成本的优势。

8.2.1　滴灌淖尔选取条件

1. 选取具有黏土隔水层、能够持续蓄水的淖尔

该类淖尔底部和侧部多为黏土隔水层,通过侧部隔水层以上的粉砂土透水层不断承接地下水侧渗补给。该类淖尔多年补排关系稳定,能够持续蓄水,年际变化相对较小。以河套灌区为例,结合当地水文地质特点,该类淖尔共 98 个,主要集中于磴口县(50 个)、五原县(25 个),在其他旗县零散分布。

2. 选取夏季与春季面积变化小于 20%的淖尔

滴灌淖尔夏季与春季面积变化小于 20%,补给排泄关系及数量稳定,多年春季到夏季水深变化差异较小,对河套灌区 98 个滴灌淖尔变化特征及补排关系研究均表现以上变化规律;补给方案调节计算时,淖尔补水发展滴灌后面积和水深变化仍表现原有规律,滴灌取水对淖尔原补排关系影响不大。

3. 选取靠近支渠及以上渠道的淖尔

根据遥感及实际调查,滴灌淖尔多靠近支渠及以上渠道,渠道开口时间长、补配水距离短、输水过程损失(蒸发渗漏)较小,且支渠及以上渠道流量大,淖尔在短时间内可得到有效的补给。

4. 选取水面面积大于 50 亩的淖尔

据调查,面积小于 50 亩的淖尔补水渠道多位于支渠以下渠道附近,其位置偏远、输水渠道级别较多、输水距离长,导致补水过程蒸发渗漏等损失较大;另外,面积<50 亩的淖尔水深较浅(均在 0.7 m 以下),在灌溉关键期(4~8 月)作物需水量处于高峰期、地下水位相对较低,淖尔得到的有效补给较少,在此期间春夏面积变化远大于 20%,春季到夏季间水深变化超过 50 cm,导致淖尔蓄水量小、水体盐分浓度升高,发展滴灌后需用较多的水来补给、调节水质,且补水过程损失较大,补水利用率较低,故 50 亩以下淖尔不作为滴灌淖尔。

5. 淖尔周边有充足的耕地

除上述选择条件外，滴灌淖尔周边还应具备充足的耕地。

8.2.2 滴灌淖尔补水途径及保证率

1. 补水途径

现状条件下，滴灌淖尔的补给途径主要为降雨、径流、测渗、分洪水、分凌水。降水、径流与水文年关系密切，不确定性较大且无法人工调节，不具备人工补水的基本条件；地下水侧渗补给占河套灌区滴灌淖尔补给总量的45%～95%，其受田间灌水量影响较大，是维持淖尔基本生态与景观功能的基础，且人工调节性差，不宜作为人工补水途径；分洪水受水文、气象影响较大，随机性较大，也不宜作为稳定的人工补给源。

2. 补水保证率

1）分凌水

分凌水保证率高，不计入引黄灌溉水指标，可作为滴灌淖尔补给途径。河套灌区分凌口主要有三处，分别为总干渠取水口、沈乌干渠取水口、奈伦湖取水口。奈伦湖取水口设计蓄水规模1.17亿m^3。三盛公水利枢纽分引黄河凌汛期洪水，通过总干渠、下级输水干渠、分干渠向河套灌区、乌梁素海及一些小型湖泊凌汛期分洪滞蓄1.61亿m^3。

单独以分凌水进行补给时，滴灌淖尔最大年补给量为7758万m^3（一年一次），经调查，近年来河套灌区（2008～2016年）平均年分凌量（1.41亿m^3）占黄河3月平均径流量（14.29亿m^3）的10%。对巴彦高勒水文站3月黄河（1952～2015年）长系列径流进行分析，$P=85\%$时3月多年平均径流量为11.63亿m^3，按照10%计算，每年可引分凌水1.16亿m^3，能够满足滴灌淖尔每年7758万m^3的最大补给需求。

2）黄灌水

淖尔周边耕地（弃引黄灌水）发展滴灌后，当分凌水量不足时，为了达到进一步提高分凌水保证率、减少引黄灌溉水量的双重效果，可利用原黄灌水与分凌水对淖尔进行联合补给，经淖尔自然沉降净化后进行利用。联合补给时，根据分凌补给水量情况，综合蒸发渗漏损失及节省黄灌水量的约束条件，黄灌水补给次数为一年1～2次最优，补水时间在每年灌水关键期的5月、6月，补给量为2235万m^3（5月）、1709万m^3（6月）。淖尔多靠近支渠及以上渠道，引黄灌溉期间开闭口时间为每年4月上旬至11月中旬，其具备向淖尔补给的基本路径。灌溉期间渠系4～8月分别各引水一次（7月引水相对较多），10月后引水主要用于秋浇，5月、6月多年平均引黄水量为5.42亿m^3，对滴灌淖尔补给量仅为当月引黄灌溉水量的 4.1%、3.1%，该部分水源引水时间、引水量保证率较高，联合补给时能够满足滴灌淖尔补给需求。

8.2.3　滴灌淖尔补配水方案

1. 蓄水量阈值的确定

滴灌淖尔现阶段具有生态、渔业、旅游等功能，增加灌溉功能后，耗水量随之增加，若想维持原有功能不变必须增加淖尔补水量才能维持自身的补排平衡。因此，滴灌淖尔开发主要涉及发挥各项功能时，蓄水量阈值的确定是滴灌淖尔补水方案确定的关键基础，由此确定其调控步骤。

（1）根据生态需水和渔业需水要求确定保证淖尔生态功能和渔业功能不变时的最小（安全）蓄水量或最低（安全）水位。芦苇生长、养鱼功能的淖尔最小水深为 0.5 m，此时淖尔的蓄水量定义为生态与渔业安全蓄水量（最小安全蓄水量）。

（2）综合考虑生态、渔业、旅游等需水要求，确定保证各项功能正常时的蓄水量下限或水位下限。当淖尔蓄水量低于一定数量时，将仅能维持现有的生态、渔业、旅游等功能但无法进行灌溉的这一蓄水量定义为正常蓄水量下限。

（3）根据淖尔蓄水水位和周边土壤透水层的关系，确定淖尔水不向周边农田回渗时的最大安全蓄水量或最高水位。以滴灌淖尔蓄水位在现有正常蓄水水位上增加 1 m 后不会发生淖尔水向周边土地倒灌现象时的水量作为上限（最大安全蓄水量）。

（4）按照淖尔最大蓄水量、最小蓄水量、适宜蓄水量下限来确定淖尔调蓄能力，并根据作物灌溉制度、耕地状况、调蓄能力及调蓄方式确定滴灌发展规模。

（5）当补水充足时，淖尔应保持在较高水位（最大安全蓄水量），但不可对周边土地产生淹渗，避免产生新的盐渍化问题；超过该水位或水量时，应适时排水。

（6）当补水不足时，淖尔可维持最低水位（最小安全蓄水量），不对淖尔湿地生态功能和渔业生产造成影响；低于该水位或水量时，应停止灌溉并立即补水。

2. 补配水方案

以淖尔现状具体功能不受影响为前提，利用天然的调蓄净化功能，分别采用分凌水单独补给、分凌水与黄灌水联合补给的方案（表 8-1）。

表 8-1　淖尔不同补配水方案控制指标　　　　（单位：万 m³）

方案序号	蓄水上限	蓄水下限	分凌水		黄灌水		节约黄灌水量
			补水次数	补水量	补水次数	补水量	
①	最大安全蓄水量	正常蓄水量	一年一次	7758			5235

续表

方案序号	蓄水上限	蓄水下限	分凌水		黄灌水		节约黄灌水量
			补水次数	补水量	补水次数	补水量	
②	最大安全蓄水量	正常蓄水量	一年一次	5453	一年一次	2235	3000
③	最大安全蓄水量	正常蓄水量	一年一次	3691	一年两次	3944	1291
④	最大安全蓄水量	生态与渔业安全蓄水量	一年一次	1802	一年一次	2235	3000

注：该水量均为渠首引水量。

（1）当分凌水量充足时，以分凌水为单独水源对淖尔进行补给。对以正常蓄水量或生态与渔业安全蓄水量为控制下限、以最大安全蓄水量为控制上限的不同补水方案进行比较，综合考虑蒸发、渗漏、降水、径流、测渗、滴灌需水进行水量平衡计算。确定以正常蓄水量为控制下限进行补水，补水量以最大安全蓄水量为上限，通过支渠（含）以上渠系一次性补给，分凌水补水时间只有每年的 3 月中下旬，补水为一年一次。此种补水方案下，年引分凌水量最高（7758 万 m^3），完全不依赖引黄灌溉水量，节水潜力最大（5235 万 m^3），且对生态、渔业、旅游等功能不产生影响。

（2）当分凌水量不足时，以分凌水与引黄灌溉水对淖尔进行联合补给。分凌水补给在每年的 3 月中下旬补给一次；引黄灌溉水补给每年 1～2 次，有一定的节水潜力，补水时间在每年的 5 月、6 月时蒸发渗漏等损失最小。以生态与渔业安全蓄水量为下限、最大安全蓄水量为上限进行补水，分凌水补水量为 1802 万 m^3（一年一次）、黄灌水补水量为 2235 万 m^3（5 月一次）时会对旅游、景观等产生轻微影响，分凌补水量极小，节水潜力较大；以正常蓄水量为下限、最大安全蓄水量为上限进行补水，分凌水补水量为 3691 万～5453 万 m^3（一年一次）、黄灌水补水量为 2235 万～3944 万 m^3（一年补给 1～2 次，5 月补给 2235 万 m^3、6 月补给 1709 万 m^3）时可节省引黄灌溉水量 1291 万～3000 万 m^3，其对生态、渔业、景观、旅游等功能无影响，分凌补水量较小，节水潜力较小。

8.2.4　滴灌淖尔盐分处理

淖尔处于灌区低洼处，主要承接灌区退水和地下水侧渗水，主要表现为水体中全盐量、pH、硬度含量高。根据《农田灌溉水质标准》（GB 5084—2005）和《微灌工程技术规范》（GB/T 50485—2009）的水质要求，滴灌淖尔盐分超标率在 20%～40%波动，盐分含量为 527～6000 mg/L，硬度超标率为 85%，含量为 200～1226 mg/L，pH 超标率为 5%～40%，pH 为 7.33～10.24。其中，盐分在淖尔水超标物中处于主导地位，与 pH、硬度具有较高的相关性，因此降低盐分含量是滴灌淖尔水质处理的关键。盐分处理一般采用反渗透技术，但处理成本较高，根据淖尔利用人工补水的运行方案，利用分凌水、灌溉水对其进行稀释后再处理成本较低。在保证率允许的条件下，引黄灌溉水与分凌水水质较好，以河套灌区发达的灌排渠系为基础，以湖河连通工程为依托，对淖尔水进行混配稀释，可有效改善水质状况。近年来，河套灌区对于湿地建设与改造的经验证明了淖尔水混配稀释技术措施行之有效。

全盐量≤2000 mg/L 的淖尔占 54%，全盐量≤3000 mg/L 的淖尔占 74%，以上淖尔补给水量达到淖尔蓄水量的 10%～40%时进行混释，混释后全盐量、pH 等指标下降明显且低于规范限值，其经过滤系统后直接用于滴灌。全盐量 3000～5000 mg/L 的淖尔占 9%，该类淖尔补给水量达到淖尔蓄水量的 40%～60%时进行混释，混释后盐分符合微咸水灌溉水质（矿化度为 3 g/L），根据项目组有关微咸水的研究成果，其混释后可经过滤系统用于滴灌。全盐量＞5000 mg/L 的淖尔补给量达淖尔蓄水量的 60%以上进行混释后，全盐量、pH 等指标下降不明显，含量远大于规范限值。水源的补给能力不能满足 60%以上的混释需求，如利用该类淖尔需采用药剂法或多介质过滤+JREDR 脱盐系统进一步处理后用于滴灌，其处理工艺复杂、成本较高，建议该类淖尔不用于发展滴灌。在保证率允许的条件下，加大分凌水、引黄水等补给水源的补给量、补给频率，形成补—用—排循环模式，可使淖尔水体得到有效的置换。

淖尔中的微生物和硬度对灌水器造成堵塞的可能性较高。淖尔细菌数 6 月最多（1700～150000 个/ml），水体中藻类以硅藻、绿藻组成为主，过滤系统采用丝网（50 目）+砂石过滤器（滤料粒径 0.9 mm）+叠片式过滤器（120 目）的三级过滤模式，田间采用抗堵型内镶贴片式灌水器。经示范区应用测定，系统运行小于等于 65 h（可满足向日葵、玉米等主要作物灌溉运行时间），灌水器流量降低 7.01%，对灌水效果影响不大。

8.2.5　滴灌淖尔周边地下水位及土壤盐分的控制

1. 滴灌区保留一年一秋浇模式

淖尔的形成和发展与地下水测向补给关系密切，而地下水位受灌区灌溉水量影响显著；另外，淖尔水体中含有盐分，灌溉后会增加根系层土壤的盐分。因此，渠灌区改为滴灌后仍需保留一年一秋浇的模式，这样才不会对地下水位产生大的影响，能够使根系层土壤盐分充分淋洗。

2. 滴灌区域应控制在淖尔周边耕地较小范围内

据遥感解译及现场调查，淖尔周边耕地主要分布于 3000 m 以内。若不考虑外界大气条件变化，灌区引水量变化 1 亿 m^3，非井灌区地下水埋深变化 0.032 m，因此按滴灌后节水 1 亿 m^3 计，非井灌区地下水埋深预计下降 0.128 m，变化较小。淖尔水滴灌面积仅占河套灌区灌溉面积的 1.7%，仅在淖尔周边 500 m 范围内发展且分布分散，灌溉期滴灌区周边引黄灌区灌水仍会对淖尔形成补给，不会破坏淖尔现有的补排平衡。结合井渠结合滴灌与直接引黄滴灌分区布局情况，确定 500 m 范围内耕地作为滴灌区（即弃黄区）较适宜。

8.3 井渠结合滴灌关键技术模式

在空间上井灌区与渠灌区相邻或相间布置，滴灌区建立在井灌区，生育期滴灌利用地下水，井灌区地下水主要靠相邻渠灌区地下水侧向补给，即空间结合；在非滴灌期间（秋浇期），井灌区采用地面引黄灌溉（井灌区仍保留地面渠灌渠道）进行淋洗盐分，抑制滴灌区土壤盐碱化，并部分起到补充地下水的作用，即时间结合。采用这种井渠结合发展模式可达到三个目的：①合理利用了地下水资源，最大限度地发挥滴灌技术节水潜力；②充分提高了地下水采补平衡保障程度；③有效降低了区域地下水位，减轻土壤盐碱化。

8.3.1 水源保证调控关键技术

1. 适宜空间井渠结合比

为保证井渠结合区地下水源平衡供给，必须在井灌区周边保持一定面积的渠灌区，即适宜渠井结合面积比。地下水补给量受土质、灌溉定额、灌溉水利用系数、灌溉渠道级别以及数量控制，因此分别确定了不同灌域适宜井渠面积控制比。全灌区忽略干渠以及总干渠渗漏补给，平均渠井结合面积比为 1.9；忽略分干渠及以上渠道渗漏补给，平均渠井结合面积比为 2.9，不同灌域的渠井结合面积比见表 8-2。

表 8-2 不同灌域渠井结合面积比

方案	忽略渠道级数	全灌区	乌兰布和	解放闸	永济	义长	乌拉特
两年一秋浇	总干渠、干渠	1.9	1.4	1.8	2.2	1.6	2.3
	分干渠及以上渠道	2.9	2.2	2.9	3.3	2.6	3.3

考虑到井灌区在地下水利用中地下水位下降幅度的限制和未来灌区节水措施的进一步实施，通过分析不同节水水平和井渠结合比条件下地下水模拟结果，建议灌区的平均渠井结合面积比为 3.0。

2. 灌溉用水量控制

水源保证除了在空间上控制渠井结合面积比外，还要严格控制井灌区以及渠灌区灌溉水量，井灌区全部采用滴灌，综合灌溉定额控制在 180 m³/亩；渠灌区仍采用目前地面漫灌，综合灌溉定额控制在 230 m³/亩；根据对根系层盐分平衡分析，井渠结合区可采用 2～3 年一秋浇的淋盐方案，灌溉定额为 120 m³/亩，借助滴灌区盐分淋洗部分水量回补地下水。

3. 地下水位控制

利用水均衡方法和数值模拟方法，分析了井渠结合膜下滴灌（渠井结合面积比为 3.0）实施后的地下水位变化特征，结果表明，灌区内非井渠结合区的平均地下水埋深受井渠结合的影响很小，主要受引黄水量减少的影响。研究中得到了全灌域、井渠结合区、井渠结合渠灌区和井渠结合井灌区的平均地下水位（表 8-3），两种分析方法所得到的结果较为接近，并与隆胜试验区近年来的地下水位观测结果基本一致。井灌区平均地下水位埋深为 2.65～2.89 m，下降 0.78～1.02 m。

表 8-3 水均衡方法、数值模拟方法和隆胜试验基地不同区地下水位埋深比较（单位：m）

区域	数值模拟分析		水均衡分析	隆胜试验区观测结果
	永济灌域	全灌区		
全灌域	2.24		2.05	
井渠结合区	2.59	2.7	2.37	
井渠结合渠灌区	2.5	2.52	2.28	1.9
井渠结合井灌区	2.79	2.89	2.65	2.72

8.3.2 膜下滴灌春汇/秋浇储水控盐技术

非生育期洗盐灌溉（秋浇）效果显著，秋浇灌黄河水 120 m³/亩后，次年春播前 0～100 cm 土壤盐分下降 10.86%～26.14%，土壤改为非盐渍化土，且剖面分布较均匀，是干旱半干旱地区控制膜下滴灌土壤盐分的有效途径。综合考虑土壤节水控盐双重目标，通过试验结果及模型模拟秋浇试验推荐定额：两年一秋浇，秋浇定额应选 210 mm（140 m³/亩），秋浇时间为 10 月中下旬。秋浇定额因生育期内灌溉水质标准不同而存在差异，两年一秋浇最小秋浇定额见表 8-4。

表 8-4 井灌区膜下滴灌最小秋浇定额

项目	秋浇定额				
生育期灌溉水矿化度/（g/L）	1.00	1.50	2.00	2.50	3.00
两年一秋浇/（m³/亩）	47	93	140	187	233

春汇试验初步确定：最佳春汇制度为两年一春汇，春汇时间为每年 4 月中旬，春汇定额为 150 m³/亩。

8.3.3 井渠结合典型作物膜下滴灌水肥一体化模式

根据灌区的水文地质勘测资料，矿化度 2～3 g/L 的微咸水可用于农业灌溉。全灌区中地下水矿化度小于 3 g/L 的区域约占总控制面积的 53.7%，矿化度小于 2.5 g/L 的区域占 38.6%，矿化度小于 2 g/L 的区域约占 31.8%，灌区范围内具有较大比例的淡水区，其为开发利用地下水提供了水质上的保证。

值得注意的是，由于滴灌系统对水质要求相对较高，选择水源时，一般应对水质进行测试分析。针对水质情况，采取相应的沉淀、过滤等措施，防止滴灌器堵塞。

1. 不同水质条件下水肥一体化调控技术

不同矿化度对作物耗水量、水分生产率以及肥料利用效率影响较大（表 8-5～表 8-8）。因此，对不同矿化度水质要采取不同水肥一体化技术。随着水源矿化度的增加，灌溉水量逐渐减少。矿化度从 1 g/L 增大到 4 g/L，灌溉水量从 242 mm 减少到 192 mm（平均值），减小 20%。对于同一矿化度水质，随着作物灌溉下限值降低（-10 kPa 到-40 kPa），灌溉水量逐渐减少。

上述理论说明，不同水源滴灌由于矿化度不同，应采取不同的滴灌灌溉制度；对于黄河水，要采用较大的滴灌水量，而对于超过 2 g/L 的微咸水，可采用较小的滴灌灌溉水量；河套灌区滴灌灌溉制度应为矿化度增加，为满足作物需水，滴灌灌水量应减少，灌溉控制下限应降低。从不同矿化度条件下的作物产量方面提出不同矿化度条件下玉米和向日葵的灌溉制度，灌溉制度包括不同水质条件下的灌溉制度以及适宜控制下限。

表 8-5 玉米不同矿化度微咸水灌溉制度

水质	灌水下限	播种—出苗 (5.4～6.4)	出苗—拔节 (6.4～7.8)	拔节—抽穗 (7.8～7.25)	抽穗—灌浆 (7.25～8.25)	灌浆—成熟 (8.25～10.1)	合计灌水次数/次	合计灌水量/mm	产量/(kg/hm²)
1.0g/L	-20kPa	67.5	90.0	67.5	90.0	22.5	15	337.5	16511.0
2.0g/L	-20kPa	45.0	90.0	67.5	67.5	22.5	13	292.5	16687.2
3.0g/L	-20kPa	45.0	90.0	67.5	67.5	22.5	13	292.5	17629.0
4.0g/L	-20kPa	45.0	90.0	67.5	67.5	22.5	13	292.5	16362.2

表 8-6　玉米不同矿化度微咸水施肥制度

项目	播前	出苗—出苗 5.4~6.4	出苗—拔节 6.4~7.8	拔节—抽穗 7.8~7.25	抽穗—灌浆 7.25~8.25	灌浆—成熟 8.25~10.1	合计施肥次数/次	施肥量/(kg/亩)	施肥定额/(kg/亩)
磷酸二铵	1						1	40	40
尿素		1	2	2	2	1	8	5	40
硝酸钾					1		1	6	6

表 8-7　向日葵不同矿化度微咸水灌溉制度

水质	灌水下限	播种—出苗 6.5~7.9	出苗—现蕾 7.9~8.1	现蕾—开花 8.1~8.20	开花—灌浆 8.20~9.4	灌浆—成熟 9.4~10.10	合计灌水次数/次	合计灌水量/mm	产量/(kg/hm²)
1.0g/L	-30kPa	45.0	67.5	67.5	67.5	22.5	12	270	3931.7
2.0g/L	-30kPa	45.0	45.0	45.0	45.0		8	180	3670.5
3.0g/L	-30kPa	45.0	45.0	45.0	45.0		8	180	4081.7
4.0g/L	-30kPa	45.0	45.0	45.0	45.0		8	180	3801.1

表 8-8　向日葵不同矿化度微咸水施肥制度

项目	播前	播种—出苗 6.5~7.9	出苗—现蕾 7.9~8.1	现蕾—开花 8.1~8.20	开花—灌浆 8.20~9.4	灌浆—成熟 9.4~10.10	合计施肥次/次	施肥量/(kg/亩)	施肥定额/(kg/亩)
磷酸二铵	1						1	25	25
尿素		1	1	1	1	1	5	4	20
硝酸钾			1		1		2	5	10

　　不同水质对作物灌溉水量影响较大，不同水文年、水质条件下的适宜滴灌制度不同。与地面井灌相比，滴灌玉米节水 31%~36%，向日葵节水 50%~64%。可以看出，向日葵在土壤基质势为-27 kPa 左右时不同水文年型产量基本呈最大值，玉米在-20 kPa 时产量最大。施氮量分别为 222.00 kg/hm² 和 175.50 kg/hm²。

　　养分平衡：特别在滴灌施肥下，根系生长密集、量大，这时对土壤的养分供应依赖性减小，更多依赖于通过滴灌提供的养分，因此对养分的合理比例和浓度有更高的要求。每次每亩水溶肥料用量为 3~6 kg/亩。

2. 不同水质条件下盐分调控技术

灌水量较小时，水分和盐分均显著影响作物产量，灌水量较大时盐分较水分对作物产量影响明显。综合分析可知，作物产量受水分和盐分的双重影响，当灌水量＜250 mm 时，矿化度 3.0 g/L 以上微咸水灌溉会因盐分胁迫致使作物减产，即灌水量较小时，即使膜下滴灌也不能将盐分排到作物主根系区以外，作物受水分和盐分胁迫而减产；当灌水量＞300 mm 时，矿化度 4.0 g/L 以下微咸水灌溉不会造成作物减产，即灌水量较大时，膜下滴灌高频灌溉能将多余盐分排到主根系区以外，保证主根系区有较好的水肥条件，进而保证作物产量。

8.3.4 盐碱地微咸水膜下滴灌典型作物水肥一体化技术模式

玉米微咸水膜下滴灌试验综合考虑节约灌溉可用淡水和保持产量，确定两年一春汇-30 kPa 处理对应灌溉制度最优（表 8-9），即每两年引黄河水春汇一次，春汇定额 2250 m³/hm²，春汇时间为年度 4 月下旬，玉米生育期内微咸水膜下滴灌施肥制度见表 8-10。

表 8-9 玉米微咸水膜下滴灌灌溉制度

灌水时间	灌水次数	灌水定额/（m³/hm²）	灌溉定额/（m³/hm²）
苗期	3	225	675
拔节期	4	225	900
抽穗期	3	225	675
灌浆期	2	300	600
乳熟期	2	225	450
合计	14		3300

表 8-10 玉米微咸水膜下滴灌施肥制度

施肥时间	尿素			复合肥		
	施肥次数	施肥定额/（kg/hm²）	施肥量/（kg/hm²）	施肥次数	施肥定额/（kg/hm²）	施肥量/（kg/hm²）
苗期	1	75	75	1	45	45
拔节期	3	75	225	1	45	45
抽穗期	0	75	0	0	45	0
灌浆期	1	75	75	1	45	45
乳熟期	1	75	75	0	45	0
合计	6		450	3		135

注：玉米播前施入 1 次底肥，磷酸二铵 375 kg/hm²，45%硫酸钾 300 kg/hm²。

　　向日葵微咸水膜下滴灌试验综合考虑节约灌溉可用淡水和保持产量，确定两年一春汇-30 kPa 处理对应的灌溉制度最优（表 8-11），即每两年引黄河水春汇一次，春汇定额 2250 m³/hm²，春汇时间为每年 4 月下旬，向日葵生育期内微咸水膜下滴灌施肥制度见表 8-12。

表 8-11　向日葵微咸水膜下滴灌灌溉制度

灌水时间	灌水次数	灌水定额/（m³/hm²）	灌溉定额/（m³/hm²）
苗期	2	225	450
现蕾期	2	225	450
开花期	2	225	450
灌浆期	3	300	900
成熟期	1	225	225
合计	10		2475

表 8-12　向日葵微咸水膜下滴灌施肥制度

施肥时间	尿素			复合肥		
	施肥次数	施肥定额/（kg/hm²）	施肥量/（kg/hm²）	施肥次数	施肥定额/（kg/hm²）	施肥量/（kg/hm²）
苗期	1	75	75	1	45	45
现蕾期	1	75	75	0	45	0
开花期	1	75	75	1	45	45
灌浆期	1	75	75	0	45	0
成熟期	0	75	0	0	45	0
合计	4		300	2		90

　　注：向日葵播前施入 1 次底肥，磷酸二铵 375 kg/hm²，45%硫酸钾 300 kg/hm²。

　　番茄微咸水膜下滴灌试验综合考虑节约灌溉可用淡水、减少土壤积盐和保持产量，确定灌水定额 375 m³/hm² 对应灌溉制度最优（表 8-13），番茄生育期内微咸水膜下滴灌施肥制度见表 8-14。

表 8-13　番茄微咸水膜下滴灌灌溉制度

灌水时间	灌水次数	灌水定额/（m³/hm²）	灌溉定额/（m³/hm²）
苗期	3	375	1125
开花坐果期	4	375	1500
果熟期	1	375	375
合计	8		3000

表 8-14　番茄微咸水膜下滴灌施肥制度

施肥时间	尿素			45%硫酸钾		
	施肥次数	施肥定额 /（kg/hm^2）	施肥量 /（kg/hm^2）	施肥次数	施肥定额 /（kg/hm^2）	施肥量 /（kg/hm^2）
苗期	1	60	60	1	45	45
开花坐果期	2	60	120	0	45	0
果熟期	1	60	0	0	45	0
合计	4		180	1		45

注：番茄移栽前施入 1 次底肥，磷酸二铵 225 kg/hm^2，45%硫酸钾 75 kg/hm^2。

第9章 引黄灌区滴灌管理运行机制及保障制度

9.1 引黄滴灌管理运行机制

引黄滴灌技术是一次创新性革命，建立与之相配套的管理运行机制及保障制度尤为重要。从 2012 年以来，我们以选择合适的经营主体为关键，以紧密衔接各生产环节为突破，辅之以管理偏差矫正和救济措施两个有效手段，针对河套灌区淖尔、黄河直引、井渠结合三种滴灌水源，从众多示范基地的经营管理实践中借鉴先进的管理经验，优选创设了企业规模化经营、个人承包、水管部门代管、农民用水者协会管理四种管理模式，经过实践检验，体现出了运转高效、衔接紧密、矫正及时、救济有效的特点，是首创的滴灌管理新模式。综合比较四种模式的管理流程，它们具有以下共同特征。

（1）指导用水户选用质优价廉的滴灌设备。

（2）帮助用水户确定连片种植、适度规模的种植结构，精确测定每种作物、每块耕地的面积，绘制滴灌试验区管网布置图，并付诸实施。

（3）按照不同作物滴灌灌溉制度编制用水计划，做好水源维护和机电设备运行、维修工作，保质保量为用水户提供滴灌供水服务。

（4）根据不同土壤养分和不同作物养分需求，确定施肥定额，协助用水户做好随水施肥工作。

（5）按照电话通知，及时做好滴灌主管道、毛管道的维修工作，确保不影响正常的农业灌溉。

（6）长期开展培训工作，帮助用水户熟练掌握先进的滴灌技术。

（7）做好滴灌水费的收取工作。实行水费预交，按轮次结算、公示制度，随时接受承包户的质询、查阅，及时矫正管理偏差。

（8）出现不可预料情况，组织者能够采取有效的救济措施。

9.1.1 企业规模化经营管理模式运行机制

企业规模化经营滴灌示范区共设置 4 处，均采用引黄水源。本书选择技术成熟度好、满负荷运行的磴口县沙金苏木宝日浩特试验区进行实例研究。该示范区由磴口县宏泰农业开发有限责任公司建设，建有两个蓄水池，从建设二分干直引黄河水。滴灌面积发展到 3000 亩，实行规模化连片种植。该公司总经理承担整个试验区的组织协调，雇用 2 名滴灌专职工作人员（高中文化程度，掌握初步机电知识和技能）。实践证明，企业规模化经营模式适宜直接引黄水源滴灌。在河套灌区现状条件下，引黄滴灌面临两大难题：一是河套灌区属于引黄客水水源，轮次灌溉间歇期长，而滴灌因灌溉定额小、轮次灌溉间歇期短，除邻近续灌干渠外，一般都要一定面积地开挖蓄水池。由于土地承包到户，开挖蓄水池的占地问题很难解决。二是河套灌区农民应变市场能力弱，为化解风险，农户种植种类繁多，插花布局，给滴灌工程设计和管理造成了极大的困难。农业公司通过土地流转、规模化经营，在引黄滴灌方面具有其他管理模式不可替代的优势，具体如下。

（1）企业规模化经营可以自主决定土地用途，容易解决挖蓄水池占地难的问题；便于规模化连片种植，利于优化滴灌工程设计；便于控制生产规模，满负荷运行，实现高效率、低成本。

（2）作为直接受益者，公司有开展技术革新、引进先进设备的动力。

（3）利于选择高素质管理人员，从而达到提高管理水平的目的。

（4）管理独立，脱离外界干扰，执行力强，工作效率高。

采用企业规模化经营管理模式，要注意克服以下不足。

（1）员工与引黄滴灌带来的利益不直接，有可能影响管理人员工作和监督的积极性，需要通过优化目标管理和绩效考核来解决。

（2）企业的外化形式是法人，内部的管理主体如果不清晰，容易增加引黄滴灌的管理层次和成本，要通过优化法人治理结构和科学授权予以解决。

企业规模化经营管理拟推荐以下模式，如图 9-1 所示。

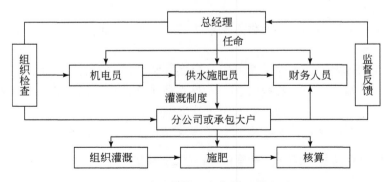

图 9-1　企业规模化经营管理模式图

9.1.2　个人承包管理模式运行机制

个人承包管理模式示范区设在五原县银定图镇宏胜八组井渠结合水源滴灌区。有供水井 19 眼，控制滴灌面积 2300 亩，涉及 21 户农户。示范区承包人付占国、万瑞生系本村滴灌农户，初中文化程度，掌握初步机电知识和技能，他们由村民小组组长提名，21 户农户民主选举产生。实践表明，个人承包管理模式适宜于井渠结合水源滴灌。河套灌区用于灌溉的机井属于集体财产，设备齐全，控制面积一般在 150～200 亩，可单独运行。如果完成了滴灌基础建设和设施配套，操作起来也相对简单。这种产权明、基础好、规模小、易操作的特点，为个人承包提供了应有的条件，较其他管理模式更加简便易行。

（1）各主体间关系简单、明了，合同内容条款简洁，可以口头约定，符合农村习俗，农民易于接受。

（2）各主体利益直接，有利于各农户广泛参与，特别是有利于调动承包人提高技术水平、降低生产成本、扩大滴灌规模的积极性。

（3）权利、义务标的清晰，监督实现途径便捷，营造了互敬、和谐的人文环境。

针对河套灌区现状，采用个人承包管理模式要注意克服以下不足。

（1）受现行土地承包体制的约束，生产规模小，作物种植零散，限制了滴灌设备满负荷运行，生产效率较低，经济效益较差，一定程度上影响了承包人员的积极性。各级政府及农民合作社要加快订单农业进程，促进连片种植、规模化生产。

（2）目前，河套灌区的机电井仍采用人工值守传统技术，生产成本高。滴灌水费仍实行按亩均摊，显失公平，影响了节水作物种植户的积极性。各级政府要积极引进远程控制和水费计收智能化先进技术，加快井渠结合水源滴灌设备的改造升级，实现供水按方计费。

（3）缺乏救济手段，出现预设情景以外的事项难以迅速处置。建议在签订承包合同时要求承包人自行购买人身意外伤害险，尽可能地利用集体资金、备用水泵等应急物资设备。

个人承包管理拟推荐以下模式，如图 9-2 所示。

9.1.3　水管部门代管管理模式运行机制

水管部门代管管理模式示范区设在磴口县巴彦高勒镇北郊三海子北岸，由乌兰布和灌域管理局沙区试验站代管，站长负责整个试验区的组织协调。由于试验区规模较小，滴灌管理部分由一名职工全部承担。实践证明，水管部门代管管理

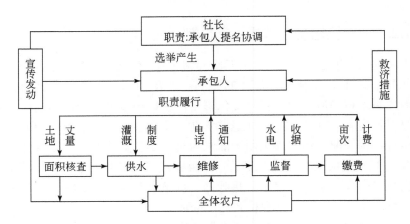

图 9-2　个人承包管理模式图

模式适宜淖尔水源滴灌。河套灌区的淖尔产权均属于集体所有，其功能为洪涝蓄水。部分淖尔向外承包进行水产养殖，其补水为水管部门调剂的余退水和灌溉间歇水。大面积发展引黄滴灌后，淖尔作为滴灌水源，由具有水资源调配职能的水管部门代管，在保证适时适量补水等方面表现出得天独厚的优势。

（1）减少了供、用水双方的中间环节，降低了管理成本，提高了工作效率。

（2）水管部门同时兼有水生态保护和防洪防涝的社会责任，便于协调解决各种利益冲突和社会矛盾。

（3）具有专业技术优势，可以帮助用水户优选设备，优化配水，降低生产成本，促进科技进步。

（4）作为代管方，与淖尔产权集体所有者、用水户之间没有复杂的矛盾纠结和利益关系，更容易获得信任和支持。

（5）淖尔作为滴灌水源，通过技术处理，更利于水产养殖。

采用水管部门代管管理模式要注意克服以下不足。

（1）目前，赋予河套灌区水管部门的编制只能满足对分干渠以上的供水管理，大规模地代管淖尔滴灌超越了其服务能力，要在今后水管体制改革和人力资源科学配置方面寻求解决。

（2）因水管部门拥有水资源支配职能，供、用水双方权利不对等将影响管理偏差的监督和矫正，要通过健全制度和政府监管来解决。

水管部门代管管理拟推荐以下模式，如图 9-3 所示。

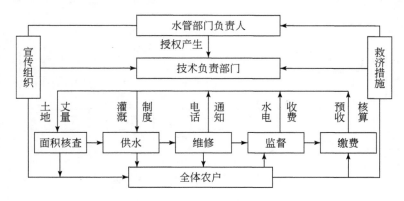

图 9-3　水管部门代管管理模式图

9.1.4　农民用水者协会管理模式运行机制

农民用水者协会管理模式示范区设在临河区隆盛镇新丰七组,涉及 13 户农户的 140 亩耕地。采用井渠结合水源,有供水井 1 眼,安装 1 套水泵和过滤机组。其由临河区西济渠农民用水者协会管理,副会长袁生石负责整个试验区滴灌工作的组织协调,委派协会 3 名工作人员分别为兼职供水施肥员、兼职维修员、协会会计,他们分别兼管试验区滴灌水费的收取。经过多年运行,体现出以下优点。

（1）农民用水者协会的组织基础和影响力有利于动员更多的农户使用滴灌新技术,扩大滴灌规模。

（2）便于拓展管理宽度,减少管理层次,减少用工,降低运行成本。

（3）有利于选择高素质管理人员,采用先进的管理技术。

（4）管理单元扩大,数量减少,减少了政府监管的工作量,有利于及时矫正管理偏差。

但在运行中也暴露出明显的不足。

（1）农民用水者协会以法人的形式参与管理,滴灌管理的收益与管理人员不直接挂钩,影响他们的积极性。

（2）引黄滴灌技术应用各主体间关系相对复杂,影响工作效率。

（3）因为农民用水者协会是通过选举产生的,用水户的权利只能通过委托的方式实现,监督权力行使不便捷、不直接,效果不佳。供、用水双方容易产生误会,农民用水者协会的信任度受到影响。

（4）出现不可预料情况,协会负责人只能和用户一事一议,救济措施低效。这些问题必须在管理过程中慎重解决。

农民用水者协会管理拟推荐以下模式,如图 9-4 所示。

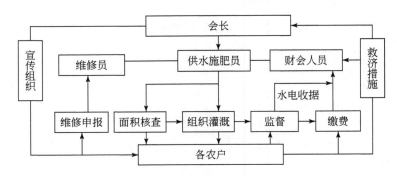

图 9-4　农民用水者协会管理模式图

综上所述，实现引黄滴灌最好的基础条件是加快土地流转、连片种植、规模化生产，企业规模化经营是首选的管理模式。在河套灌区现状条件下，要因地制宜地从上述四种管理模式中优选。

9.2　三种水源滴灌水价构成

成本水价，又称生产费用或生产成本，是商品价格的下限，也是生产者或经营者不亏损的保本价格。按照上述定义，本书研究的引黄滴灌水价成本由工程投资成本、运行成本、维护成本和管理成本四部分组成。

1. 工程投资成本调查分析

河套灌区引黄滴灌工程以水源形式划分为三类：淖尔水源、黄河直引和井渠结合。

1）淖尔水源滴灌示范区工程投资分析

淖尔水源滴灌是依靠天然海子储存的黄河水作为水源进行滴灌的一种工程形式，由首部工程和田间主管道工程两部分组成。本书选择五原县宏胜村淖尔水源试验区和磴口县三海子淖尔水源试验区进行投资综合分析，淖尔初沉滴灌工程亩均投资在 550 元左右。其投资构成为：首部工程 200 元/亩左右，田间主管道工程 350 元/亩左右。按照相关规范折旧，淖尔水源滴灌工程投资成本 27.5 元/（亩·a）。其中，首部工程投资 10.0 元/（亩·a），管道工程投资 17.5 元/（亩·a）。

2）黄河直引滴灌示范区工程投资分析

黄河直引滴灌工程一般由蓄水池、首部工程和田间主管道工程三部分组成。本书以磴口县宝日浩特试验区（面积 3000 亩）、杭锦后旗民建村啸天合作社试验区（面积 1500 亩）、临河区进步村九庄合作社试验区（面积 600 亩）为基础，就工程投资成本进行综合分析，引黄滴灌工程亩均投资在 1300 元左右，其构成为：

蓄水池 300 元/亩左右，首部工程 400 元/亩左右，田间主管道工程 600 元/亩左右。采用该项目研发的"浅过滤—重滴头排出—辅助冲洗"新技术模式，在滴灌首部利用自主研发的泵前低压旋转式过滤器，有效去除大颗粒泥沙与杂质，通过筛选适宜滴头，将大部分细颗粒泥沙随滴头出水排入田间，少部分沉积在毛管内的泥沙，利用毛管尾部设置回流装置进行定时冲洗。这一新技术模式，省去了传统上滴灌系统首部修建容积较大的沉沙池和复杂的过滤设备，依托续灌干渠行水期长的优势，可直引黄河水进行滴灌，亩均投资可降至 1000 元以下。按照相关规范折旧，黄河直引水源滴灌工程投资成本 65 元/（亩·a）。其中，蓄水池投资 15 元/（亩·a），首部工程投资 20 元/（亩·a），管道工程投资 30 元/（亩·a）。

　　3）井渠结合滴灌示范区工程投资分析

　　井渠结合滴灌工程是以渠道引黄灌溉为补偿、以地下水为水源的滴灌工程形式。井渠结合区滴灌工程由首部工程、田间主管道工程两部分组成。本书以五原宏胜村（面积 2300 亩）和临河新丰村（面积 140 亩）两个井渠结合滴灌试验区为调查样本进行综合分析，亩均投资应在 700 元左右。其投资构成为：首部工程 450 元/亩左右，田间主管道工程 250 元/亩左右。按照相关规范折旧，井渠结合水源滴灌工程投资成本 35 元/（亩·a）。其中，蓄水池投资 22.5 元/（亩·a），首部工程投资 12.5 元/（亩·a）。

2. 运行成本调查分析

　　引黄滴灌的运行成本由泵房运行电费和引黄工程供水水费两部分组成。鉴于 2015 年属于平水年，农产品物价基本稳定，引黄滴灌试验亦全面铺开，故采用 2015 年的统计数据作为基准进行分析。

　　1）电费成本分析

　　本书按三种水源形式，选取宝日浩特（黄河直引）、宏胜（井渠结合）、新丰（井渠结合）、三海子（淖尔水源）、宏胜（淖尔水源）5 个试验区进行综合测算，乌兰布和沙区引黄滴灌亩均电费 15 元以下，上、中游灌区引黄滴灌亩均电费 10 元左右，下游灌区引黄滴灌亩均电费 5 元左右。引黄滴灌平均电费每亩 10 元。

　　2）水费成本分析

　　引黄滴灌水费主要是引黄供水工程向黄河直引滴灌蓄水池、淖尔水源滴灌时淖尔补水，井渠结合滴灌引黄补给地下水和引黄秋浇洗盐所产生的费用。由于引黄滴灌尚属试验阶段，水费计收尚未成熟，因此本书采用估算的方法。井渠结合滴灌因未开征农业地下水资源费，所以只计算每年引黄秋浇补水与洗盐的水费。黄河直引与淖尔水源滴灌洗盐按两年一秋浇计算。经测算，黄河直引滴灌和淖尔水源滴灌亩均引黄水费成本 23 元左右，井渠结合滴灌亩均引黄水费成本 10 元左右。

3. 维护成本分析

引黄滴灌工程的维护费用由蓄水池工程维修与养护费、首部工程维护费、管道工程维护费和田间毛管维护费四部分组成。按照相关规范，蓄水池工程按投资的1%计取维修与养护费，亩均3元；首部工程按投资的1.5%计取维修与养护费，淖尔水源滴灌首部工程维护费亩均3.75元，黄河直引滴灌首部工程维护费亩均6元，井渠结合滴灌首部工程维护费亩均6.75元；管道工程按投资的1%计取维修与养护费。淖尔水源滴灌管道工程维护费亩均3元，黄河直引滴灌管道工程维护费亩均4元，井渠结合滴灌首部工程维护费亩均4.5元；田间毛管工程按其投资的100%计取维修与养护费。选取7个试验区田间毛管工程投资进行测算，引黄滴灌田间毛管工程亩均投资成本114元。

4. 管理成本调查分析

以企业规模化经营、个人承包、水管部门代管、农民用水者协会管理四种模式，宝日浩特、新丰、宏胜八组三个试验区为研究样本综合测算，管理规模为1500亩一个管理人员，月均工资3000元，雇用期5个月，亩均管理成本为10元左右。

5. 不同水源引黄滴灌水价测算

以管理学的成本核算原则，引黄滴灌水价分为全成本水价和运行成本水价。

1）引黄滴灌全成本水价

淖尔水源滴灌全成本水价=（首部工程折旧+管道工程折旧+首部工程维护+管道维护+田间毛管维护+电费+引黄工程供水水费+管理费）÷实际滴灌水量

黄河直引滴灌全成本水价=（蓄水池折旧+首部工程折旧+管道工程折旧+蓄水池维护+首部工程维护+管道维护+田间毛管维护+电费+引黄工程供水水费+管理费）÷实际滴灌水量

井渠结合滴灌全成本水价=淖尔清淤+首部工程折旧+管道工程折旧+首部工程维护+管道维护+田间毛管维护+电费+引黄工程供水水费+管理费）÷实际滴灌水量

综上测算，全成本水费淖尔水源滴灌亩均193.3元左右（不包含清淤），黄河直引滴灌亩均228元左右（如果依托续灌渠道，采用"浅过滤—重滴头排出—辅助冲洗"的新技术模式，亩均219元左右），井渠结合滴灌亩均201.3元左右。

2）引黄滴灌运行成本水价

淖尔水源滴灌运行成本水价=（首部工程维护+管道维护+田间毛管维护+电费+供水水费+管理费）÷实际滴灌水量

黄河直引滴灌运行成本水价=（蓄水池维护+首部工程维护+管道维护+田间毛管维护+电费+引黄工程供水水费+管理费）÷实际滴灌水量

井渠结合滴灌运行成本水价=首部工程维护+管道维护+田间毛管维护+电费+

引黄工程供水水费+管理费）÷实际滴灌水量

　　综上测算，运行成本水费淖尔水源滴灌亩均 163.8 元左右（不包含清淤），黄河直引滴灌亩均 172 元左右（如果依托续灌渠道，采用"浅过滤—重滴头排出—辅助冲洗"的新技术模式，亩均 169 元左右），井渠结合滴灌亩均 166.3 元左右。

9.3　引黄滴灌推广条件分析及其保障制度

9.3.1　投资对滴灌技术推广的影响

　　引黄滴灌相对于其他灌溉形式而言，投资较大，且因水源形式不同、所处环境不同而投资数额各异。在满负荷的前提下，我们对选择黄河直引、淖尔水源、井渠结合三种水源形式，选择企业规模化经营、水管部门代管、农民用水者协会管理、个人承包四种管理模式的宝日浩特（黄河直引）、宏胜（淖尔水源）、三海子（淖尔水源）、宏胜（井渠结合）、新丰（井渠结合）5 个试验区、44 个农户进行了调查。综合分析，在三种水源形式中，黄河直引滴灌工程投资最大，且蓄水池占地多。不论哪种水源形式，毛管部分投入最少，亩均在 100 元左右，普遍认为，投资过大是引黄滴灌技术推广的最大阻力，应通过降本增效和政府扶持来解决。随着引黄滴灌技术增产增效和节水等优势的显现，不论哪种经营形式，企业和农户均表示愿意承担毛管投资。

9.3.2　土地集约化程度对滴灌技术推广的影响

　　河套灌区人口密集，地少人多，且地力差异较大，"插花种植"是其显著的特点。一般而言，户均土地 15 亩左右，地块在 10 块左右，地力等级 3 个级别以上，作物种植种类在 5 种以上。本书选择宝日浩特（黄河直引）、宏胜（淖尔水源）、三海子（淖尔水源）、宏胜（井渠结合）、新丰（井渠结合）5 个试验区的 67 户农户进行调查，结果表明，土地零散程度是仅次于工程投资的引黄滴灌技术推广阻力因素。相对而言，企业规模化经营形式易于组织连片种植，易于推广引黄滴灌技术；边远地区地广人稀，种植作物种类单一，引黄滴灌技术推广阻力较小；河套腹地以土地零散为特征的农户承包经营方式推广引黄滴灌技术难度最大。因此，加速土地流转，实现规模化种植、产业化经营是引黄滴灌技术推广应用的题中之意。

9.3.3　人文环境对滴灌技术推广的影响

　　从 2015 年开始，选择磴口县宝日浩特、临河区新丰七组、五原县宏盛村 3 个滴灌试验区和临河区新丰六组引黄灌区 644 名农民和企业职工，就农民年龄结构、文化结构和管理者威信对引黄滴灌技术的影响进行调查分析。结果显示，河套灌区农村劳动力老龄化正在加剧，50～60 岁的劳动力已成为主体，占到 40%左右。年龄结构对引黄滴灌技术推广有一定影响，年龄越大接受程度越差，但绝大多数人认为引黄滴灌技术可以实现增产增效和节水。受老龄化的影响，河套灌区农村劳动力文化程度偏低，文盲和小学文化程度占到 30%左右，高中以上文化程度仅占 25%，个别大学文化程度的劳动力开始从事农业生产。其总的趋势是文化程度越低，对引黄滴灌技术推广接受程度越差，但绝大多数人认为引黄滴灌技术可以实现增产增效和节水。受切身利益的影响，企业较村社、滴灌区农民较引黄灌区农民更容易接受引黄滴灌技术。

通过对 1000 多名乡村农民和规模化农业企业职工进行调查发现，管理者信任程度对引黄滴灌技术推广的影响与管理形式联系较紧密。一般而言，企业规模化经营、水管部门代管和个人承包的管理模式，大家普遍对管理者比较信任，而农民用水者协会管理模式，大家对管理者信任程度较低，且年龄越大、文化程度越低，对管理者信任程度越低，这在一定程度上影响引黄滴灌技术的推广。

9.3.4　水管运行体制对滴灌技术推广的影响

河套灌区水管部门系自收自支事业单位，其收入的主要来源是农业水费。大面积推广引黄滴灌技术后，随着节水量的增多，水管部门的收入会不断减少，使目前已经捉襟见肘的经济运行状况雪上加霜。因此，现行的水管运行体制将极大地影响水管部门和水利技术人员推广引黄滴灌技术的积极性。

9.3.5　保障制度

建立长效投资机制：引黄滴灌是一项投资较高、收益较慢的农业节水工程，是提高水资源利用效率的公益性事业，必须走以政府扶持为主的发展之路。引黄滴灌因水源形式不同，造成滴灌投资差异较大。但不论哪种水源形式，滴灌首部工程地下管道部分投入仍比较高，需要政府给予一定扶持，企业和农户承担毛管投资，滴灌毛管以上部分由国家投资，建议建立以政府扶持为主的引黄滴灌工程长效投资机制。

（1）加快土地流转进程。企业规模化经营形式易于组织、连片种植，在以土地零散为特征的农户承包经营条件下，推广引黄滴灌技术难度很大。因此，土地流转、规模化经营是滴灌技术推广应用最重要的条件之一，要出台加速土地流转和规模化经营的引导政策。要大力发展订单农业、电商农业，充分发掘引黄滴灌精准调控水肥的优势，加大优质农产品的研发力度，提高农业附加值，促进引黄滴灌技术快速推广。

（2）制订引黄滴灌工程建设配套政策。随着引黄滴灌技术的大面积推广，后续滴灌系统维护以及技术服务需求不断加大，需要建立专业化服务机构与队伍。为防止一些伪劣的廉价产品与设备进入市场，政府应责成有关部门制订适应引黄滴灌技术标准。激励大学毕业生从事引黄滴灌推广与技术服务工作，鼓励水利科技推广站开展巡回服务或技术"门诊"，形成引黄滴灌技术服务网络。

（3）提高滴灌区域用水水价：通过对三种水源滴灌与相邻的引黄漫灌对照区种植收入进行对比分析，不论何种水源形式与何种作物，滴灌亩均增收 217～433 元，增幅 17.7%～47.6%，增收量远大于滴灌农户承担的亩毛管投入费用（亩均 114 元）。滴灌区水电费只占整个生产成本的 2.7%～9.4%，占种植收入的 0.5%～4.6%。通过滴灌大幅度节约农户灌溉水量，如果按引黄漫灌水价计，将不利于农业节水，因此要大面积推广引黄滴灌，制定合理滴灌区水价政策，有效促进滴灌区节水。

（4）建立节水补偿与水权流转制度。河套灌区水管部门系自收自支事业单位，其收入的主要来源是农业水费。大面积推广引黄滴灌技术后，随着节水量的增多，水管部门的收入会不断减少，管理运行难以维系。田间节水是实现农业节水的最后一公里，其切实保护农民的积极性。要大力推进水权流转进程，建立健全水权交易市场。要对水管部门制定节水奖补政策，要合理确定水权流转收益中水管部门的提成比例，要按成本核算法核定引黄滴灌水价，由政府财政补偿到位。适当放宽水管部门水资源经营自主权，畅通水资源配置流通渠道。

（5）建立滴灌区水利信息化。前河套灌区的机电井仍采用人工值守传统技术，生产成本高。滴灌水费仍实行按亩均摊，显失公平，影响了节水作物种植户的积极性，要积极引进远程控制和水费计收智能化先进技术，加快井渠结合水源滴灌设备的改造升级，实现供水按方计费。

第10章 效 益 评 价

黄河流域内的 140 个县是我国产粮大县的主产县，同时黄河流域有 3 个国家重点能源基化工基地，它们在全国占有主导地位，而且黄河流域已成为我国西北、华北地区重要的生态安全保护屏障。依据《内蒙古统计年鉴》（2018），内蒙古沿黄灌区 GDP 约占内蒙古总 GDP 的 50%，工业总产值占内蒙古工业总产值的 51%，人口约占内蒙古自治区总人口的 42%，农业总产值占内蒙古农业总产值的 31%，粮食产量占内蒙古粮食总产量的 28%，大小牲畜占牲畜总头数的 31%，沿黄灌区在内蒙古以及我国经济社会发展中占有不可替代的战略地位与作用。因此，在沿黄灌区实施高效节水灌溉，必将产生重大的社会、经济及生态效益。

10.1 经 济 效 益

引黄滴灌与传统地面漫灌相比，滴灌玉米亩增产 108～304 kg，增产率 10%～36%；向日葵亩增产 60～135 kg，增产率 20%～43%；青椒亩增产 600～800 kg，增产率 20%～27%；加工番茄亩增产 1500～2000 kg，增产率 50%以上；小麦亩增产 548 kg 左右，增产率 10%；滴灌西瓜亩增产 3925 kg，增产率 19%左右，紫花苜蓿亩产 904 kg。按照河套灌区现有种植结构，玉米约 35%、向日葵约 40%、小麦约 12%、其他作物约 13%，实施滴灌后平均每亩至少可增加收入 150 元，实施 150 万亩滴灌可增收 2.3 亿元。同时与漫灌相比，滴灌可显著降低种植成本（化肥、劳动力、电费以及农药消耗），每亩地降低种植成本为 122～136 元，可节约成本 1.8 亿元左右。滴灌实施水肥一体化后，作物品质明显提高，提高了作物卖价，若考虑种植结构调整，增加经济作物种植比例，则经济效益会更显著。

10.2 社 会 效 益

通过研究分析，仅在典型区——河套灌区可发展滴灌规模 150 万亩，可减引黄河水量约 4.2 亿 m^3。按照目前内蒙古自治区万元工业增加值用水量 30 m^3、总节水量 4 亿 m^3 计，这部分节约水量可支持产生工业增加值 1400 亿元。

因为渠灌灌溉保证度低，灌区经济作物种植比例很低，而大部分经济作物需水量又比较大，要求灌水间隔时间短，由于灌水不及时、产量较低，经济价值高的作物种植面积始终不能扩大。采用滴灌后，灌溉保证率由渠灌 50% 提高到 85%，配合水肥一体化技术，种植经济作物可获得高产与高效益，可有效促进区域种植结构调整。采用传统漫灌方式，很难实现土地大规模的流转。其主要原因是公司或大户从农民手中购买土地成本比较高，一般亩产在 750～1000 kg 的土地，租用土地费要在 800～1000 元，加上种植成本每亩地投入 700～800 元，导致公司或大户收益低，土地流转积极性不高。实施滴灌后，可以通过调整种植结构，提高产出与投入比，提高公司或大户土地流转积极性，加快土地流转进程。

10.3 生 态 效 益

农田面源污染主要来自过量使用化肥，以内蒙古河套灌区为例，每年化肥使用量在 62 万 t 左右，其中氮肥使用量在 50% 左右，氮肥利用率为 30%，每年大量氮肥进入地下水或随退水进入排水沟，流向河套灌区下游的乌梁素海湿地或部分海子，造成水质富营养化。根据对示范区玉米、向日葵、青椒、番茄、籽瓜类等作物的调查，与地面灌溉相比，几种作物传统漫灌平均施肥每亩地在 100～120 kg，所用肥料主要为硫酸铵、尿素、碳酸氢铵及钾肥等，滴灌工程实施后，通过实行水肥药一体化，亩均节肥 30% 左右，发展滴灌大幅度减少了灌溉水量，即减少了排放水量，同时有效降低了化肥的使用量，减少了肥料在土壤中的残留量，减轻了对作物及土壤的污染。滴灌不仅可以调节土壤温度和田间小气候，有效抑制作物病虫害的发生和蔓延，大幅度提高水肥药利用率，而且可以从源头上降低面源污染的威胁。黄河流域已成为我国西北、华北地区重要的生态安全保护屏障，其流域内有国家重点生态功能区 12 个，在国家"两屏三带"生态安全战略布局中，青藏高原生态屏障、黄土高原-川滇生态屏障、北方防沙带等均位于或穿越黄河流域，通过节水可有效缓解水资源供需矛盾，促进黄河流域生态环境保护与建设。

参 考 文 献

常晓敏. 2019. 河套灌区水盐动态模拟与可持续性策略研究. 北京：中国水利水电科学研究院博士学位论文.

陈艳梅, 王少丽, 高占义, 等. 2012. 基于 SALTMOD 模型的灌溉水矿化度对土壤盐分的影响. 灌溉排水学报, （3）: 11-16.

段鹏, 张玉珍, 黄喜良. 2014. 河南引黄灌区节水灌溉综合技术模式研究. 河南水利与南水北调, （15）: 62-63.

高利华, 屈忠义. 2017. 膜下滴灌条件下生物质炭对土壤水热肥效应的影响. 土壤, 49（03）: 614-620.

何彬, 赖斌, 毛威, 等. 2016. 基于 GIS 的河套灌区井渠结合分布区的确定方法. 灌溉排水学报, 35（02）: 7-12 .

李金刚, 屈忠义, 黄永平. 2017. 微咸水膜下滴灌不同灌水下限对盐碱地土壤水盐运移及玉米产量的影响. 水土保持学报, 31（01）: 217-223.

陆垂裕, 孙青言, 李慧, 等. 2014. 基于水循环模拟的干旱半干旱地区地下水补给评价. 水利学报, （6）: 701-711.

马玉蕾. 2014. 基于 Visual MODFLOW 的黄河三角洲浅层地下水位动态及其与植被关系研究. 杨凌: 西北农林科技大学硕士学位论文.

毛威, 杨金忠, 朱焱, 等. 2018. 河套灌区井渠结合膜下滴灌土壤盐分演化规律. 农业工程学报, 34（1）: 93-101.

彭少明, 郑小康, 王煜, 等. 2017. 黄河流域水资源-能源-粮食的协同优化. 水科学进展, 28（5）: 681-690.

彭翔, 胡丹, 曾文治, 等. 2016. 基于 EPO-PLS 回归模型的盐渍化土壤含水率高光谱反演. 农业工程学报, 32（11）: 167-173.

齐学斌. 2013. 北方典型灌区水资源调控与高效利用技术模式研究. 北京: 中国水利水电出版社.

齐学斌, 樊向阳, 王景雷, 等. 2004. 井渠结合灌区水资源高效利用调控模式. 水利学报, （10）: 119-124.

尚杰, 耿增超, 赵军, 等. 2015. 生物炭对塿土水热特性及团聚体稳定性的影响. 应用生态学报, 26（7）: 1969-1976.

任中生, 屈忠义, 李哲, 刘安琪. 2016a. 水氮互作对河套灌区膜下滴灌玉米产量与水氮利用的影响.水土保持学报，2016，30（05）：149-155.

任中生，屈忠义，孙贯芳，等.2016b.河套灌区膜下滴灌促进玉米生长及氮素吸收.节水灌溉，2016
（09）：26-29+35.

山仑，康绍忠，吴普特.2004. 中国节水农业. 北京：中国农业出版社.

苏阅文，冯绍元，王娟，等.2017. 内蒙古河套灌区地下水位埋深分布规律及其影响因素分析. 中
国农村水利水电，（7）：33-37，44.

孙贯芳，屈忠义，杜斌，等.2016.内蒙古河套灌区不同灌溉模式对土壤温度及盐分的影响.节水
灌溉，（02）：28-31.

王浩，周祖昊，贾仰文.2014. 流域水质水量联合调控理论技术与应用. 北京：科学出版社.

王康，沈荣开，周祖昊.2007. 内蒙古河套灌区地下水开发利用模式的实例研究. 灌溉排水学报，
2：29-32.

王璐瑶，彭培艺，郝培静，等.2016. 基于采补平衡的河套灌区井渠结合模式及节水潜力. 中国
农村水利水电，8:18-24.

王璐瑶.2018. 河套灌区地下水开发利用的渠井结合比研究. 武汉：武汉大学硕士学位论文.

王忠，郑航.2019. 黄河"八七"分水方案过程点滴及现实意义. 人民黄河，41（10）：109-112，
127.

王忠静，郑航. 2019. 黄河"八七"分水方案过程点滴及现实意义. 人民黄河，（10）：
109-112+127.

徐建新，肖恒，高峰.2007. 河南省引黄灌区水资源利用状况综合评价. 灌溉排水学报，26（6）：
6-10.

闫旖君.2017. 人民胜利渠灌区多水源循环转化与优化配置研究. 北京：中国农业科学研究院博
士学位论文.

杨林.2013. 黄河下游沿黄地区引黄灌溉对土地可持续利用的影响. 开封：河南大学硕士学位论文.

杨树青，丁雪华，贾锦凤，等. 2009. 盐渍化土壤环境下微咸水利用模式探讨. 水利学报，42（4）：
490-498.

于健，杨金忠，徐冰，等. 2015. 内蒙古河套灌区三种水源形式滴灌发展潜力. 中国水利，（19）：
50-53.

于健，杨金忠，徐冰，等.2018. 内蒙古沿黄灌区滴灌技术应用需求与发展措施. 中国水利，（7）：
50-54.

岳卫峰，杨金忠，朱磊.2009. 干旱灌区地表水和地下水联合利用耦合模型研究. 北京：北京师
范大学学报（自然科学版），（Z1）：554-558.

翟家齐，张越，何国华，等.2016. 内蒙古河套灌区节水对区域水盐平衡的影响分析. 华北水利
水电大学学报（自然科学版），37（6）：24-29.

张斌. 2013. 基于 Visual MODFLOW 的黄土原灌区地下水动态研究. 杨凌：西北农林科技大硕士学位论文.

张利平，夏军，胡志芳. 2009. 中国水资源状况与水资源安全问题分析. 长江流域资源与环境，（2）：116-120.

张世军，俞卫平，张红平. 2005. 黄河上游径流泥沙特性及变化趋势分析. 水资源与水工程学报，16（3）：57-61.

赵晓瑜，杨培岭，任树海，等. 2014. 内蒙古河套灌区湖泊湿地生态环境蓄水量研究. 灌溉排水学报，33（2）：126-129.

赵银亮，宋华力，毛艳艳. 2011. 黄河流域粮食安全及水资源保障对策研究. 人民黄河，33（11）：47-49.

Ajdary K，Singh D K，Singh A K，et al. 2007. Modelling of nitrogen leaching from experimental onion field under drip fertigation. Agricultural Water Management，89（1）：15-28.

Ayars J E, Phene C J, Hutmacher R B, et al.1999. Subsurface drip irrigation of row crops: a review of 15 years of research at the water management research laboratory. Agricultural Water Management, 42:1-27.

Bahçeci I，Cakir R，Nacar A S, et al. 2008. Estimating the effect of controlled drainage on soil salinity and irrigation efficiency in the Harran Plain using SaltMod. Turkish Journal of Agriculture and Forestry，32：101-109.

Bahçeci I，Dinc N，Tarı A F，et al. 2006. Water and salt balance studies，using SaltMod，to improve subsurface drainage design in the Konya-Çumra Plain，Turkey. Agricultural Water Management，85：261-271.

Chen M，Kang Y H，Wan S Q，et al. 2009. Drip irrigation with saline water for oleic sunflower （Helianthus annuus L. ）. Agric Water Manag，96：1766-1772.

Edward Y, Ohene A B, Obosu E S, et al. 2013.Biochar for soil management: effect on soil available N and soil water storage. Journal of Life Sciences，7（2）：202-209.

Flury M，Flühler H，Jury W A，et al. 1994. Susceptibility of soils to preferential flow of water: a field study. Water Resources Research，30（7）：1945-1954.

Healy R W. 2010. Estimating Groundwater Recharge. Cambridge：Cambridge Univercity Press.

Liu L，Cui Y，Luo Y. 2013a. Integrated modeling of conjunctive water use in a canal-well irrigation district in the lower Yellow River basin，China. Journal of Irrigation and Drainage Engineering，139（9）：775-784.

Liu M X，Yang J S，Li X M，et al. 2013b. Distribution and dynamics of soil water and salt under different drip irrigation regimes in northwest China. Irrig Sci，31：675-688.

Liu S H，Kang Y H，Wan S Q，et al. 2011. Water and salt regulation and its effects on Leymus chinensis growth under drip irrigation in saline-sodic soils of the Songnen Plain. Agricultural Water Management，98：1469-1476.

Mao W，Yang J，Zhu Y，et al. 2017. Loosely coupled SaltMod for simulating groundwater and salt dynamics under well-canal conjunctive irrigation in semi-arid areas. Agricultural Water Management，192：209-220.

Oosterbaan R J. 2000. SaltMod：Description of Principles，User Manual，and Examples of Application，ILRI. Netherlands：Wageningen University.

Scanlon B R，Healy R W，Cook P G. 2002. Choosing appropriate techniques for quantifying groundwater recharge. Hydrogeology Journal，10（2）：347.

Sun G，Zhu Y，Ye M，et al. 2019. Development and application of long-term root zone salt balance model for predicting soil salinity in arid shallow water table area. Agricultural Water Management. 213：486-498.

Singh A. 2012. Validation of SaltMod for a semi-arid part of northwest India and some options for control of waterlogging. Agrcultural Water Management，115：194-202.

Singh A. 2014. Simulation-optimization modeling for conjunctive water use management. Agrcultural Water Management，141：23-29.

Singh M，Bhattacharya A K，Singh A K，et al. 2002. Application of SALTMOD in coastal clay soil in India. Irrigation and Drainage Systems，16：213-231.

Srinivasulu A，Rao C S，Lakshmi G，et al. 2004. Model studies on salt and water balances at Konanki pilot area，Andhra Pradesh，India. Irrigation and Drainage Systems，18：1-17.

Yao R，Yang J，Zhang T，et al. 2014. Studies on soil water and salt balances and scenarios simulation using SaltMod in a coastal reclaimed farming area of eastern China. Agricultural Water Management，131：115-123.